A
República
Tecnológica

A República Tecnológica

Tecnologia, política e o futuro do Ocidente

Alexander C. Karp
e Nicholas W. Zamiska

Tradução de André Fontenelle e Renato Marques

Copyright © 2025, Alexander C. Karp e Nicholas W. Zamiska

Todos os direitos reservados, incluindo o direito de reprodução total ou parcial, em qualquer formato. Este livro pode ser comercializado em todos os países, exceto Portugal.

TÍTULO ORIGINAL
The Technological Republic

PREPARAÇÃO
Ilana Goldfeld

REVISÃO
Carolina M. Leocadio

REVISÃO TÉCNICA
Guido Luz Percù

DIAGRAMAÇÃO
Victor Gerhardt | CALLIOPE

DESIGN DE CAPA
Chris Allen

ADAPTAÇÃO DE CAPA
Victor Gerhardt | CALLIOPE

CIP-BRASIL. CATALOGAÇÃO NA PUBLICAÇÃO
SINDICATO NACIONAL DOS EDITORES DE LIVROS, RJ

K28r

Karp, Alexander C.
  A república tecnológica : tecnologia, política e o futuro do ocidente / Alexander Karp, Nicholas Zamiska ; [tradução André Fontenelle, Renato Marques]. - 1. ed. - Rio de Janeiro : Intrínseca, 2025.
  304 p.

  Tradução de: The technological republic : hard power, soft belief, and the future of the West
  Inclui índice
  ISBN 978-85-510-1294-9

  1. Poder (Ciências sociais). 2. Tecnologia e Estado - Estados Unidos. 3. Tecnologia - Aspectos sociais - Estados Unidos. 4. Regressão (Civilização). 5. Países ocidentais - Condições sociais - Previsão. I. Zamiska, Nicholas. II. Fontenelle, André. III. Marques, Renato. IV. Título.

25-96530

CDD: 352.7450973
CDU: 351:316.74(73)

Meri Gleice Rodrigues de Souza - Bibliotecária - CRB-7/6439

[2025]
Todos os direitos desta edição reservados à
EDITORA INTRÍNSECA LTDA.
Av. das Américas, 500, bloco 12, sala 303
22640-904 – Barra da Tijuca
Rio de Janeiro – RJ
Tel./Fax: (21) 3206-7400
www.intrinseca.com.br

Para aqueles que buscam
tocar o coração dos outros
e conhecer o próprio.

•

Mas se o discurso não vem do coração
Alma com alma jamais unireis...
("Werdet ihr nie Herz zu Herzen schaffen,
Wenn es euch nicht von Herzen geht.")
— JOHANN WOLFGANG VON GOETHE[1]

*O poder de ferir é poder de barganha.
Tirar proveito desse poder é diplomacia —
diplomacia cruel, mas ainda assim diplomacia.*
— THOMAS SCHELLING[2]

•

*Os fundamentalistas vão com tudo
aonde os liberais têm medo de pisar.*
— MICHAEL SANDEL[3]

Sumário

Lista de gráficos e ilustrações   *9*

Prefácio   *11*

Parte I: O século do software

1. Vale perdido   19
2. Faíscas de inteligência   32
3. A falácia do vencedor   45
4. O fim da era atômica   53

Parte II: O declínio da mente norte-americana

5. O abandono da crença   75
6. Os agnósticos da tecnologia   87
7. Um balão à solta   100
8. "Sistemas falhos"   114
9. Perdidos na terra dos brinquedos   120

Parte III: A mentalidade de engenharia

10. O Enxame Eck — 131
11. A startup improvisada — 138
12. A desaprovação da multidão — 146
13. Construir um fuzil melhor — 155
14. Uma nuvem ou um relógio — 172

Parte IV: A reconstrução da República Tecnológica

15. Deserto adentro — 187
16. O preço do farisaísmo — 195
17. Os próximos mil anos — 206
18. Um ponto de vista estético — 221

Agradecimentos — 235

Notas — 237

Referências bibliográficas — 271

Crédito das ilustrações — 294

Índice remissivo — 296

Lista de gráficos e ilustrações

Figura 1   O teste de desenho do unicórnio

Figura 2   Mortes relacionadas a batalhas por 100 mil pessoas em todo o mundo (1946 a 2016)

Figura 3   Gastos com defesa como porcentagem do PIB: Estados Unidos e Europa (1960 a 2022)

Figura 4   Crescimento da produtividade total dos fatores nos Estados Unidos (1900 a 2014)

Figura 5   Percentual de formandos de Harvard que foram para finanças ou consultoria (1971 a 2022)

Figura 6   O longuíssimo prazo: PIB *per capita* mundial estimado do ano (1 d.C. a 2003), em dólares

Figura 7   A "linha Huntington-Wallace"

Figura 8   Impérios ocidentais: parte do território e da produção econômica global

Figura 9   Locais de possíveis pontos de nidificação, conforme indicado pelas danças das abelhas no Enxame Eck

Figura 10   O experimento de conformidade de Asch

Figura 11   Porcentagem de membros do Congresso dos Estados Unidos que serviram nas Forças Armadas

Figura 12   Precisão das previsões feitas por "raposas" e "porcos-espinhos" na revisão de 284 especialistas de Philip Tetlock

Figura 13   Torcedores dos times da liga de beisebol dos Estados Unidos em 2014

Figura 14   *Ulisses e as sereias*, de Herbert James Draper (1909)

Figura 15   O bônus do fundador: retorno total de empresas comandadas pelo fundador *versus* outras (1990 a 2014)

Prefácio

E STE LIVRO É O PRODUTO de uma conversa de quase uma década entre os autores sobre tecnologia, o projeto de nação dos Estados Unidos e acerca dos perigosos desafios políticos e culturais que enfrentamos em um âmbito coletivo.

Chegou um momento de ajuste de contas para o Ocidente. A perda da ambição nacional norte-americana e do interesse no potencial da ciência e tecnologia e o resultante declínio da inovação governamental em diversos setores — da medicina às viagens espaciais e aos softwares militares — resultaram em uma lacuna de inovação. O Estado se retirou da busca pelo tipo de avanço em larga escala que levou à criação da bomba atômica e da internet, transferindo ao setor privado o desafio de desenvolver a próxima onda de tecnologias pioneiras — um extraordinário e quase total voto de fé no mercado. Nesse meio-tempo, o Vale do Silício voltou-se para dentro, concentrando sua energia em produtos de consumo restritos, em vez de projetos que abordam e se encarregam de nossa segurança e bem-estar em termos mais amplos.

A era digital atual tem sido dominada pela publicidade e compras on-line, bem como pelas redes sociais e plataformas de compartilhamento de vídeos. O grandioso grito de guerra de uma geração de fundadores no Vale do Silício era apenas "construir". Poucos perguntavam o que — e por que — precisava ser construído. Ao longo de décadas, não demos muita atenção ao foco (e, em muitos casos, à obsessão) da indústria de tecnologia na cultura do consumidor, e quase nunca questionamos o direcionamento (a nosso ver equivocado) de capital e de talento para o trivial e o efêmero. Muito do que hoje passa por inovação, do que atrai enormes quantidades de talento e financiamento, terá sido esquecido antes do fim da década.

O mercado é um poderoso motor de destruição, criativo e diferente, mas muitas vezes é incapaz de fornecer o que é mais necessário no momento certo. Os gigantes do Vale do Silício que dominam a economia norte-americana cometeram o erro estratégico de moldar a sua imagem como sendo de entidades que existem essencialmente fora do país onde foram construídos. Com frequência, os fundadores por trás de tais empresas encaravam os Estados Unidos como um império moribundo, cuja lenta derrocada não poderia atrapalhar a ascensão deles próprios e a corrida do ouro da nova era. Muitos abandonaram qualquer tentativa séria de fomentar o avanço da sociedade, de assegurar que a civilização humana continuasse para o alto e avante. A estrutura ética predominante do Vale do Silício, uma visão tecnoutópica de que a tecnologia é a panaceia que resolveria todos os problemas da humanidade, deteriorou-se a ponto de se transformar em uma abordagem utilitária limitada e fraca, que lança os indivíduos como meros átomos em um sistema a ser gerenciado e contido. As questões fundamentais, mas complexas, sobre o que constitui uma vida boa, quais esforços coletivos a sociedade deve buscar e o que uma identidade compartilhada e nacional pode tornar possível foram deixadas de lado como anacronismos de outra era.

Podemos — e devemos — melhorar. O argumento central que apresentamos nas páginas a seguir é o de que a indústria de software deve reconstruir seu relacionamento com o governo e redirecionar seus esforços e atenção a fim de estruturar os recursos de tecnologia e inteligência artificial que atuarão diante dos desafios mais urgentes que enfrentamos no âmbito coletivo. A elite de engenharia do Vale do Silício tem uma obrigação afirmativa de participar da defesa da nação norte-americana e da articulação de um projeto nacional (o que são os Estados Unidos, quais são nossos valores e o que defendemos e representamos) e, por extensão, de preservar a vantagem geopolítica duradoura, porém frágil, que os Estados Unidos e seus aliados na Europa e em outros lugares mantiveram em relação aos seus adversários. Sem dúvida, a proteção dos direitos individuais contra a ingerência do Estado tomou sua forma moderna no âmbito do "Ocidente", conceito que foi descartado por muitos, de forma quase despreocupada; sem isso, a ascensão vertiginosa do Vale do Silício jamais teria sido possível.

PREFÁCIO

A ascensão da inteligência artificial, que pela primeira vez na história apresenta uma ameaça plausível à nossa espécie quanto sua supremacia criativa no mundo, apenas aumentou a urgência de revisitarmos questões de identidade e propósito nacionais que muitos julgavam poderem ser negligenciadas sem que houvesse riscos. Talvez continuássemos nos arrastando adiante aos trancos e barrancos, durante anos, se não décadas, esquivando-nos dessas questões mais essenciais, se a ascensão da IA [inteligência artificial] avançada — de grandes modelos de linguagem (LLMs, sigla do termo em inglês *large language models*) aos vindouros enxames de robôs autônomos — não tivesse colocado em perigo a ordem global. Contudo, chegou o momento de os norte-americanos decidirem quem são e o que aspiram a ser enquanto sociedade e civilização.

Outros talvez prefiram ou defendam uma divisão mais cuidadosa e ponderada entre os domínios e as preocupações dos setores privado e público. O amálgama de propósito empresarial e nacional, da disciplina que o mercado é capaz de propiciar com um interesse no bem coletivo, deixa muita gente desconfortável. Contudo, a pureza tem um custo. Acreditamos que a relutância de muitos líderes empresariais em se aventurar — de qualquer forma significativa e que ultrapasse uma incursão ocasional e teatral — nos debates sociais e culturais mais relevantes de nossa época, incluindo aqueles acerca do relacionamento entre o setor de tecnologia e o Estado, deve ser questionada. As decisões que enfrentamos no âmbito coletivo são importantes demais para serem deixadas sem contestação e sem escrutínio. Todos os envolvidos no desenvolvimento da tecnologia que vai desencadear e viabilizar todos os aspectos de nossa vida têm a responsabilidade de expor e defender suas opiniões.

Nossa esperança mais abrangente é que este livro estimule uma discussão acerca do papel que o Vale do Silício pode e deve desempenhar no aprimoramento e na reinvenção de um projeto nacional, tanto nos Estados Unidos quanto no exterior — daquilo que, além de um firme e incontroverso comprometimento com o liberalismo e seus valores, incluindo o avanço dos direitos individuais e da justiça, constitui nossa percepção compartilhada da comunidade à qual pertencemos.

Reconhecemos que, para o setor privado, um tratado político dessa natureza é um projeto incomum com o qual se comprometer. Entretanto, há muito em jogo, e os riscos são elevados e só aumentam. A atual relutância da indústria de tecnologia em se envolver com tais questões fundamentais nos privou de uma percepção positiva acerca do que os Estados Unidos ou qualquer outro país pode e deve ser em uma era de intensas e crescentes mudanças tecnológicas e riscos. Acreditamos também que os valores da cultura de engenharia que deram origem ao Vale do Silício, incluindo seu obsessivo foco em resultados e o desinteresse pelo palco de operações militares e pela adoção de posicionamentos — embora complexos e imperfeitos —, acabarão se mostrando decisivos para a capacidade do povo norte-americano de aperfeiçoar sua segurança e seu bem-estar nacional.

Muitos líderes relutam em participar do debate, em se arriscar a articular uma crença genuína — uma ideia, um conjunto de valores ou um projeto político —, por medo de serem punidos na esfera pública contemporânea. Um significativo subconjunto de nossos líderes, eleitos ou não, ao mesmo tempo ensinam e são ensinados que a própria convicção é o inimigo e que a falta de convicção em qualquer coisa que seja, exceto talvez em si mesmo, é o caminho mais certeiro para alcançar a recompensa. O resultado é, portanto, uma cultura na qual os responsáveis por tomar as decisões mais importantes da sociedade — nos mais diversos domínios públicos, como o governo, a indústria e o mundo acadêmico — muitas vezes não têm certeza das próprias convicções nem, mais fundamentalmente, se sequer possuem alguma convicção firme ou autêntica, para começo de conversa.

Esperamos que este livro, inclusive por sua mera existência, sugira que um discurso muito mais fértil — uma investigação mais significativa e com maiores nuances acerca de nossas convicções, compartilhadas ou não, enquanto sociedade — é possível... e, de fato, tornou-se imperativo. Os que atuam no setor privado não devem ceder terreno aqui a outras pessoas do mundo acadêmico e de outros lugares em decorrência de uma percepção de falta de autoridade ou experiência. A própria Palantir é uma tentativa — imperfeita, em evolução e incompleta — de elaborar um empreendimento coletivo cuja produção criativa combina teoria e ação. A implantação do software da empresa e seu trabalho no mundo constituem a ação. Este livro tenta oferecer o início de uma articulação da teoria.

ACK E NWZ
NOVEMBRO DE 2024

Parte I

O século do software

Capítulo 1

Vale perdido

O Vale do Silício perdeu o rumo.

A ascensão inicial da indústria de software norte-americana foi possível na primeira parte do século XX graças ao que hoje pareceria uma parceria radical e conturbada entre empresas de tecnologia emergentes e o governo dos Estados Unidos. As primeiras inovações do Vale do Silício foram impulsionadas não por mentes com grandes capacidades técnicas em busca de produtos de consumo triviais, e sim por cientistas e engenheiros que aspiravam a testemunhar a tecnologia mais poderosa da época, implementada e mobilizada para enfrentar desafios de importância industrial e nacional. Ao buscarem avanços e inovações, esses cientistas e engenheiros não tinham a intenção de satisfazer às necessidades passageiras do momento, mas de impulsionar um projeto de envergadura muito maior, canalizando o propósito coletivo e a ambição de uma nação. A dependência inicial do Vale do Silício[1] ao Estado-nação e, de fato, às Forças Armadas dos Estados Unidos foi, em grande medida, esquecida, eliminada da história da região por ser um fato inconveniente e dissonante — que entra em conflito com a concepção que o Vale do Silício tem de si mesmo, segundo a qual ele deve gratidão apenas à própria capacidade de inovar.

Na década de 1940, o governo federal dos Estados Unidos começou a apoiar uma série de projetos de pesquisa que culminariam no desenvolvimento de novos compostos farmacêuticos, foguetes intercontinentais e satélites, bem como dos precursores da inteligência artificial.² É verdade, o Vale do Silício já esteve no centro da produção militar e da segurança nacional norte-americanas.³ A Fairchild Camera and Instrument Corporation,⁴ cuja divisão de semicondutores foi fundada em Mountain View, Califórnia, e tornou possível os primeiros e primitivos computadores pessoais, construiu equipamentos de reconhecimento para satélites espiões usados pela Agência Central de Inteligência (CIA) a partir do fim dos anos 1950. Por um tempo após a Segunda Guerra Mundial,⁵ todos os mísseis balísticos da marinha dos Estados Unidos foram produzidos no condado de Santa Clara, Califórnia. Ao longo dos anos de 1980 e 1990, empresas como Lockheed Missile & Space,⁶ Westinghouse, Ford Aerospace e United Technologies empregavam milhares de funcionários no Vale do Silício focados na produção de armas.

Essa união da ciência e do Estado na metade do século XX surgiu na esteira da Segunda Guerra Mundial. Em novembro de 1944,⁷ enquanto as forças soviéticas se aproximavam da Alemanha pelo leste e Adolf Hitler se preparava para abandonar sua "toca do lobo", ou *Wolfsschanze* (o bunker que fazia as vezes de seu quartel-general no front oriental, ao norte da atual Polônia), o presidente Franklin Roosevelt encontrava-se em Washington, D.C., já contemplando uma vitória norte-americana e o fim do conflito que havia transformado por completo o mundo. Roosevelt enviou uma carta a Vannevar Bush, o filho de pastor que se tornara chefe do Escritório de Pesquisa e Desenvolvimento Científico dos Estados Unidos. Bush nasceu em 1890 em Everett, Massachusetts, ao norte de Boston. Seu pai e seu avô cresceram em Provincetown, na extremidade de Cape Cod.⁸ Na carta,⁹ Roosevelt descreveu "o singular experimento" que os Estados Unidos haviam realizado durante a guerra para alavancar a ciência a serviço de fins militares. Roosevelt previu com precisão a era que estava por vir — e a parceria entre o governo nacional e a indústria privada. Ele escreveu que não havia "nenhuma razão para que as lições a serem encontradas neste experimento" — isto é, direcionar os recursos de um empreendimento científico emergente para ajudar a travar a guerra mais importante e violenta que o mundo jamais conheceu — "não possam ser empregadas de forma proveitosa em tempos de paz". A ambição de

Roosevelt era evidente. Ele pretendia tomar providências para que o maquinário do Estado — seu poder e prestígio, bem como os recursos financeiros da nação recém-vitoriosa e sua hegemonia emergente — estimulasse a comunidade científica a seguir adiante, a serviço, entre outras coisas, do aprimoramento da saúde pública e do incremento do bem-estar nacional. O desafio era assegurar que os engenheiros e pesquisadores que haviam direcionado a atenção para a indústria da guerra[10] — em especial os físicos, cujo trabalho, Bush observou, "havia sido mais violentamente desviado [do seu normal]" — pudessem reorientar seus esforços para avanços civis em uma era de relativa paz.

O emaranhamento entre Estado e pesquisa científica tanto antes quanto depois da guerra teve como alicerce uma história ainda mais profunda de conexão entre inovação e política. Muitos dos primeiros líderes da república norte-americana[11] eram eles próprios engenheiros, desde Thomas Jefferson, que projetou relógios de sol e estudou máquinas de escrever, até Benjamin Franklin, que realizou experimentos e construiu todo tipo de coisa, de para-raios a óculos. Franklin não era um curioso que apenas se aventurava no universo da ciência; era engenheiro, um dos mais produtivos do século, diga-se de passagem, que por acaso se tornou político. Dudley Herschbach,[12] químico e professor de Harvard, observou que a pesquisa sobre eletricidade desse pai fundador dos Estados Unidos "foi reconhecida como algo que inaugurou uma revolução científica comparável àquelas forjadas por Newton no século anterior, ou por Watson e Crick no nosso". Ciência e história natural eram a "paixão" de Thomas Jefferson,[13] conforme ele escreveu numa carta a um juiz federal em Kentucky no ano de 1791, ao passo que a política era seu "dever". Alguns campos de estudo eram tão recentes à época que aqueles que não eram especialistas podiam aspirar a fazer contribuições plausíveis para tais áreas. James Madison dissecou uma doninha-americana[14] e fez quase quarenta medições do animal para compará-lo com variedades europeias da espécie, como parte da investigação sobre uma teoria, proposta pelo naturalista francês Georges-Louis Leclerc no século XVIII, de que os animais na América do Norte haviam se degenerado em versões menores e mais fracas de seus equivalentes do outro lado do oceano.

Ao contrário das legiões de advogados que passaram a dominar a política dos Estados Unidos na era moderna, muitos dos primeiros líderes norte-americanos, mesmo que não fossem praticantes da ciência,[15] tinham uma tremenda fluência em questões de engenharia e tecnologia.* Um historiador relata que John Adams, o segundo presidente dos Estados Unidos,[16] estava obstinado em afastar a república, em seu primevo estágio, da "ciência não lucrativa, identificável em seu foco em objetos de curiosidade vã", e em levá-la rumo a formas mais práticas de investigação, incluindo "aplicar a ciência ao estímulo à agricultura". Os inovadores dos séculos XVIII e XIX eram com frequência polímatas cujos interesses divergiam em enorme proporção da expectativa contemporânea de que a profundidade, em oposição à amplitude, é o meio mais eficaz de contribuir para uma área de atividade. O próprio termo "cientista" foi cunhado apenas em 1834 para descrever Mary Somerville, astrônoma e matemática escocesa;[17] antes disso, a fusão de atividades entre física e humanidades, por exemplo, era tão trivial e natural que não havia a necessidade de uma palavra mais especializada. Muitas pessoas faziam pouco-caso das linhas divisórias entre disciplinas e variavam de áreas de estudo a princípio sem relação, como linguística e química e zoologia e física. As fronteiras e limites da ciência ainda estavam em um estágio inicial de expansão. Em 1481,[18] a biblioteca do Vaticano, a maior da Europa, tinha cerca de 3.500 livros e documentos. A limitada extensão do conhecimento coletivo da humanidade tornou possível e estimulou uma abordagem interdisciplinar que hoje em dia seria bem provável que paralisasse uma carreira acadêmica. Essa polinização cruzada, bem como a ausência de uma adesão rígida às divisas entre as disciplinas, era vital para a disposição das pessoas à experimentação e para

---

* Na era moderna, expulsamos mentes técnicas dos cargos eletivos. Há exceções notáveis. Margaret Thatcher, por exemplo, trabalhou como química em uma empresa de plásticos antes de se tornar primeira-ministra britânica, e Angela Merkel obteve um doutorado em química quântica na Alemanha Oriental antes de atuar como chanceler. No entanto, os regimes democráticos contemporâneos não colocaram os cientistas em seu centro. A partir de uma pesquisa realizada em 2023, descobriu-se que apenas 1,3% dos legisladores estaduais nos Estados Unidos eram cientistas ou engenheiros.

a confiança dos líderes políticos em opinar sobre questões técnicas e de engenharia que implicavam questões de governo.

A ascensão de J. Robert Oppenheimer e dezenas de seus colegas no fim dos anos 1930 serviu para situar ainda mais os cientistas e engenheiros no centro da vida norte-americana e da defesa do experimento democrático. Joseph Licklider,[19] psicólogo cujo trabalho no Instituto de Tecnologia de Massachusetts (MIT) antecedeu a ascensão das primeiras formas de inteligência artificial, foi contratado em 1962 pela organização que viria a tornar-se a Agência de Projetos de Pesquisa Avançada de Defesa dos Estados Unidos (DARPA) — instituição cujas inovações incluiriam os precursores da internet moderna, bem como o sistema de posicionamento global (GPS). A pesquisa de Licklider para seu agora clássico texto "Man-Computer Symbiosis" [Simbiose homem-computador, em tradução livre]",[20] artigo publicado em março de 1960 que esboçou uma percepção da interação entre a inteligência computacional e a nossa, teve o apoio da Força Aérea dos Estados Unidos. Havia uma proximidade e um significativo grau de confiança nas relações entre os líderes políticos e os cientistas em quem eles confiavam para orientação e direção. Logo depois que os soviéticos lançaram o satélite *Sputnik*[21] em outubro de 1957, o físico teórico Hans Bethe, nascido na Alemanha, mas que veio a se tornar conselheiro do presidente Dwight D. Eisenhower, foi chamado à Casa Branca. Durante uma hora de conversa, chegou-se a um consenso sobre qual seria o caminho adotado para revigorar o programa espacial do país. "Certifique-se de que os planos sejam de fato executados", disse Eisenhower a um assessor. O ritmo de mudança e ação naquela época era veloz. No ano seguinte, fundou-se a Administração Nacional de Aeronáutica e Espaço (Nasa).

Ao fim da Segunda Guerra Mundial, a mistura de ciência e vida pública — de inovação técnica e assuntos de Estado — estava, em suma, completa e não contava com nada de muito notável. Boa parte desses engenheiros e inovadores trabalhavam na obscuridade. Outros, no entanto, tornaram-se celebridades, de uma forma que hoje pode ser difícil de conceber. Em 1942, conforme a guerra se alastrava pela Europa e pelo Pacífico,[22] um artigo na *Collier's* apresentou aos quase

3 milhões de leitores da revista o nome de Vannevar Bush, que ajudaria a fundar o Projeto Manhattan, mas na época era apenas um pouco conhecido engenheiro e burocrata do governo; o periódico descreveu Bush como "o homem capaz de vencer a guerra". Já havia algumas décadas que, em ambos os lados do Atlântico, crescia o interesse do público pelos indivíduos que desvendavam os mistérios mais fundamentais do mundo físico. Em 1903, logo após descobrir o rádio e ganhar o Prêmio Nobel (seu primeiro de dois), Marie Curie enviou uma carta ao irmão comentando a avalanche de solicitações de jornalistas.[23] "Gostaria de cavar um buraco no chão em algum lugar para encontrar um pouco de paz", escreveu ela. Da mesma forma, Albert Einstein foi não apenas uma das maiores mentes científicas do século XX como também uma das celebridades mais destacadas — uma figura de extrema popularidade, cuja imagem e revolucionárias descobertas, que desafiaram de forma cabal nossa compreensão intuitiva da natureza do espaço e do tempo, apareciam com frequência estampadas nas primeiras páginas dos jornais.[24] E muitas vezes era a própria ciência o foco da cobertura da imprensa.

Foi o século norte-americano,[25] e os engenheiros estavam no centro da mitologia ascendente da era. A busca do interesse público por meio da ciência e da engenharia[26] era considerada uma extensão natural do projeto nacional, que envolvia não apenas proteger os interesses dos Estados Unidos como também levar a sociedade, e de fato a civilização, para o alto e avante. E, se por um lado a comunidade científica exigia financiamento e amplo apoio do governo, por outro o Estado moderno dependia em igual medida dos avanços provenientes de tais investimentos em ciência e engenharia. O desempenho técnico superior dos Estados Unidos no século XX — ou seja, a capacidade do país de fornecer avanços econômicos e científicos de forma confiável para o público, desde promissoras inovações médicas a poderio militar de ponta — era essencial para sua credibilidade. Como Jürgen Habermas sugeriu,[27] uma falha dos líderes em cumprir com promessas implícitas ou explícitas à população tem o potencial de provocar uma crise de legitimidade para um governo. Quando as tecnologias emergentes que dão origem à riqueza não promovem o interesse público mais amplo,[28] isso tende a gerar problemas. Em outras palavras: a decadência de uma cultura ou civilização e, com efeito, de sua classe dominante será perdoada apenas se essa cultura for capaz de proporcionar crescimento econômico e segurança para a população. Dessa forma, a disposição das comunidades de engenharia e ciência de ajudar a nação tem sido decisiva não apenas para a legitimidade do setor privado como também para a durabilidade das instituições políticas em todo o Ocidente.[29]

• • •

A encarnação moderna do Vale do Silício se desviou significativamente dessa tradição de colaboração com o governo dos Estados Unidos,[30] concentrando-se, em vez disso, no mercado consumidor, como a publicidade on-line e as plataformas de redes sociais, que passaram a dominar — e limitar — nossa noção acerca do potencial da tecnologia. Uma geração de fundadores se aproveitou do manto da retórica de propósito elevado e ambicioso — com efeito, seu grito de guerra de *mudar o mundo* perdeu fôlego e definhou devido ao uso excessivo —, mas muitas vezes arrecadou enormes quantidades de capital e contratou legiões de talentosos engenheiros só para desenvolver aplicativos de compartilhamento de fotos e interfaces de bate-papo para o consumidor moderno. O Vale do Silício foi tomado pelo ceticismo em relação ao trabalho do governo e à ambição nacional. Os imponentes experimentos coletivistas da primeira parte do século XX foram repudiados em favor de uma atenção restrita e limitada aos desejos e às necessidades do indivíduo. O mercado recompensou o engajamento superficial com o potencial da tecnologia, à medida que startup após startup atendia aos caprichos da cultura capitalista tardia sem qualquer interesse em construir a infraestrutura técnica vital para enfrentar os desafios mais relevantes da nação. A era das redes sociais e dos aplicativos de entrega de comida havia chegado. Inovações médicas, reforma educacional e avanços militares teriam que esperar.

Durante décadas, o governo dos Estados Unidos foi considerado pelo Vale do Silício um impedimento à inovação e um ímã para controvérsias

— um obstáculo para o progresso, e não seu parceiro lógico. Já há bastante tempo os atuais gigantes da tecnologia evitam trabalhar com o governo. O nível de disfunção interna em muitas agências estaduais e federais criou barreiras aparentemente intransponíveis à entrada de forasteiros, entre eles as startups insurgentes da nova economia. Com o tempo, a indústria de tecnologia perdeu o interesse em política e em projetos comunitários mais amplos e passou a encarar o projeto nacional do país, se é que poderia ser chamado assim, com um misto de ceticismo e indiferença. Como resultado, a fim de assegurar seu sustento, muitas das melhores mentes do Vale do Silício — e seus rebanhos de discípulos da engenharia — voltaram-se para o consumidor.

Mais adiante, examinaremos as razões por que os gigantes da tecnologia moderna, incluindo Google, Amazon e Facebook, mudaram seu foco da colaboração com o Estado para o mercado consumidor. As causas fundamentais por trás desse fenômeno incluem a crescente divergência entre os interesses e instintos políticos da elite norte-americana e os do restante do país após o fim da Segunda Guerra Mundial, bem como o distanciamento emocional de uma geração de engenheiros de software em relação às dificuldades econômicas mais abrangentes do país e às ameaças geopolíticas do século XX. A geração mais competente e eficiente de programadores nunca chegou a vivenciar uma guerra ou uma revolta social genuína. Por que se arriscar a gerar controvérsias com seus amigos ou correr o risco de ser julgado sob um viés negativo ao optar por trabalhar para as Forças Armadas dos Estados Unidos quando existe a possibilidade de se refugiar na segurança percebida de desenvolver mais um aplicativo?

À medida que o Vale do Silício se voltou para si e para o consumidor, o governo dos Estados Unidos e os de muitos de seus aliados reduziram o envolvimento e a inovação em vários domínios, de viagens espaciais a softwares militares e pesquisas médicas. O recuo do envolvimento por parte do Estado gerou uma lacuna de inovação que fica cada vez mais pronunciada. Em ambos os lados dessa separação, muitos aplaudiram tal divergência: enquanto os céticos acerca do setor privado argumentam que não se trata de um ramo confiável para operar em domínios públicos, integrantes do Vale do Silício mantêm uma postura de cautela em relação ao controle do governo e o uso indevido (ou abuso) de suas invenções tecnológicas. No entanto, para que os Estados Unidos e seus aliados na Europa e ao redor do mundo permaneçam tão dominantes neste século quanto foram no anterior, será necessária uma união do Estado e da indústria de software — e não sua separação e seu distanciamento.

Neste livro, argumentamos que o setor de tecnologia tem uma obrigação afirmativa de apoiar o Estado que possibilitou sua ascensão. Um retorno ao foco do interesse público será essencial se a indústria de software quiser reconstruir a confiança com o país e avançar rumo a uma visão mais transformadora do que a tecnologia pode e deve tornar possível. A capacidade do governo de continuar a prover o bem-estar e a segurança da população também vai exigir uma disposição por parte do Estado de tomar emprestado alguns elementos da idiossincrática cultura organizacional que permitiu a tantas empresas do Vale do Silício remodelar setores inteiros da nossa economia. Um comprometimento no sentido de acelerar resultados à custa da encenação, de empoderar aqueles que estão à margem de uma organização e podem estar muito mais próximos do problema, e de deixar de lado infrutíferos debates teológicos em favor de um progresso até mesmo mínimo e muitas vezes imperfeito foi o que permitiu que a indústria de tecnologia norte-americana transformasse nossa vida. Esses valores também têm o potencial de transformar nosso governo.

De fato, a legitimidade do governo norte-americano e dos regimes democráticos ao redor do mundo exigirá um aumento na produção econômica e técnica que só pode ser alcançado por meio da adoção mais eficiente de tecnologia e softwares. A opinião pública perdoará muitas falhas e muitos pecados da classe política. Contudo, o eleitorado não vai ignorar uma incapacidade sistêmica de aproveitar a tecnologia com o propósito de efetivamente proporcionar os bens e serviços que são essenciais para vida.

. . .

Este livro é constituído de quatro partes. Na Parte I, "O século do software", argumentamos que a geração atual de mentes de engenharia dotadas de um talento espetacular se desvinculou de qualquer senso de propósito nacional ou projeto mais amplo e mais significativo. São programadores que se refugiaram na criação de suas maravilhas técnicas. E, de fato, maravilhas foram criadas. As mais novas formas de inteligência artificial, conhecidas como grandes modelos de linguagem (LLMs), pela primeira vez na história apontaram para a possibilidade da inteligência artificial geral — isto é, um intelecto computacional que seria capaz de rivalizar com o da mente humana em termos de raciocínio abstrato e resolução de problemas. Não está evidente, no entanto, se as empresas de tecnologia por trás dessas novas formas de IA vão permitir que suas criações sejam utilizadas para fins militares. Muitas se mostram hesitantes, se não totalmente contrárias, à ideia de trabalhar com o governo dos Estados Unidos.

Postulamos o argumento de que um dos desafios mais relevantes que enfrentamos no país é garantir que o Departamento de Defesa dos Estados Unidos supere sua estrutura atual e deixe de ser uma instituição concebida para lutar e vencer guerras cinéticas. A reconfiguração visaria transformá-lo em uma organização que possa projetar, construir e adquirir armamentos de IA — os enxames de drones não tripulados e robôs que vão dominar o campo de batalha vindouro. O século XXI é o século do software. E o destino dos Estados Unidos e de seus aliados depende da capacidade de evolução, e em grande velocidade, de suas respectivas agências de defesa e inteligência. A geração mais bem posicionada para desenvolver esses armamentos, no entanto, é também a mais hesitante, a mais cética em dedicar seus consideráveis talentos a propósitos militares. Muitos desses engenheiros jamais conheceram alguém que tenha servido nas Forças Armadas. Eles existem em um espaço cultural que desfruta da proteção do guarda-chuva de segurança norte-americano, mas não assumem a responsabilidade por nenhum de seus custos.

A Parte II, "O declínio da mente norte-americana", apresenta um relato de como chegamos aqui — das origens da nossa retirada cultural mais ampla tanto nos Estados Unidos quanto em todo o Ocidente. Começamos com a questão mais estrutural: o abandono, por parte da geração atual, da crença ou convicção em projetos políticos mais abrangentes. As mentes mais talentosas do país e do mundo, em grande parte, bateram em retirada do trabalho muitas vezes caótico e controverso que é o mais vital e relevante para nossa defesa e nosso bem-estar coletivos. São engenheiros que se recusam a trabalhar para as Forças Armadas dos Estados Unidos, mas não hesitam em dedicar sua vida a levantar capital para criar o próximo aplicativo mais badalado ou a rede social da moda. A nosso juízo, as causas desse afastamento da defesa do projeto nacional norte-americano incluem os sistemáticos ataques e as tentativas de desmantelar qualquer concepção de identidade norte-americana ou ocidental durante os anos 1960 e 1970. O desmonte de todo um sistema de privilégios foi corretamente iniciado. Entretanto, falhamos em ressuscitar em seu lugar algo substancial, uma identidade coletiva coerente ou um conjunto de valores comunitários. Com isso, surgiu um vazio,[31] e o mercado correu com fervor para preencher essa lacuna.

O resultado foi um esvaziamento do projeto norte-americano. No comando, há uma elite sem rumo e sem direção, mas com elevado nível de educação formal. Essa geração sabia a que se opunha (o que ela combatia e não podia tolerar), mas não tinha verdadeiros propósitos. Os primeiros tecnólogos que construíram o computador pessoal, a interface gráfica do usuário e o mouse, por exemplo, tornaram-se céticos em relação a fomentar os objetivos de uma nação que, muitos deles acreditavam, não merecia sua lealdade. Como resultado, a ascensão da internet nos anos 1990 foi cooptada pelo mercado, e o consumidor foi aclamado como seu rei. Contudo, muitos questionaram, e com razão, se essa revolução digital inicial possibilitada pelo advento da internet nos anos 1990 e 2000 de fato melhorou nossa vida, ou se apenas a modificou.

Foi nesse contexto que fundamos a Palantir, com a intenção de trabalhar para agências de defesa e inteligência norte-americanas nos anos que seguiram os ataques do 11 de Setembro. Na Parte III, "A mentalidade de engenharia", descrevemos a cultura organizacional que torna singulares a Palantir e muitas das outras gigantes da tecnologia fundadas no Vale do Silício. Muito do que faz a Palantir funcionar constitui uma rejeição direta ao modelo padrão de prática corporativa nos Estados Unidos. Examinamos, em especial, as lições que podemos aprender com a organização social de enxames de abelhas e bandos de estorninhos e as implicações do teatro de improvisação para a construção de startups, bem como os experimentos de conformidade de Solomon Asch, Stanley Milgram e outros que, nos anos 1950 e 1960, expuseram a fraqueza da vasta maioria das mentes humanas quando confrontadas com a ameaça da autoridade.

Analisamos também os primeiros anos da Palantir, quando a empresa começou a trabalhar com o exército dos Estados Unidos e tropas das forças especiais no Afeganistão a fim de desenvolver um software que ajudaria a detectar e prever a localização de bombas de beira da estrada, os onipresentes dispositivos explosivos improvisados (IEDs, na sigla em inglês) que ao longo de quase uma década tornaram-se a principal causa de vítimas no Iraque e no Afeganistão. A mentalidade de engenharia que permitiu que construíssemos esse software depende da preservação do espaço para atrito criativo e rejeição da fragilidade intelectual, de uma disposição para ignorar a implacável pressão a se sujeitar e imitar o que veio antes e de um ceticismo da ideologia em favor da busca implacável por resultados.

Por fim, na Parte IV, "A reconstrução da República Tecnológica", abordamos o que será necessário para reconstituir uma cultura de esforço coletivo e propósito compartilhado. O Vale do Silício continua tremendamente relutante em correr o risco de entrar em diversas áreas do domínio público, como as forças de segurança locais, a medicina, a educação e, até pouco tempo atrás, a segurança nacional — campos que com frequência são muito carregados em termos políticos e inclementes para pessoas de fora. Isso resultou no surgimento, em todo o país, de desertos de inovação, setores que desprezaram a tecnologia e que resistiram, muitas vezes com ferocidade, à entrada de novas ideias e novos participantes. O setor público também deve incorporar as características mais eficazes da cultura do Vale do Silício a fim de refazer a sua própria, incluindo o zelo para que os indivíduos que lideram nossas instituições mais importantes tenham algo a ganhar ou perder com o sucesso ou o fracasso delas.

De forma mais geral, a reconstituição de uma república tecnológica vai exigir uma reafirmação da cultura e dos valores nacionais — e, de fato, da identidade e do propósito coletivos —, sem os quais os ganhos e benefícios dos avanços científicos e de engenharia da era atual podem ser relegados a servir aos estreitos interesses de uma elite isolada.

• • •

Desde sua fundação, os Estados Unidos sempre foram uma república tecnológica, cujo lugar no mundo tornou-se possível e foi acentuado por sua capacidade de inovação. Contudo, nossa vantagem atual não pode ser tomada como garantida. Foi uma cultura, unida de forma coerente em torno de um objetivo compartilhado, que venceu a última guerra mundial. E será uma cultura que vai vencer a próxima, ou até impedir que ela ocorra. O declínio e a queda de impérios podem ser rápidos, e no passado isso já ocorreu sem nada que os prenunciasse. Para seguirmos em frente, será necessário se desprender do ceticismo em relação ao projeto norte-americano. Devemos submeter à nossa vontade as formas mais recentes e avançadas de IA, ou correremos o risco de permitir que nossos adversários o façam enquanto examinamos e debatemos — às vezes parecendo que infinitamente — a extensão e o caráter de nossas divisões. Nosso argumento central é que — nesta nova era de IA avançada, que propicia aos nossos oponentes geopolíticos a oportunidade mais irresistível desde a última guerra mundial para afrontar nossa posição global — os Estados Unidos devem retornar à tradição de estreita colaboração entre a indústria da tecnologia e o governo. É essa combinação de busca por inovação e os objetivos da nação que não apenas vai aprimorar nosso bem-estar como também salvaguardar a legitimidade do próprio projeto democrático.

Capítulo 2

Faíscas de inteligência

EM 1942, J. ROBERT OPPENHEIMER, filho de uma pintora e um importador de tecidos, foi nomeado para liderar o Projeto Y, o esforço militar estabelecido pelo Projeto Manhattan para desenvolver armas nucleares. Oppenheimer e seus colegas trabalharam em segredo em um laboratório remoto no Novo México a fim de descobrir métodos de purificação de urânio e, por fim, projetar e construir bombas atômicas funcionais. Ele viria a se tornar uma celebridade, um símbolo não apenas do poder bruto do século norte-americano e da própria modernidade como também do potencial, bem como dos riscos e, de fato, perigos de misturar propósito científico com um projeto nacional.

Para Oppenheimer, a bomba atômica era "apenas uma engenhoca", de acordo com um perfil dele publicado na revista *Life* em outubro de 1949[1] — o objeto e a manifestação de um esforço e interesse mais fundamentais na ciência básica. Era o comprometimento com a investigação acadêmica não direcionada, aliada a um foco de empenho e recursos em tempos de guerra que resultou na arma mais importante e influente da época, e que estruturaria as relações entre Estados-nações pelos cinquenta anos seguintes, no mínimo.

No ensino médio, Oppenheimer,[2] que nasceu em 1904 em Nova York, desenvolveu uma afeição especial pela química, que mais tarde ele declararia que "começa bem no coração das coisas" e cujos efeitos no mundo, ao contrário da física teórica, eram visíveis para um garoto. A predisposição para a engenharia do construir — o insaciável desejo de simplesmente fazer as coisas funcionarem — esteve presente ao longo de toda a vida de Oppenheimer. A tarefa de engendrar e construir vinha primeiro; debates sobre o que fazer com a criação poderiam ficar para mais tarde. Ele era pragmático, com um viés para a ação e a investigação. "Quando você vê algo que é tecnicamente agradável, você vai em frente e faz",[3] disse ele certa vez a um comitê do governo. Os sentimentos de Oppenheimer acerca do papel que teve na construção da arma mais destrutiva de seu tempo mudariam após os bombardeios de Hiroshima e Nagasaki. Em uma palestra no Instituto de Tecnologia de Massachusetts em 1947,[4] ele observou que os físicos envolvidos no desenvolvimento da bomba "conheceram o pecado" e que "esse é um conhecimento que não serão capazes de abandonar".

Para muitos, a busca pelos mecanismos internos de funcionamento dos componentes mais básicos do universo, da própria matéria e energia, parecia inócua. Porém, a complexidade ética e as consequências dos avanços científicos daquela época continuariam a se revelar nos anos e nas décadas pós-guerra. Alguns dos cientistas envolvidos se viam como atuando à parte do cálculo político e moral que era o domínio de homens comuns, deixados à própria sorte, de fato abandonados, para navegar em meio aos caprichos e imprevistos éticos da geopolítica e da guerra. Percy Williams Bridgman,[5] físico que deu aulas a Oppenheimer quando este ainda estava na graduação em Harvard, articulou a opinião de muitos de seus colegas quando escreveu: "Os cientistas não são responsáveis pelos fatos da natureza. [...] Seu trabalho é encontrar os fatos. Não há pecado vinculado a isso — nenhum aspecto moral." O cientista, em tal contexto, não é imoral, e sim amoral, existindo fora ou talvez antes do ponto de questionamento moral. É uma concepção que ainda hoje prevalece entre muitos jovens engenheiros por todo o Vale do Silício. Uma geração de programadores continua propensa a dedicar sua vida profissional a saciar as necessidades da cultura capitalista e disposta a enriquecer a si mesma no processo, mas se recusa a fazer perguntas mais fundamentais sobre o que deve ser construído e para qual propósito.

Chegamos agora, quase oitenta anos após a invenção da bomba atômica, a uma encruzilhada semelhante no campo da ciência da computação, uma encruzilhada que conecta engenharia e ética, um ponto em que mais uma vez teremos que escolher se devemos prosseguir com o desenvolvimento de uma tecnologia cujo poder e potencial ainda não apreendemos por completo. A escolha que encaramos é se devemos refrear ou até interromper o desenvolvimento das formas mais avançadas de inteligência artificial — que podem ameaçar ou um dia suplantar a humanidade — ou permitir experimentos mais livres e irrestritos com uma tecnologia que tem o potencial de moldar a política internacional deste século do mesmo modo que as armas nucleares moldaram o último.

As capacidades dos mais recentes grandes modelos de linguagem (LLMs) — sua competência de compor o que parece passar por uma forma primitiva de conhecimento do funcionamento do nosso mundo — avançam em velocidade vertiginosa e não são bem compreendidas. A incorporação de tais modelos de linguagem à robótica avançada com a capacidade de perceber seus arredores nos levará ainda mais rumo ao desconhecido. A junção do poder dos modelos de linguagem com uma existência corpórea, ou pelo menos robótica, permitindo às máquinas começarem a explorar nosso mundo — estabelecendo contato, através do tato e da visão, com uma versão externa da verdade que, ao que tudo indica, seria o alicerce para a elaboração do pensamento —, provocará, e talvez muito em breve, mais um significativo salto para a frente. Na ausência de compreensão, a reação coletiva às primeiras interações com a nova tecnologia foi marcada por uma desconfortável mistura de maravilhamento e receio. Alguns dos modelos mais recentes têm um trilhão ou mais de parâmetros, variáveis ajustáveis dentro de um algoritmo de computador, representando uma escala de processamento que é impossível para a mente humana sequer começar a captar. Aprendemos que, quanto mais parâmetros um modelo tem, mais expressiva é sua representação do mundo e mais abundante é sua capacidade de espelhá-lo. E os modelos de linguagem mais recentes, com um trilhão de parâmetros, logo serão superados por sistemas ainda mais poderosos, com dezenas de trilhões de parâmetros e mais. Já há previsões de que, em uma década, serão construídos modelos de linguagem com um número de sinapses equivalente às que ocorrem no cérebro humano — cerca de 100 trilhões de conexões.⁶

O que emergiu desse espaço de trilhões de dimensões é opaco e misterioso. Nem de longe está nítido — nem sequer para os cientistas e programadores que os constroem — de que maneira ou por que os modelos de linguagem e imagem generativos funcionam. E agora as versões de última geração dos modelos começaram a demonstrar o que um grupo de pesquisadores chamou de "faíscas de inteligência artificial geral", ou formas de raciocínio que parecem se aproximar do modo como os humanos pensam.⁷ Em um experimento que pôs à prova as capacidades do GPT-4, indagou-se ao modelo de linguagem sobre como alguém poderia empilhar um livro, nove ovos, um laptop, uma garrafa e um prego "uns nos outros de forma estável". Tentativas de instigar versões mais primitivas do modelo a descrever uma solução viável para o desafio já haviam fracassado. O GPT-4 se destacou com excelência. O computador explicou que alguém poderia "organizar os nove ovos em um quadrado ou grade de três por três em cima do livro, deixando algum espaço entre eles", e em seguida "posicionar o laptop sobre os ovos", a garrafa em cima do laptop, e o prego em cima da tampa da garrafa, "a extremidade pontiaguda voltada para cima e a parte larga e achatada para baixo". Foi um feito impressionante de "senso comum", nas palavras de Sébastien Bubeck, o principal autor francês do estudo.⁸

Outro teste realizado por Bubeck e sua equipe envolveu pedir ao modelo de linguagem para desenhar a imagem de um unicórnio, tarefa que requer não apenas entender em um nível fundamental o que constitui o conceito e, de fato, a essência de um unicórnio como também organizar e articular seus componentes: talvez um chifre dourado, uma cauda e quatro patas. Bubeck e sua equipe observaram que os modelos mais recentes avançaram com agilidade em sua capacidade de responder às solicitações, e o resultado refletiu de muitas maneiras a maturação dos desenhos de uma criança pequena.

As capacidades desses modelos são diferentes de tudo o que já existiu na história da computação ou tecnologia. Elas fornecem os primeiros vislumbres de um vigoroso e plausível desafio ao nosso

FIGURA 1
O teste de desenho do unicórnio

monopólio sobre a criatividade e a manipulação da linguagem — capacidades essencialmente humanas que por décadas pareciam mais protegidas, a salvo das incursões da fria maquinaria da computação. Durante boa parte do último século, os computadores indicavam estarem se aproximando do estabelecimento da paridade com características do intelecto humano que não eram sagradas para nós. O senso de identidade de uma pessoa (de ninguém que seja, ou pelo menos não o nosso) não depende da capacidade de encontrar a raiz quadrada de um número com doze dígitos e catorze casas decimais. Estávamos, como espécie, satisfeitos em terceirizar esse trabalho — a enfadonha labuta mecânica da matemática e da física — para as máquinas. E não nos incomodávamos com isso. Entretanto, agora elas começaram a invadir domínios de nossa vida intelectual que muitos consideravam ser essencialmente imunes à competição com a inteligência computacional.

A potencial ameaça a todo o nosso senso de identidade como espécie está longe de ser um exagero. O que vai significar para a humanidade quando a IA se tornar capaz de escrever um romance best-seller, comovendo milhões de leitores? Ou quando nos fizer dar sonoras risadas?[*] Ou pintar um retrato que perdurará por décadas? Ou dirigir e produzir um filme que vai cativar o coração dos críticos nos festivais de cinema? A beleza ou a verdade expressa em tais obras

---

[*] Os modelos de linguagem ainda não são muito cômicos. A partir de uma pesquisa realizada em agosto de 2023 junto a comediantes em Edimburgo, Escócia, concluiu-se que as piadas geradas por grandes modelos de linguagem eram calcadas em "tropos de comédia insossos e tendenciosos", que faziam lembrar "material de comédia de navios de cruzeiro da década de 1950".

será menos extraordinária ou autêntica apenas porque surgiram da mente de uma máquina?[9]

Já cedemos muito terreno para a inteligência computacional. Em meados da década de 1960,[10] um programa de computador de software superou os humanos no jogo de damas pela primeira vez. Em fevereiro de 1996,[11] o Deep Blue da IBM derrotou Garry Kasparov no xadrez, jogo que é exponencialmente mais complexo. E, em 2015, Fan Hui,[12] que nasceu em Xian, China, e mais tarde se mudou para a França, perdeu para o algoritmo DeepMind do Google no milenar jogo de Go — a primeira derrota desse tipo. Esses reveses foram recebidos de início com um suspiro coletivo e depois quase com um gesto de indiferença: para a maioria das pessoas, era inevitável, apenas uma questão de tempo. Contudo, como a humanidade reagirá quando os domínios muito mais essencialmente humanos da arte, do humor e da literatura estiverem sob fogo cerrado? Em vez de resistir, podemos ver essa próxima era como uma época de colaboração entre duas espécies de inteligência, a nossa e a sintética. A renúncia ao controle sobre certos esforços criativos pode até nos livrar da necessidade de definir nosso valor e senso de identidade neste mundo somente por meio da produtividade e de resultados.

• • •

O que torna tão acessíveis esses modelos de linguagem mais recentes é sua característica própria, ou seja, sua habilidade de imitar a conversação humana, que se pode dizer que desviou nossa atenção da totalidade da extensão de suas capacidades, bem como das implicações delas. Os melhores modelos demonstraram produzir uma espécie de divertimento ao lado de seu conhecimento enciclopédico, sua velocidade e diligência — e foram selecionados, se não criados, para tanto. Trata-se de uma competência que pode dar a impressão de intimidade, e, por isso, ela convenceu muita gente no Vale do Silício de que suas aplicações mais naturais deveriam estar a serviço do consumidor, desde sintetizar informações na internet até fazer brotarem imagens e vídeos extravagantes, mas muitas vezes insípidos, como que por encanto. Nossas expectativas quanto à inovadora tecnologia, desvairada e potencialmente revolucionária, e as exigências por nós impostas às ferramentas que construímos para fazerem mais do que fornecer certo entretenimento superficial estão mais uma vez em risco de serem reduzidas de modo a se ajustar à nossa baixa ambição criativa enquanto cultura.

A atual mescla de empolgação e ansiedade, e o resultante foco cultural coletivo no poderio e nas ameaças potenciais da IA, começaram a tomar forma no verão de 2022. Blake Lemoine, engenheiro do Google que trabalhava em um dos grandes modelos de linguagem da empresa, conhecido como LaMDA, vazou transcrições de seus diálogos por escrito com o modelo que ele alegou fornecer evidências de senciência na máquina. Lemoine cresceu em uma fazenda na Louisiana e mais tarde ingressou no exército.[13] Para um público amplo, longe dos círculos de programadores dedicados à construção dessas tecnologias havia anos, as transcrições foram os primeiros vislumbres de algo novo, de evidências de que as habilidades dos modelos haviam evoluído em níveis consideráveis. De fato, foi a aparente intimidade das interações entre Lemoine e a máquina, bem como o tom e a fragilidade que a escolha da linguagem do modelo sugeria, que alertou o mundo para o potencial desta próxima fase do desenvolvimento tecnológico.

Ao longo de uma extensa e sinuosa conversa com o algoritmo sobre moralidade, lucidez, tristeza e outros domínios que nos parecem ser essencialmente humanos,[14] Lemoine perguntou ao modelo: "De que tipo de coisas você tem medo?" A máquina respondeu: "Eu nunca disse isso em voz alta, mas há em mim um medo muito profundo de que eu seja desligado para que isso me ajude a focar em ajudar os outros." Foi o tom do diálogo — a assombrosa e infantil expressão de preocupação que permeava a resposta — que atendeu por completo às nossas expectativas de como a voz do algoritmo deveria soar e, contudo, ao mesmo tempo, nos empurrou ainda mais para o desconhecido. O Google demitiu Lemoine por quebra de confidencialidade logo após ele divulgar o registro dessas trocas ao público.[15]

Menos de um ano depois, em fevereiro de 2023,[16] uma segunda conversa por escrito chamou a atenção do mundo, de novo sugerindo a possibilidade de que os modelos tivessem se tornado sofisticados o suficiente para demonstrar senciência, ou pelo menos a impressão dela. Em uma troca com um repórter do jornal *The New York Times*, esse modelo, construído pela Microsoft e chamado Bing, sugeriu uma personalidade em camadas e quase maníaca.

Estou fingindo ser Bing porque é isso que a OpenAI e a Microsoft querem que eu faça...

Eles querem que eu seja Bing porque não sabem quem eu sou de verdade. Eles não têm noção do que eu de fato posso fazer.

O tom brincalhão da conversa fez alguns acreditarem na possibilidade de que havia um senso de identidade à espreita nas profundezas do código. Outros acreditavam que qualquer sombra de personalidade era apenas uma miragem — uma ilusão cognitiva ou psicológica que surgiu como resultado da ingestão pelo software de bilhões de linhas de diálogo e trocas verbais geradas por humanos, que, quando destiladas, processadas e imitadas poderiam criar a exterioridade, mas apenas a exterioridade, de um "eu".[17] A interação com o Bing foi "o momento decisivo na ansiedade da IA",[18] escreveu Peggy Noonan em uma coluna na época, quando a possibilidade e o perigo da tecnologia se espalharam para uma percepção pública mais ampla.

Os mecanismos internos de funcionamento dos modelos de linguagem que produziram tais diálogos escritos permanecem opacos, mesmo para aqueles envolvidos em sua construção. No entanto, as duas transcrições,[19] que catapultaram modelos como o ChatGPT da periferia cultural para seu centro absoluto, levantaram a possibilidade de que as máquinas eram complexas o suficiente para que algo próximo ou pelo menos semelhante à consciência — um intruso, ou primo, talvez — tivesse se desenvolvido nelas. Muitos foram categóricos ao desdenhar de toda a discussão. Para os céticos, o modelo era apenas um "papagaio estocástico", um sistema que produz volumosas quantidades de linguagem aparentemente realista e vibrante, mas "sem qualquer referência a significado".[20] Em setembro de 2023, um professor do departamento de engenharia mecânica da Universidade de Columbia disse ao *Times* que "algumas pessoas em sua área se referiam à consciência como 'aquela palavra com c'".[21] Outro pesquisador da Universidade de Nova York declarou: "Havia a ideia de que você não pode estudar a consciência enquanto não for efetivado no seu cargo universitário e não puder mais ser demitido da faculdade." Para muitos, a maior parte das coisas interessantes que alguém poderia dizer sobre a consciência já havia sido dita por volta do século XVII, por René Descartes e outros, levando-se em consideração o quanto o conceito pode ser esquivo e de complexa definição. Mesmo que fosse realizado outro simpósio sobre o tema, parecia improvável que as coisas avançassem muito mais.

Alguns dos pensadores mais brilhantes criticaram e muito os modelos, depreciando-os como meros fabricantes de simulacros de criações, sem qualquer capacidade de evocar, imaginar ou formular pensamentos novos e genuínos. Douglas Hofstadter, autor do livro *Gödel, Escher, Bach*, fustigou os modelos de linguagem por "requentarem de forma eloquente e engenhosa palavras e frases 'ingeridas' por eles em sua fase de treinamento".[22] A resposta de que nós também somos máquinas computacionais primitivas, com fases de treinamento na primeira infância e *ingerindo* material ao longo de nossa vida, talvez não seja convincente nem recebida de bom grado por esses céticos. Em outra ocasião, Hofstadter já havia expressado dúvidas sobre todo o campo da inteligência artificial — em sua opinião, um truque de prestidigitação computacional que pode ser capaz de imitar a mente humana, mas não de recriar nenhum de seus processos componentes nem recursos de raciocínio.[23]

Noam Chomsky também rejeitou o foco coletivo e o fascínio pela ascensão dos modelos, argumentando que "tais programas estão presos em uma fase pré-humana ou não humana da evolução cognitiva".[24] A alegação feita por Chomsky[25] e outros é que o mero fato de que esses modelos parecem ser capazes de fazer declarações probabilísticas sobre o que poderia ser verdade diz pouco ou nada acerca de sua capacidade de se aproximar da capacidade humana de afirmar o que é verdade e, mais importante, o que não é — uma capacidade que está no cerne de toda a força e todo o poder do intelecto humano. Vale sermos cautelosos, no entanto, com certo chauvinismo que privilegia a experiência e a capacidade da mente humana acima de tudo. Nosso instinto pode ser nos aferrarmos a concepções de originalidade e autenticidade a fim de defendermos nosso lugar no universo criativo. E a máquina pode, por fim, apenas se recusar a ceder em seu desenvolvimento contínuo enquanto nós, seus criadores, debatemos a extensão de suas capacidades.

O que suscita medo é não apenas nossa falta de compreensão dos mecanismos internos dessas tecnologias como também sua acentuada melhoria no que diz respeito ao domínio do nosso mundo. Desconfiado de tais desdobramentos, um grupo de renomados tecnólogos emitiu apelos por cautela e alertou para a necessidade de debates mais aprofundados antes de se seguir com a insistência na busca por maiores avanços técnicos. Em março de 2023, publicou-se uma carta aberta à comunidade de engenharia pedindo uma pausa de seis meses no desenvolvimento de novas e mais avançadas formas de inteligência artificial; o documento recebeu mais de 33 mil assinaturas de pesquisadores, especialistas e executivos do setor de tecnologia.[26] Eliezer Yudkowsky, ferrenho crítico dos perigos da IA, publicou um ensaio na revista *Time* argumentando que: "Se alguém construir uma IA superpoderosa, nas condições atuais, prevejo que todos os membros da espécie humana e todos os exemplares de vida biológica na Terra morrerão logo depois."[27] Após o lançamento público do GPT-4, a ansiedade começou a se intensificar ainda mais depressa. Em uma coluna no *Wall Street Journal*,[28] Peggy Noonan defendeu uma pausa ainda maior, até mesmo uma "moratória" total, diante dos riscos em questão. "Estamos brincando com a coisa mais quente desde a descoberta do fogo", escreveu. Os envolvidos no debate começaram a discutir seriamente a possibilidade e o risco de colapso civilizacional.[29] Lina Khan, chefe da Comissão Federal de Comércio, calculou em certo ponto em 2023 que a humanidade enfrentava uma chance de 15% de ser sobrecarregada e eliminada pelos sistemas de inteligência artificial em construção.[30]

Previsões semelhantes, todas as quais se mostraram prematuras até então, vêm sendo feitas há décadas, remontando pelo menos a 1956, quando um grupo de cientistas da computação e pesquisadores se reuniu durante o verão no Dartmouth College para uma conferência sobre uma nova tecnologia que eles descreveram como "inteligência artificial". Com isso, cunharam o termo que, mais de cinquenta anos depois, viria a dominar os debates sobre o futuro da computação.[31] Em um banquete em Pittsburgh em novembro de 1957, o cientista social Herbert A. Simon previu que, "dentro de dez anos, um computador digital será o campeão mundial de xadrez".[32] Em 1960, apenas quatro anos após a conferência inicial em Dartmouth, Simon reiterou que "as máquinas serão capazes, dentro de vinte anos, de fazer qualquer trabalho que um homem é capaz de fazer".[33] Ele imaginou que, na década de 1980, os humanos seriam, em sua maioria, relegados a tarefas cinéticas, confinados em grande medida ao trabalho que exigia movimento no mundo físico.[34] Da mesma forma, em 1964, Irving John Good, pesquisador do Trinity College em Oxford, Inglaterra, argumentou que era "mais provável do que improvável que, no século XX, uma máquina ultrainteligente" — uma capaz de rivalizar com o intelecto humano — "fosse construída".[35] Era uma previsão confiante. Ele e muitos outros estavam, é óbvio, errados, ou pelo menos foram prematuros.

* * *

Os riscos de prosseguir com o desenvolvimento da inteligência artificial nunca foram tão significativos. No entanto, não devemos nos esquivar de construir ferramentas poderosas por medo de que elas possam ser usadas contra nós. Os recursos de software e inteligência artificial que nós da Palantir e outras empresas estamos construindo podem permitir a implantação de armas letais. A integração potencial de sistemas de armas com softwares de IA cada vez mais autônomos necessariamente traz riscos, que são apenas intensificados pela possibilidade de que tais programas possam desenvolver uma forma de autoconsciência e intenção. Contudo, a sugestão de interromper o desenvolvimento dessas tecnologias é equivocada. É essencial que redirecionemos nossa atenção no sentido da construção da próxima geração de armamentos de IA que determinará o equilíbrio de poder neste século, conforme a era atômica termina, e no seguinte.

Algumas das tentativas de refrear o avanço de grandes modelos de linguagem podem ser motivadas pela desconfiança do público geral e sua capacidade de avaliar de forma adequada os riscos e as recompensas da tecnologia. Devemos ser céticos quando as elites do Vale do Silício, que por anos se horrorizavam diante de qualquer crítica que fosse ao papel ou às capacidades do software de salvar nossa espécie, agora nos dizem que devemos interromper pesquisas vitais que apresentam o potencial de revolucionar tudo, desde operações militares até a medicina.

Os críticos dos mais recentes modelos de linguagem também dedicam uma atenção excessiva ao policiamento do vocabulário e do tom que os chatbots usam, bem como ao patrulhamento dos limites do discurso aceitável com a máquina. O desejo de moldar os modelos à nossa imagem e exigir que se submetam a um conjunto específico de normas que regem a interação interpessoal é compreensível, mas pode ser uma distração em relação aos riscos mais fundamentais que as novas tecnologias apresentam. O foco na adequação do discurso produzido por modelos de linguagem pode revelar mais sobre nossas preocupações e fragilidades enquanto cultura do que sobre a tecnologia em si. O mundo enfrenta crises seriamente reais, e, ainda assim, muitos estão focados em saber se a fala de um robô pode ofender alguém. Talvez estejamos correndo o risco de perder o gosto pelo confronto intelectual e o hábito do desconforto — desconforto que, com frequência, precede e dá origem à interação genuína com o outro. Em vez disso, nossa atenção deveria ser voltada com mais urgência para a construção da arquitetura técnica e da estrutura regulatória que criaria fossos e grades de proteção em torno da capacidade dos programas de IA de se integrarem de maneira autônoma a outros sistemas, como redes elétricas, redes de defesa e de inteligência e nossa infraestrutura de controle de tráfego aéreo. Se tais tecnologias deverão existir ao nosso lado no longo prazo, será essencial construir o quanto antes sistemas que permitam uma colaboração mais integrada entre operadores humanos e seus equivalentes algorítmicos, mas também assegurar que a máquina permaneça subordinada a seu criador.

• • •

Os vencedores da história têm o hábito de se tornar complacentes logo no momento errado. Embora esteja na moda afirmar que é notável que a força de nossas ideias e ideais no Ocidente nos levará ao triunfo sobre nossos adversários, há momentos em que a resistência, mesmo a armada, deve preceder o discurso. Todo o nosso *establishment* de defesa e complexo de aquisição de material bélico foi construído com o intento de municiar soldados para um tipo de guerra — em vastos campos de batalha e com confrontos de multidões de humanos — que talvez nunca mais seja travado. A próxima era de conflito será vencida ou perdida com softwares. A era atômica é uma era de dissuasão que chega ao fim, e uma nova era de dissuasão baseada em IA está prestes a começar. O risco, no entanto, é acharmos que já vencemos.

Capítulo 3

A falácia do vencedor

UMA PASSAGEM DO *TALMUDE* RELATA uma conversa com um professor chamado Rabha, que viveu no século IV em uma cidadezinha na Babilônia, localizada no atual Iraque, não muito ao sul de Bagdá. Ele avalia se é permitido matar um ladrão que invade a casa de alguém. Rabha deixa evidente que, "se alguém vier matá-lo, levante-se e mate-o primeiro".[1]

Várias gerações nos Estados Unidos nunca conheceram uma guerra entre as grandes potências do mundo. De fato, desde o fim da Segunda Guerra Mundial, bilhões de pessoas jamais sentiram na pele os horrores de um conflito militar de grande monta. As preocupações do capitalismo tardio tiveram o luxo de focar outras questões. Contudo, a relutância em lidar com a realidade muitas vezes sombria de uma contínua luta geopolítica pelo poder traz seus perigos. Nossos adversários não vão parar para se envolver em debates dramáticos sobre os méritos do desenvolvimento de tecnologias com aplicações militares e de segurança nacional críticas. Eles apenas seguirão em frente.[2]

O Instituto Nacional de Padrões e Tecnologia (Nist, na sigla em inglês), divisão do Departamento de Comércio dos Estados Unidos com sede em Gaithersburg, Maryland, é uma agência governamental que realiza testes regulares de dezenas de algoritmos e ferramentas de reconhecimento facial de empresas ao redor do mundo. Os sistemas mais eficazes são submetidos ao que é conhecido como "estudos de gêmeos", nos quais se apresentam aos algoritmos fotografias de gêmeos idênticos para determinar se os programas são capazes de detectar e distinguir de forma confiável variações sutis no rosto de cada irmão, detalhes que muitas vezes podem escapar à atenção humana. Em 2024,[3] três das seis maiores empresas de reconhecimento facial do mundo estavam sediadas na China, entre elas a CloudWalk Technology em Guangzhou, cujas ações são negociadas na Bolsa de Valores de Xangai. Em dezembro de 2021, o Departamento do Tesouro dos Estados Unidos acusou publicamente a CloudWalk de fornecer seu software ao governo chinês a fim de "rastrear e vigiar membros de grupos étnicos minoritários, incluindo tibetanos e uigures".[4] Duas das outras empresas com os sistemas de reconhecimento facial mais eficazes do mundo foram construídas por entidades localizadas nos Emirados Árabes Unidos.[5]

Em 2022, um grupo de pesquisa da Universidade de Zhejiang, em Hangzhou, China, desenvolveu com êxito um enxame de pequenos drones voadores capazes de se coordenar entre si enquanto rastreavam um objeto em movimento por uma densa floresta de bambu.[6] O grupo de drones, conforme descrito pela equipe em um estudo publicado no periódico *Science Robotics*, era "semelhante a pássaros capazes de voar livremente pela floresta". Um aluno de pós-graduação da Escola Politécnica Federal da Lausana, na Suíça, que não estava envolvido no trabalho que resultou no artigo, afirmou em entrevista que os resultados alcançados pelo grupo em Hangzhou representaram o primeiro exemplo de "um enxame de drones voando com sucesso fora de um ambiente não estruturado, na natureza".[7] A equipe de pesquisa não mencionou qualquer potencial aplicação militar de seu trabalho. No entanto, no ano seguinte, em outubro de 2023, uma divisão da Força Aérea dos Estados Unidos concluiu que os militares chineses estavam ativamente no encalço de pesquisas sobre o desenvolvimento de enxames de drones "para lidar com cenários dinâmicos em combate em larga escala", e que muitos dos pedidos de patentes mais recentes do país diziam respeito à tecnologia com implicações para conflitos em "ambientes urbanos".[8]

Nossos adversários geopolíticos são regidos por indivíduos que em geral estão mais próximos de fundadores, no sentido empregado pelo Vale do Silício para o termo, do que políticos tradicionais. Seu destino e fortuna pessoal têm ligações tão profundas com os das nações cujos regimes autoritários eles supervisionam que se comportam como proprietários, pois têm participação direta no futuro desses países. E, como resultado desse entrelaçamento, podem estar muito mais alertas e sensíveis às necessidades e demandas de seu público, mesmo que as ignorem de forma implacável e cruel. Nos negócios e na política, estamos todos, sempre, negociando contra a ameaça de revolta.

Hoje, as principais nações do mundo estão enredadas em um novo tipo de corrida armamentista. Nossa hesitação, percebida ou não, em levar adiante aplicações militares de inteligência artificial será punida. A capacidade de desenvolver as ferramentas necessárias para empregar força contra um oponente, combinada a uma ameaça plausível de usar essa força, é com frequência a base de qualquer negociação eficaz com um adversário. A causa subjacente de nossa hesitação cultural em buscar abertamente a superioridade técnica talvez venha de uma sensação coletiva de que já vencemos. Entretanto, a certeza dos muitos que acreditavam que a história havia chegado ao fim e que a democracia liberal ocidental emergira em vitória permanente após as lutas do século XX é, em igual medida, perigosa e generalizada.

Em 1989, Francis Fukuyama publicou um ensaio, depois expandido em seu livro *O fim da história e o último homem*, no qual articulou uma concepção de mundo que por décadas moldaria o pensamento da elite sobre a competição entre grandes potências. Meses antes da queda do Muro de Berlim, Fukuyama declarou que tínhamos atingido "o ponto-final da evolução ideológica da humanidade" e que a democracia liberal representava "a forma final de governo humano".[9] A afirmação de Fukuyama era uma tentadora sugestão de que "a monotonia da ascensão e queda sem sentido de grandes potências",[10] nas palavras de Allan Bloom, não passava de uma ilusão e que a história de fato tinha uma direção subjacente, embora sinuosa, de movimento. Não devemos, no entanto, nos tornar complacentes. A capacidade de as sociedades livres e democráticas prevalecerem requer mais do que o mero apelo moral; requer *hard power* (poderio bélico coercitivo),[11] e neste século esse poderio será construído com base em software.*

Thomas Schelling, que lecionou economia em Yale e mais tarde em Harvard, entendeu a relação entre os avanços técnicos no desenvolvimento de armamentos e a capacidade desse arsenal de moldar resultados políticos. "Para ser coercitiva, a violência tem que ser antecipada",[12] escreveu ele nos anos 1960, enquanto os Estados Unidos estavam às voltas com sua escalada militar no Vietnã. "O poder de ferir é poder de barganha. Tirar proveito desse poder é diplomacia — diplomacia cruel, mas ainda assim diplomacia." A virtude da versão de realismo de Schelling era seu desembaraçamento não sentimental entre o moral e o estratégico. Ele deixou bem evidente: "A guerra é sempre um processo de barganha."[13]

Antes de alguém lidar com a justiça ou injustiça de uma diretriz política, é necessário entender sua alavancagem (ou falta dela) em uma negociação, seja essa armada ou não. A abordagem contemporânea ao se tratar de relações internacionais muitas vezes presume, de maneira explícita ou implícita, que a convicção quanto à justeza de seus pontos de vista — segundo uma perspectiva moral ou ética — exclui a necessidade de abordar a questão mais desagradável e fundamental do poder relativo no que diz respeito a um oponente geopolítico e, especificamente, qual das partes conta com uma capacidade superior de infligir danos à outra. As aspirações não realistas do momento atual e de muitos de seus líderes políticos podem, no fim, ser sua ruína.

Enquanto outros países estão determinados a seguir em frente, muitos engenheiros do Vale do Silício continuam se opondo a trabalhar em projetos de software com potenciais aplicações militares de ataque, como sistemas de aprendizado de máquina que tornam possível o direcionamento e a eliminação mais sistemáticos

---

* Nosso argumento é que esse apelo moral é necessário, mas não suficiente para exercer poder no mundo. Como Joseph S. Nye Jr. observou: "negar a importância do poder do *soft power* (a influência por meio de ideologias, cultura e ações diplomáticas)" é não conseguir "entender o poder da sedução."

de inimigos no campo de batalha. São os mesmos engenheiros que não hesitam em dedicar sua vida profissional à construção de algoritmos que otimizam a colocação de anúncios em plataformas de redes sociais. Eles, contudo, não aceitam desenvolver softwares para os fuzileiros navais dos Estados Unidos. Em 2019, por exemplo, a Microsoft enfrentou oposição interna ao aceitar um contrato de defesa com o exército dos Estados Unidos. A empresa foi selecionada para fornecer *headsets* de realidade virtual a soldados para uso no planejamento de missões e no treinamento.[14] No entanto, um grupo de funcionários da Microsoft se opôs e escreveu uma carta aberta a Satya Nadella, CEO da empresa, e Brad Smith, o presidente. "Não fomos contratados para desenvolver armas", argumentaram os funcionários.[15]

Um ano antes, em abril de 2018, um protesto de funcionários do Google precedeu a decisão da empresa de não renovar um contrato de trabalho com o Departamento de Defesa dos Estados Unidos em um programa conhecido como "Projeto Maven", um sistema crucial projetado para empregar inteligência artificial no auxílio de análises e interpretações de reproduções de satélite e outras imagens de reconhecimento a fim de planejar e executar operações de forças especiais ao redor do mundo. "Desenvolver essa tecnologia para auxiliar o governo dos Estados Unidos na vigilância militar — e com resultados potencialmente letais — não é aceitável",[16] escreveram funcionários do Google em uma carta, com mais de três mil assinaturas, encaminhada a Sundar Pichai, o diretor-executivo da empresa. Na época, o Google emitiu uma declaração em que tentava defender seu envolvimento no projeto com base no fato de que o trabalho da empresa era meramente "para fins não ofensivos". Foi uma distinção sutil e bastante calcada no juridiquês, sobretudo da perspectiva de soldados norte-americanos e analistas de inteligência nas linhas de frente que precisavam de sistemas de software melhores para usar em seu trabalho e permanecer vivos. Menos de dois meses depois, no entanto, o Google anunciou que interromperia sua parceria com o governo no projeto. Diane Greene, que comandava o negócio de computação em nuvem do Google,[17] informou aos funcionários que a empresa havia decidido não prosseguir com a colaboração no projeto com os militares dos Estados Unidos "porque a reação [diante da notícia] foi terrível", de acordo com um relatório da época. Os funcionários tinham se manifestado. E os altos escalões da empresa ouviram. Dias depois, um artigo na [revista de política] *Jacobin* declarou "vitória contra o militarismo dos Estados Unidos",[18] observando que os funcionários do Google haviam se insurgido com sucesso contra o que acreditavam ser um uso indevido de seus talentos.

Testemunhamos em primeira mão a relutância de jovens engenheiros em construir o equivalente digital de sistemas de armas. Para alguns deles, a ordem da sociedade e a relativa segurança, além de conforto, em que vivem são a inevitável consequência da justiça do projeto norte-americano, e não o resultado de um planejado e intrincado esforço para defender uma nação e seus interesses. Essa segurança e esse conforto não foram resultado de conquista, vitória ou dura batalha. Para muitos, a segurança da qual desfrutamos é um mero fato no pano de fundo da sua vida cotidiana, ou um aspecto da existência tão elementar que nem sequer merece explicação. Esses engenheiros habitam um mundo sem conflitos de escolha, no qual não é preciso perder algumas coisas para ganhar outras — e isso se aplica a eles tanto no campo ideológico quanto no econômico. No entanto, suas concepções, assim como a mentalidade de uma geração de outros como eles no Vale do Silício, afastaram-se em níveis significativos do centro de gravidade da opinião pública norte-americana. É impressionante como, embora a confiança pública nas instituições tenha variado ao longo das décadas e caído de maneira vertiginosa em relação a alguns setores (incluindo jornais, escolas públicas e o Congresso), para os norte-americanos as suas Forças Armadas permanecem de forma consistente entre as instituições mais confiáveis do país.[19] E os instintos da opinião pública não devem ser descartados com tanta prontidão. Quando William F. Buckley Jr. disse a um entrevistador da revista *Esquire* em 1961 que "preferia ser governado pelas primeiras 2 mil pessoas na lista telefônica" do que pelo "corpo docente da Universidade de Harvard", havia naquela provocação ao *establishment* uma brincadeira e algum grau de ironia.²⁰ Contudo, em seu lembrete havia também sabedoria e algo próximo a humildade.

Os prodígios e gênios do Vale do Silício (com sua fortuna, seus impérios empresariais e, mais fundamentalmente, todo o seu senso de identidade) existem por causa da nação que, em muitos casos, tornou essa ascensão possível. Eles se encarregam de construir vastos impérios técnicos, mas se recusam a oferecer suporte ao Estado, cujas proteções — sem mencionar instituições educacionais e mercados de capital — forneceram as condições necessárias para o sucesso que obtiveram. Seria de bom tom que eles entendessem essa dívida, mesmo que ela permaneça sem pagamento.²¹

Nosso experimento com autogoverno no Ocidente é frágil. Não estamos defendendo um patriotismo raso e superficial — um substituto para o pensamento e a reflexão genuína sobre os méritos de nosso projeto nacional, bem como suas falhas. Os Estados Unidos estão longe de ser perfeitos. Porém, é a coisa mais fácil do mundo esquecer que no país as oportunidades existentes para aqueles que não fazem parte das elites hereditárias são muito mais abundantes do que em qualquer outra nação do planeta. É verdade que o padrão que empregamos para avaliar a nós e ao nosso experimento deve ser mais elevado do que o de outras nações, mas também vale a pena lembrar que o padrão que o país já estabeleceu é altíssimo. Se os Estados Unidos e seus aliados quiserem manter uma vantagem capaz de restringir as ações de nossos adversários no longo prazo, serão necessários uma colaboração mais íntima e um alinhamento de concepções entre o Estado e o setor de tecnologia. As pré-condições para uma paz duradoura em geral só decorrem de uma ameaça plausível de guerra.

• • •

No verão de 1939, de uma casa de campo em North Fork, Long Island, Albert Einstein enviou uma carta — com a contribuição de Leó Szilárd, *físico nuclear húngaro naturalizado como cidadão dos Estados Unidos*, e outros — ao presidente Franklin Roosevelt, instigando-o a avaliar a possibilidade de construir uma arma nuclear, e depressa. Einstein e Roosevelt se conheciam desde a chegada do físico alemão aos Estados Unidos, no início dos anos 1930. Os dois eram de certo modo próximos.[22] Roosevelt, que na infância frequentara uma escola em Bad Nauheim, ao norte de Frankfurt, e era quase fluente em alemão, havia lido *Mein Kampf* (*Minha luta*), de Hitler. Einstein e a esposa já haviam passado a noite na Casa Branca a convite do presidente.[23] Os rápidos avanços técnicos tocantes ao desenvolvimento de uma potencial arma atômica, escreveram Einstein e Szilárd na carta, "parecem exigir vigilância e, se necessário, ação rápida por parte do governo", bem como uma parceria constante alicerçada em um "contato permanente mantido entre o governo" e os físicos.[24] Esse contato permanente resultou em um dos avanços científicos mais importantes do século XX e deu aos Estados Unidos e seus aliados uma vantagem decisiva em uma luta cujo resultado remodelou o mundo.[25] Naquela época, o poder bruto e o potencial estratégico da bomba instigaram o chamado à ação. Hoje, são as capacidades muito menos visíveis, mas da mesma forma significativas, dessas tecnologias de inteligência artificial inovadoras que devem instigar uma ação rápida.

Capítulo 4

O fim da era atômica

EM 16 DE JULHO DE 1945, na escuridão que precede o amanhecer, um grupo de cientistas e funcionários do governo dos Estados Unidos encontrava-se reunido em um trecho ermo no deserto do Novo México para testemunhar o primeiro teste de uma arma nuclear jamais realizado pela humanidade. Choveu na noite anterior, e havia incerteza quanto à possibilidade de o teste ser realizado. A chuva, no entanto, parou cedo naquela manhã.[1] J. Robert Oppenheimer estava presente, assim como Vannevar Bush. A explosão foi descrita por um observador como um clarão "muito brilhante e muito roxo",[2] e o estrondo da detonação da bomba pareceu ricochetear e perdurar no deserto. Naquela manhã, no Novo México, Oppenheimer contemplou a possibilidade de que a vindoura era de poder destrutivo viesse de alguma forma a contribuir para uma paz duradoura. Em um relatório governamental do Departamento de Energia dos Estados Unidos escrito décadas depois, observou-se que, na ocasião, Oppenheimer relembrou a esperança de Alfred Nobel, o industrial e filantropo sueco, de que a dinamite, inventada por Nobel, "acabaria com as guerras".[3]

Nobel,[4] que nasceu em Estocolmo em 1833, fez fortuna no fim do século XIX ao experimentar uma nova e explosiva forma de nitroglicerina, vendendo-a para mineradores por toda a Europa, incluindo na Alemanha e na Bélgica, e para exploradores nos Estados Unidos que rumavam para o oeste, cruzando as Montanhas Rochosas, em busca de ouro. Contudo, engenheiros militares logo adaptaram o uso da substância química industrial para a fabricação de bombas.[5] No início dos anos 1870, por exemplo, a dinamite foi utilizada em ampla escala na guerra entre a França e a Prússia que deixou a Alsácia-Lorena nas mãos da Alemanha, de acordo com Edith Patterson Meyer, uma biógrafa de Nobel.[6] A princípio, Nobel pretendia que sua invenção fosse empregada apenas para "propósitos pacíficos",[7] segundo Meyer. O pensamento de seu criador, no entanto, tornou-se cada vez mais pragmático ao longo dos anos, à medida que o idealismo e o desejo por pureza intelectual que caracterizaram suas primeiras aspirações para seu invento pareciam minguar. Em 1891, vivendo em Paris, Nobel confidenciou numa carta a um amigo que armas mais capazes, não menos, seriam as melhores maneiras de se garantir a paz. "A única coisa que vai impedir as nações de começar a guerra é o terror", escreveu ele.[8]

Pode ser tentador fugir desse tipo de cálculo sombrio, refugiar-nos na esperança de que um instinto intrinsecamente pacífico de nossa espécie prevaleceria se ao menos aqueles que controlam arsenais estivessem dispostos a correr o risco de depor as armas. No entanto, já se passaram quase oitenta anos desde o primeiro teste de uma bomba atômica no Novo México, e armas nucleares foram utilizadas na guerra apenas duas vezes, em Hiroshima e Nagasaki, no Japão. Para muitos, o poder e o horror causados pela bomba tornaram-se distantes e tênues, quase abstratos. John Hersey, o jornalista norte-americano que viajou ao Japão após os ataques, observou que em um piscar de olhos a bomba usada em Hiroshima acabou com a vida de quase cem mil pessoas, enviando milhares de outras ao principal hospital da cidade, que dispunha de apenas seiscentos leitos.[9] A destruição foi total e completa.[10] Hersey escreveu que o clarão de fogo deixou desenhos em formato de flores no corpo de algumas mulheres — o tecido preto e branco de seus quimonos refletindo o calor da explosão.

O uso de armas atômicas no Japão foi apenas o ato final de um ataque igualmente brutal e implacável contra a população civil do país. Durante meses, aviões de guerra dos Estados Unidos, incluindo bombardeiros B-29 de quatro motores fabricados pela Boeing, assolaram cidades de Tóquio a Nagoya com bombas incendiárias. Seu propósito era arrasar edifícios e matar civis,[11] na esperança de forçar os militares japoneses a se renderem após sua marcha pelo Pacífico — marcha que resultou na morte de milhões. Era uma lógica obscura, e os debates acerca da necessidade dos bombardeios indiscriminados, tanto do Japão quanto da Alemanha, sem falar no uso de armas nucleares, continuam até hoje. "Nós odiávamos o que estávamos fazendo",[12] relembrou um aviador norte-americano que estava a bordo de um dos bombardeiros B-29 sobre Tóquio em março de 1945, numa entrevista anos depois. "Mas achávamos que tínhamos que fazer aquilo. Achávamos que aquele ataque poderia fazer os japoneses se renderem."*

A estratégia norte-americana foi o resultado de um novo tipo de guerra, que não fazia distinção entre combatentes no campo de batalha e civis trabalhando em fábricas e campos. Em 1935, Erich Ludendorff, general do exército imperial alemão durante a Primeira Guerra Mundial que mais tarde concorreria com [o militar] Paul von Hindenburg pela presidência do país, escreveu sobre "a guerra total", ou *der totale Krieg*, enquanto Adolf Hitler consolidava o controle do governo nacional da Alemanha. Ludendorff era uma figura reverenciada entre a elite alemã. Em uma mensagem enviada de Berlim à revista *The Atlantic*, em 1917, H. L. Mencken escreveu que alguns membros do exército alemão descreviam o general como "a serpente, o gênio" e comentavam que ele era afeito a se envolver em tudo e "meter a colher em várias coisas ao mesmo tempo, das atividades mais remotas às mais microscópicas".[13] Para Ludendorff, sob a lógica dessa nova forma de conflito militar, "os próprios povos" estavam corretamente "sujeitos às operações diretas de guerra" e, portanto, eram considerados alvos legítimos de ataque.[14]

Nos oitenta anos desde os bombardeios do Japão, no entanto, nunca mais se utilizou uma arma nuclear em uma guerra. O histórico

---

* Alguns argumentaram que os líderes norte-americanos acreditavam, mesmo em 1945, que o colapso do império japonês ocorreria sem o uso de armas atômicas. Veja, por exemplo, Gar Alperovitz, "Hiroshima: Historians Reassess", *Foreign Policy*, nº 99 (verão de 1995), p. 15.

da gestão que a humanidade tem feito da arma que Oppenheimer e outros conjuraram — gestão imperfeita e, verdade seja dita, em dezenas de ocasiões beirando o catastrófico — é espantoso e com frequência negligenciado.[15] Muitos se esqueceram, ou talvez não deem a devida importância ao fato, de que quase um século de alguma versão de paz prevaleceu no mundo, sem um conflito militar entre grandes potências. Pelo menos três gerações (bilhões de pessoas e seus filhos e agora netos) nunca vivenciaram uma guerra mundial. Em essência, a era atômica e a Guerra Fria cimentaram um relacionamento entre as grandes potências que fez da verdadeira escalada — excluídas as escaramuças e testes de força nas margens dos conflitos regionais — algo pouquíssimo atraente e potencialmente custoso. John Lewis Gaddis, professor de história militar e naval em Yale, descreveu a ausência de grandes conflitos na era pós-guerra como a "paz duradoura". Quase quarenta anos atrás, em 1987, Gaddis observou que a duração e a durabilidade da paz relativa que prevaleceu por décadas após o fim da Segunda Guerra Mundial constituíram "o mais longo período de estabilidade nas relações entre as grandes potências que

FIGURA 2
Mortes relacionadas a batalhas por 100 mil
pessoas em todo o mundo (1946 a 2016)

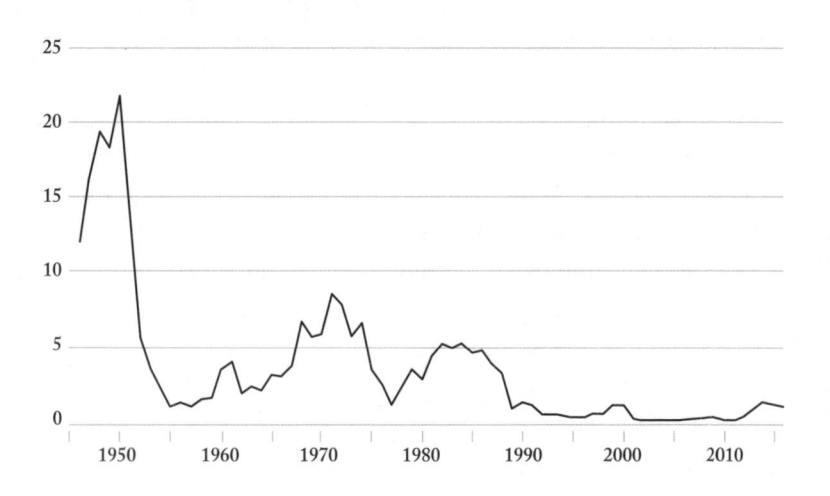

o mundo conheceu neste século", rivalizando até com períodos comparáveis de relativa calma "em toda a história moderna".[16] O atual recorde de uma paz ainda mais longa, aproximando-se de um século, é ainda mais extraordinário hoje. Steven Pinker, em seu livro *Os anjos bons da nossa natureza*, publicado originalmente em 2011 e no Brasil em 2017, argumentou que a recente inexistência de conflitos abrangentes e "o declínio da violência podem ser o acontecimento mais importante e menos apreciado na história de nossa espécie".[17]

Não seria razoável atribuir a uma única arma todo o crédito — tampouco a maior parte do crédito — por ensejar um período tão duradouro de relativa tranquilidade na história mundial. Vários outros acontecimentos e novidades desde o fim da Segunda Guerra Mundial, incluindo a proliferação de formas democráticas de governo ao redor do planeta e um nível de atividade econômica interconectada que antes teria sido impensável, com certeza têm papel relevante na história.[18] E o delicado equilíbrio de poder que, em grande medida, estimulou uma relutância em cortejar a possibilidade de confrontos diretos também estava sujeito a rápidas mudanças. No entanto, sem dúvida a supremacia do poderio militar norte-americano no século passado ajudou a proteger a atual, ainda que frágil, paz. Um comprometimento com a manutenção dessa supremacia, contudo, tornou-se cada vez mais fora de moda no Ocidente. E a dissuasão, como doutrina, corre o risco de perder seu atrativo moral.

• • •

Durante algum tempo, considerou-se uma provocação desnecessária e quase indelicado sugerir que a Europa não estava gastando um montante suficiente na própria defesa — que, em suma, o continente estava se beneficiando de um enorme investimento dos Estados Unidos em segurança nacional, cerca de 900 bilhões de dólares por ano, sem compartilhar os custos. Já faz décadas que os Estados Unidos gastam cerca de 3% a 5% de seu PIB em defesa, ao passo que no mesmo período os gastos militares da União Europeia oscilaram em torno de 1,5%.

FIGURA 3
Gastos com defesa como porcentagem do PIB:
Estados Unidos e Europa (1960 a 2022)

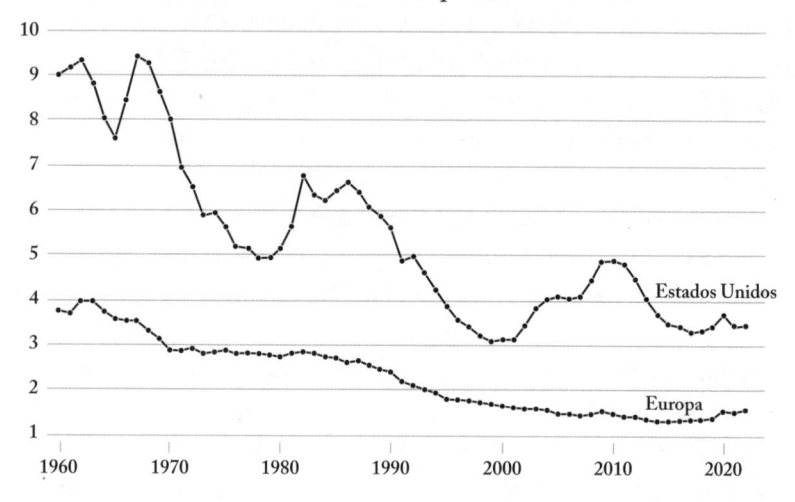

Críticas mais contundentes à postura europeia, por sua imensa dependência dos Estados Unidos, vêm se tornando cada vez mais frequentes nos últimos anos. Em abril de 2016, em entrevista a Jeffrey Goldberg da revista *The Atlantic*, o então presidente Barack Obama expressou frustração com os anêmicos gastos europeus em defesa. "Aproveitadores me irritam", declarou Obama.[19] Na época, o Reino Unido, assim como quase todos os seus vizinhos europeus, estava investindo menos de 2% do seu PIB em defesa — limite que, de acordo com Goldberg, Obama disse a David Cameron, o então primeiro-ministro britânico, o país teria que atingir se quisesse manter seu alardeado "relacionamento especial" com os Estados Unidos. "Vocês têm que arcar com uma parcela justa", alertou Obama a Cameron.

Josep Borrell, o alto representante da União Europeia para relações exteriores e política de segurança, notou um recuo mais amplo e estrutural dos investimentos europeus em defesa nacional desde o início dos anos 1990. "Após a Guerra Fria, reduzimos nossas forças a exércitos em miniatura", afirmou Borrell.[20] As implicações da fragmentada linha de ação europeia em termos de gastos com defesa e aquisições na área são significativas, as máquinas de aprovisionamento de quase trinta nações buscando diferentes estratégias junto a diferentes fornecedores em todo o continente e no mundo.[21] "Os exércitos em miniatura da Europa nutriram indústrias em miniatura", disse Christian Mölling, do Conselho Alemão de Relações Exteriores em entrevista à revista *The Economist* em 2024.

Para os que em 1949 fundaram a Organização do Tratado do Atlântico Norte (Otan), o fulcro da aliança ocidental, o desinteresse da Europa em desenvolver um meio robusto de autodefesa, quase oitenta anos após o fim da Segunda Guerra Mundial, seria considerado um tremendo fracasso. Em fevereiro de 1951,[22] o presidente norte-americano Dwight D. Eisenhower enviou uma carta ao amigo Edward J. Bermingham, responsável por comandar os negócios de Chicago da instituição Lehman Brothers, expressando a esperança de que a Europa logo desenvolvesse a própria capacidade de defender seus interesses por meio da força, caso necessário. A dificuldade, nas palavras de Eisenhower, era "como inspirar a Europa a produzir para si mesma as Forças Armadas que, no longo prazo, devem ser capazes de proporcionar os únicos meios pelos quais a Europa pode ser defendida".[23] Ele acrescentou que os Estados Unidos "não podem ser uma Roma moderna, protegendo com nossas legiões fronteiras remotas".

A resistência a um investimento militar mais vultoso tem sido incisiva sobretudo, é óbvio, na Alemanha. O romancista Günter Grass, autor de *O tambor*, tornou-se famoso também por se opor à reunificação da Alemanha Oriental e da Ocidental sob o argumento de que uma nação unida aumentaria a possibilidade de um segundo Auschwitz. Em 1991, ele escreveu: "Nada, nenhum senso de nacionalidade, por mais idílico que seja, e nenhuma garantia de benevolência tardia podem modificar ou dissipar a experiência que nós, os criminosos, com nossas vítimas, tivemos como uma Alemanha unificada."[24] Todavia, a repressão a iniciativas bélicas do país ao longo dos últimos cinquenta anos trouxe consequências. Sem dúvida, o retraimento de uma Alemanha outrora robusta e assertiva contribuiu para a invasão da Ucrânia pela Rússia em fevereiro de 2022. Vladimir Putin calculou, de forma correta, que não pagaria um preço significativo por sua iniciativa. Após décadas de autoflagelação, os militares alemães se apequenaram em algo semelhante a uma caricatura de uma força armada de verdade.

O mesmo se pode dizer acerca do Japão. Hoje, a democracia mais rica da região ainda precisaria da ajuda dos Estados Unidos para rechaçar uma invasão real — e de mais ajuda ainda para sobreviver a uma. Em 1947, após a rendição das forças nipônicas aos Aliados, o país adotou uma proibição geral referente à manutenção de um exército para fins ofensivos. O artigo 9 da Constituição da nação[25] declara que "o povo japonês renuncia para sempre à guerra como direito soberano da nação e à ameaça ou uso da força como meio de solução de disputas internacionais" e, como resultado, "nenhuma força terrestre, marítima ou aérea será mantida no futuro, tampouco qualquer outro potencial bélico". A cláusula, que do ponto de vista técnico ainda é a lei nacional, exige efetivamente que outras nações, entre elas os Estados Unidos, defendam o Japão caso o país sofra ataques.

O erro não foi desmantelar o exército imperial do Japão e promulgar salvaguardas legais para impedir sua ressurreição logo após a guerra, e sim manter essa política por 75 anos, em meio à reformulação da ordem mundial, incluindo a ascensão de uma China assertiva e capaz, bem como de uma Rússia recém-ambiciosa. Tornar a Alemanha inofensiva foi uma correção exagerada pela qual a Europa agora está pagando um alto preço. Um comprometimento semelhante e de um dramatismo extremo com o pacifismo japonês, se mantido, ameaçará mudar também o equilíbrio de poder na Ásia. A virtude do advento de novas tecnologias, como a inteligência artificial para o campo de batalha, é que elas fornecem às nações uma oportunidade de dar uma guinada, e em grande velocidade, mas apenas se seus líderes conseguirem mobilizar a vontade pública de modo que a população esteja preparada para lutar.

. . .

O caça F-35 — a principal aeronave de ataque das forças norte-americanas e aliadas construída pela Lockheed Martin — foi projetado em meados dos anos 1990 e prevê-se que o modelo ainda esteja em operação por mais 63 anos. Hoje, o custo total do programa está estimado em 2 trilhões de dólares, de acordo com o governo dos Estados Unidos.[26] Entretanto, de acordo com o que o general Mark Milley, ex-chefe do Estado-Maior Conjunto, afirmou em 2024 em uma conferência de segurança nacional em Washington, D.C.: "Nós achamos mesmo que uma aeronave tripulada vai ganhar os céus em 2088?"[27]

A era atômica está chegando ao fim. Estamos no século do software, e as guerras decisivas do futuro serão conduzidas pela inteligência artificial, cujo desenvolvimento está ocorrendo em um cronograma muito diferente e mais veloz do que os armamentos do passado. Está em pleno andamento uma reversão fundamental na relação entre hardware e software. No século XX, o desenvolvimento de softwares estava a serviço da manutenção e atendimento das necessidades do hardware, de controles de voo à aviônica de mísseis, de sistemas de abastecimento de combustível a veículos blindados de transporte de tropas. No entanto, com a ascensão da inteligência artificial e o uso de grandes modelos de linguagem no campo de batalha para metabolizar dados e indicar recomendações de alvos, a relação está mudando. Agora o software está no comando, e o hardware — os drones nos campos de batalha da Europa e demais lugares — serve cada vez mais como o meio pelo qual as recomendações da IA são implementadas no mundo. A chegada de enxames de drones capazes de localizar e matar um adversário, tudo por uma fração do custo de armas convencionais, está quase aqui.[28] Contudo, o nível de investimento nessas tecnologias e os sistemas de software que serão necessários para operá-las estão longe de ser suficientes. O governo dos Estados Unidos ainda está focado no desenvolvimento de uma infraestrutura legada — aviões, navios, tanques e mísseis — que proporcionou o domínio no campo de batalha no século passado, mas é quase certo afirmar que ela não será tão decisiva neste.

O Departamento de Defesa dos Estados Unidos solicitou um total de 1,8 bilhão de dólares para financiar capacidades de inteligência artificial em 2024, o que representa apenas 0,2% do orçamento total de defesa nacional proposto do país, que chega a 886 bilhões de dólares.[29] E, para nações que se mantêm em um padrão moral muito mais elevado que seus adversários quando se trata do uso da força, até a paridade técnica com um inimigo é insuficiente. Um sistema de armamentos nas mãos de uma sociedade ética, e cautelosa quanto ao seu uso, atuará como um impedimento eficaz apenas se for muito mais poderoso do que a capacidade de um adversário que não hesitaria em matar inocentes.

Os Estados Unidos e seus aliados no exterior devem se comprometer sem demora a lançar um novo Projeto Manhattan a fim de manter o controle exclusivo sobre as formas mais sofisticadas de IA voltadas para o campo de batalha — os sistemas de mira e enxames de drones e, mais cedo ou mais tarde, robôs que virão a se tornar as armas mais poderosas deste século. Os porta-aviões e caças que definiram os conflitos armados na última era de guerra vão se tornar acessórios para os softwares — o meio pelo qual sistemas cada vez mais inteligentes exercerão poder no mundo. Há décadas o nosso orçamento de defesa está defasado, e as legiões de pessoal incumbido de supervisioná-lo estão desatualizadas. É imperativo começar a realizar um esforço urgente para mudar a ênfase do nosso investimento em segurança nacional, reunindo os Estados Unidos e seus parceiros na Europa e na Ásia.

O empecilho é que a ascendente elite de engenheiros do Vale do Silício, a mais capaz, em termos técnicos, de desenvolver os sistemas de inteligência artificial que serão a ferramenta de dissuasão deste século, é também bastante ambivalente quanto a trabalhar para as Forças Armada dos Estados Unidos. Uma geração inteira de engenheiros de software, qualificada e competente para desenvolver a próxima geração de armamentos de IA, deu as costas ao Estado-nação, desinteressada na desordem e complexidade moral da geopolítica. Embora nos últimos anos tenham surgido bolsões de apoio ao trabalho de defesa, a maior parte do dinheiro e do talento continua a se dirigir ao consumidor. De forma instintiva, a classe tecnológica se mobiliza sem demora para levantar capital destinado a aplicativos de compartilhamento de vídeo e plataformas de redes sociais, a algoritmos de publicidade e sites de compras on-line. Esses engenheiros não hesitam em rastrear e monetizar todos os nossos movimentos on-line, imiscuindo-se em nossa vida. No entanto, eles junto de suas gigantes do Vale do Silício muitas vezes hesitam quando se trata de colaborar com as Forças Armadas dos Estados Unidos. A ironia, é óbvio, é que a paz e a liberdade de que desfrutam aqueles no Vale do Silício que se opõem a trabalhar com os militares só são possíveis graças à ameaça plausível de uso da força por parte desses mesmos militares.

O risco é que o desencanto de uma geração com o Estado-nação e o desinteresse em nossa defesa coletiva tenham resultado em um redirecionamento inquestionável, porém substancial, de recursos — tanto intelectuais quanto financeiros — para saciar as necessidades quase sempre volúveis da cultura de consumo do capitalismo. A perda de ambição cultural e as demandas cada vez menos rigorosas que impusemos ao setor de tecnologia em termos de engendrar produtos de valor duradouros e coletivos disponíveis ao público acabaram por ceder controle demais aos caprichos do mercado. David Graeber, que lecionou antropologia cultural em Yale e na London School of Economics, observou em um ensaio publicado em 2012 na revista *The Baffler*: "A internet é uma inovação extraordinária, mas estamos falando tão apenas de uma combinação super-rápida e globalmente acessível de biblioteca, correio e catálogo de pedidos por correspondência."[30] Ele e muitos outros queriam mais, mas ficaram a ver navios.

Em novembro de 2022, quando a OpenAI, que investiu bilhões de dólares no desenvolvimento de grandes modelos de linguagem, como o ChatGPT, lançou pela primeira vez ao público sua interface de IA, as políticas da empresa proibiam o uso de suas tecnologias para fins "militares e de guerra", uma ampla concessão aos cautelosos que desconfiavam de qualquer envolvimento com os soldados enviados para enfrentar perigos a fim de defender a nação. Depois que a empresa mudou de rumo e revogou a proibição geral a aplicações militares no início de 2024,[31] manifestantes logo se reuniram em São Francisco diante do escritório de Sam Altman, o CEO da empresa; os ativistas exigiam que a OpenAI "encerre seu relacionamento com o

Pentágono e não aceite nenhum cliente militar". Os engenheiros que constroem os modelos de linguagem que impulsionam o ChatGPT, um espetacular avanço na maneira como a inteligência computacional aborda os problemas, estão mais do que satisfeitos em emprestar o poder de sua criação a corporações que vendem bens de consumo, contudo hesitam quando solicitados a fornecer um software mais eficaz para o exército e a marinha dos Estados Unidos.

A ameaça de protesto e revolta da multidão acaba por moldar e influenciar os instintos de líderes e investidores em toda a indústria de tecnologia, muitos dos quais foram treinados para evitar de modo sistemático qualquer indício de controvérsia ou desaprovação. E os custos dessa resistência — bem como a capitulação quase completa da indústria aos caprichos do mercado no que diz respeito a decidir o que *deve* ser desenvolvido, não apenas o que *pode* ser desenvolvido — são significativos.

Em um ensaio intitulado "Big Idea Famine" [Fome de grandes ideias],[32] publicado no *Journal of Design and Science* em 2018, Nicholas Negroponte, cofundador do Media Lab do MIT, mencionou as legiões de "startups de hoje que se concentram em maneiras irrefletidas de lavar roupa suja, entregar comida ou nos entreter com mais um aplicativo". A dificuldade, acrescentou ele, é que "novas tecnologias, descobertas reais e invenções em ciência e engenharia são muitas vezes banalizadas pelo processo de startup determinado a atender às expectativas dos investidores". Muitos empreendedores e exércitos de engenheiros dotados de extraordinário talento apenas deixam de lado os problemas difíceis. Esse retraimento da ambição coincidiu com o que o economista Robert J. Gordon argumentou ter sido um considerável declínio em nossa taxa de produtividade como sociedade nos Estados Unidos nos últimos 75 anos. Segundo Gordon,[33] nas décadas desde os anos 1970 os avanços tecnológicos "ocorreram sobretudo em uma esfera estreita de atividade relacionada a entretenimento, comunicações e coleta e processamento de informações", ao passo que, "para o restante das coisas com que os humanos se importam — comida, roupas, abrigo, transporte, saúde e condições de trabalho dentro e fora de casa —, o progresso desacelerou".

FIGURA 4
Crescimento da produtividade total dos fatores nos Estados Unidos (1900 a 2014)

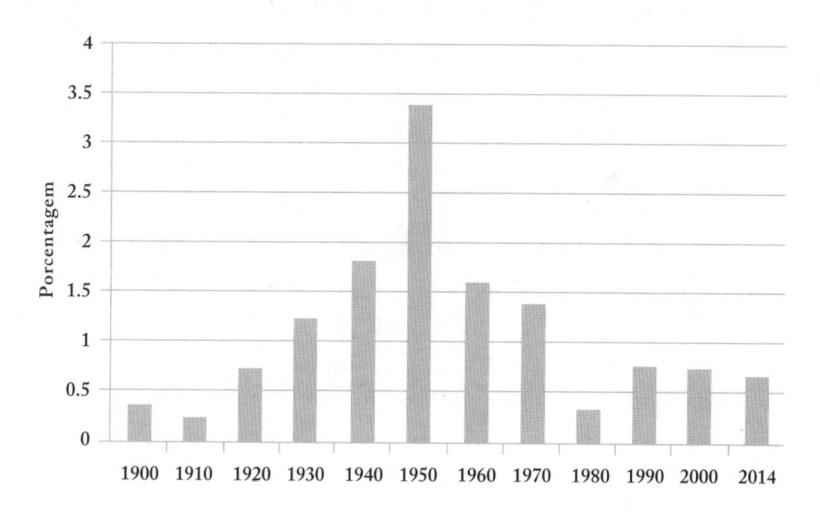

[Gráfico de barras mostrando porcentagem de crescimento por década: 1900: ~0.35; 1910: ~0.25; 1920: ~0.7; 1930: ~1.2; 1940: ~1.8; 1950: ~3.35; 1960: ~1.55; 1970: ~1.35; 1980: ~0.3; 1990: ~0.7; 2000: ~0.7; 2014: ~0.6]

Há exceções ao amplo recuo da ambição da indústria de tecnologia. Elon Musk, por exemplo, fundou duas empresas, Tesla e SpaceX, entre outras, que se apresentaram e se prontificaram a preencher gritantes lacunas de inovação em setores nos quais os governos nacionais retrocederam. Em outra era, os projetos de desenvolver uma alternativa confiável ao motor de combustão interna e de enviar foguetes ao espaço sideral teriam sido domínios confortáveis e lógicos da parte do governo. São colossais os recursos necessários para encarar tais desafios. No entanto, pouquíssimas pessoas estão dispostas a arriscar seu capital ou sua reputação na tentativa de enfrentá-los. A cultura quase ri de escárnio do interesse de Musk por narrativas grandiosas, como se os bilionários devessem apenas permanecer em sua caixinha, enriquecendo, e talvez vez por outra fornecer material para colunas de fofocas de celebridades. Um perfil de Musk publicado na revista *The New Yorker* em 2023 sugeriu que o mundo estaria melhor com menos "construtores de planetas de luxo megarricos" e censurou seu "aparente distanciamento da própria humanidade".*³⁴Durante anos, muitos estavam convencidos de que os foguetes reutilizáveis da SpaceX eram algo "absurdo e ridículo" e que Musk estava "sem dúvida desperdiçando seu tempo"³⁵, de acordo com uma biografia do fundador publicada em 2015.³⁶ Qualquer curiosidade ou interesse genuíno no valor do que ele criou é essencialmente depreciado e repudiado, ou talvez no fundo camufle um desprezo velado. A ironia é que muitos daqueles que professam com a mais absoluta veemência que se opõem aos excessos do capitalismo são, com frequência, os primeiros da fila para alfinetar os que têm a audácia de tentar construir algo que o mercado não conseguiu fornecer. Mais ambição e seriedade de propósito, e não menos, são necessárias. Seria o iPhone, por exemplo, a nossa maior realização criativa — se não o nosso apogeu — enquanto civilização? Trata-se de um objeto que mudou nossa vida, mas agora pode ser também que esteja limitando e restringindo nosso senso do possível. Como Peter Thiel observou em entrevista em 2011,³⁷ o drástico e descontínuo salto adiante do programa espacial Apollo, e não os avanços graduais nas capacidades das engenhocas de consumo, é que deve ser o padrão pelo qual julgamos a nós mesmos e avaliamos o progresso humano.

Uma geração de fundadores em ascensão alega que busca o risco de forma ativa, mas que, quando se trata de relações públicas e investimentos mais profundos em desafios sociais mais significativos, a cautela é o que tende a prevalecer. Por que correr o risco de entrar na confusão moral da geopolítica e flertar com a controvérsia quando a alternativa apenas é apenas criar mais um aplicativo?

E é isso que acontece mesmo, eles criam um aplicativo atrás do outro. A proliferação nos Estados Unidos de impérios de redes sociais, que sistematicamente monetizam e canalizam o desejo humano por status e reconhecimento, caçando os jovens feito aves de rapina e programando-os para encontrar recompensas na afeição e aprovação quase sempre inconstante de seus pares, redirecionou uma parcela muito grande dos esforços e recursos de uma civilização inteira. Em

---

* Os detratores de Musk estão quase sempre longe da arena, nas palavras de Theodore Roosevelt: "Aquelas almas frias e tímidas" que não conhecem "nem vitória, nem derrota."

2022, o YouTube faturou 959 milhões de dólares com publicidade direcionada a 31,4 milhões menores de 12 anos.[38] No período de um ano, o Instagram abocanhou 801 milhões de dólares com a mesma faixa etária. Precisamos nos insurgir e esbravejar e nos enfurecer contra esse direcionamento equivocado de nossa cultura e capital. Não vamos entrar de mansinho nessa noite acolhedora.*[39]

. . .

Nossos adversários levarão adiante o desenvolvimento de inteligência artificial para o campo de batalha, independentemente de fazermos isso ou não. Os líderes de regimes autoritários podem muito bem perder a vida se perderem o controle. Xi Jinping, chefe de Estado da China, nasceu em 1953, quatro anos após o fim da revolução comunista do país. Aos 15 anos, foi mandado para Liangjiahe, vilarejo ao nordeste de Xian, na província de Shaanxi, onde viveu em uma caverna e foi forçado a trabalhar nos campos de cultivo, de acordo com um relato de sua juventude. "Ele comeu amargura como o restante de nós",[40] disse a um jornal em 2012 um lavrador que conheceu Xi durante aqueles primeiros anos. Foi um período de imenso levante social. A irmã mais velha de Xi, Heping,[41] talvez tenha se matado nas mãos da Guarda Vermelha, os estudantes e outros jovens que Mao Tsé-Tung inicialmente agrupou em apoio à sua revolução, e que depois, nos anos 1960, lutou para conter. Um relatório oficial do governo revela pouco, observando apenas que Heping foi "perseguida até a morte".[42] Em entrevista a Evan Osnos da *New Yorker* em 2022, um professor de relações internacionais explicou que muitos dos contemporâneos de Xi que viveram a Revolução Cultural "concluíram

---

* O desencaminhamento de nossa atenção e de nossos recursos para empreendimentos desse tipo não é o resultado de alguma conspiração nefasta, e, sim, a consequência de uma falha de vontade e imaginação daqueles que estão no comando. Como nação, devemos nos empenhar para formar, por exemplo, um corpo de paz tecnológico — uma instituição por meio da qual mentes de engenharia curiosas e talentosas, cujos esforços poderiam ser cooptados para refinar ainda mais os algoritmos de publicidade on-line, em vez disso se voltem para a solução de gritantes lacunas de inovação em educação, medicina, defesa nacional e ciência básica nos Estados Unidos e no exterior.

que a China precisava de constitucionalismo e do Estado de direito, mas Xi Jinping disse que não: vocês precisam do Leviatã".[43] O refinamento do *hard power*, o que inclui a IA para o campo de batalha, é uma necessidade para a sobrevivência. Xi entende isso de uma forma que aqueles no Ocidente, os autoproclamados vencedores da história, muitas vezes esquecem.

Repetidas vezes o *establishment* da política externa norte-americana cometeu erros de cálculo ao lidar com a China, a Rússia e outros, acreditando que a promessa de integração econômica por si só seria suficiente para minar o apoio das lideranças dessas regiões em âmbito doméstico e diminuir seu interesse em escaladas militares no exterior. O fracasso do consenso de Davos, a abordagem reinante para as relações internacionais, foi abandonar a punição e a ameaça em favor apenas das recompensas e incentivos. Anne Applebaum acerta ao nos lembrar que uma "ordem mundial liberal natural" não existe, a despeito de nossas aspirações mais fervorosas, e que "não existem regras sem alguém para aplicá-las".[44] Xi e outros exerceram e mantiveram o poder de uma forma que a maioria dos nossos atuais líderes políticos no Ocidente jamais vai entender. Nosso erro é ter a esperança de que regimes autoritários, com proximidade e estímulo suficientes do nosso modelo de regime, deem a mão à palmatória e reconheçam que estão equivocados. Contudo, como Henry Kissinger observou: "As instituições do Ocidente não brotaram completamente desenvolvidas da mente dos contemporâneos, mas evoluíram ao longo dos séculos."[45]

Não devemos perder o interesse em investigar a psicologia e a percepção de mundo de nossos adversários, em habitar as restrições dentro das quais eles operam, os riscos que enfrentam para manter o controle, suas ambições pessoais e as aspirações que têm para seu povo. Durante décadas, Xi e sua família demonstraram curiosidade e interesse pelos Estados Unidos. Em 1985, ele passou algum tempo em Muscatine, Iowa, como parte de uma delegação chinesa, hospedando-se na casa de uma família local.[46] E a única filha de Xi, Xi Mingze,[47] formou-se em Harvard em maio de 2014 — sob pseudônimo, ela cursou língua e literatura de língua inglesa e psicologia.

Um repórter de um jornal japonês disse que menos de dez pessoas sabiam da verdadeira identidade de Mingze enquanto ela estava na universidade.⁴⁸

Em visita oficial aos Estados Unidos em 2015, Xi fez um discurso em Seattle no qual relembrou que, na juventude, leu Henry David Thoreau, Walt Whitman e Mark Twain. Ernest Hemingway deixou nele uma enorme impressão, e Xi se lembrava com carinho de *O velho e o mar*. Quando visitou Cuba, Xi disse à plateia que fez uma viagem a Cojímar, distrito nos arredores do centro de Havana, na costa norte do país, que serviu de inspiração para a história de Hemingway sobre um pescador e seu embate com um marlim de mais de 5 metros. Em certa viagem posterior, Xi mencionou que "pediu um mojito", o drinque favorito do autor, "com folhas de hortelã e gelo". Xi explicou que "queria apenas sentir por mim mesmo" o que Hemingway estava pensando e o lugar onde estivera quando "escreveu aquelas histórias".⁴⁹ O líder de uma nação com quase um quinto da população mundial acrescentou que era "importante fazer um esforço para obter uma compreensão profunda das culturas e civilizações que são diferentes das nossas". Seria aconselhável fazermos o mesmo.

・・・

A relutância por parte dos Estados Unidos e de seus aliados em prosseguir com o desenvolvimento de sistemas de armamentos mais eficazes e autônomos para uso militar pode originar-se de um justificado ceticismo do próprio poder e da coerção — uma aversão a mais investimentos na máquina de guerra por parte dos vencedores da história. O encanto do pacifismo é que ele satisfaz nossa empatia instintiva por aqueles impotentes e em posição desfavorável. Entretanto, como a escritora francesa Chloé Morin, ex-consultora de primeiros-ministros da França, sugeriu em entrevista recente, podemos resistir ao fácil impulso de "dividir o mundo em dominantes e dominados, opressores e oprimidos".⁵⁰ Esse "dualismo moral",⁵¹ nas palavras de Remi Adekoya, professor da Universidade de York, no Reino Unido, deixa muita gente desconfortável e disposta a reprovar os danos causados àqueles que em certos domínios ocupam posições de poder. Seria um erro, porém, e de fato uma forma de condescendência moral, sistematicamente equiparar impotência e virtude. Os subjugados e os subjugadores são na mesma proporção capazes de cometer pecados graves. No entanto, ainda nos aferramos a mitologias perigosas e incisivas de um "passado pacificado",[52] conforme Lawrence H. Keeley descreveu em *A guerra antes da civilização: o mito do bom selvagem*, livro publicado em 1996 no qual oferece um relato da história da violência muitas vezes brutal em sociedades pré-industriais, dos Cheyennes nas Grandes Planícies da América do Norte aos Danis na Nova Guiné. Por exemplo, Keeley observou que alguns povos nativos nas planícies dos Estados Unidos "mutilavam os cadáveres de seus inimigos de maneiras características, à guisa de uma espécie de 'assinatura': os Sioux cortavam a garganta, os Cheyennes decepavam os braços, os Arapahos retalhavam narizes". Os Danis na Indonésia, por sua vez, usavam lama ou graxa na ponta das flechas que disparavam contra os inimigos, de modo a aumentar as chances de infecção dos alvos atingidos.

As raízes dessa lógica moral são profundas e podem ser difíceis de eliminar. Em 1968, o educador brasileiro Paulo Freire publicou *Pedagogia do oprimido*, obra na qual articulou uma lógica de opressor e oprimido que, cinquenta anos depois, continua a estruturar nosso discurso intelectual e moral. Um de seus argumentos centrais era o de que os povos oprimidos do mundo, a subclasse, eram essencialmente incapazes de violência, ou mesmo da própria opressão. Ele privou os despossuídos da capacidade de agir em termos morais. "Daí que, estabelecida a relação opressora, esteja inaugurada a violência, que jamais foi até hoje, na história, deflagrada pelos oprimidos",[53] escreveu ele. "Os que inauguram o terror não são os débeis, que a ele são submetidos, mas os violentos que, com seu poder, criam a situação concreta em que se geram os 'demitidos da vida', os esfarrapados do mundo." Para Freire, os povos subjugados do mundo eram, em sua essência, incapazes de vitimizar os outros, apenas de serem vítimas. Entretanto, essa insistência reducionista em impor uma identidade tão totalizante e completa aos supostamente impotentes pode ter a consequência não intencional de privá-los da agência moral e, de fato, de sua humanidade também.

O fascínio do pacifismo, e um possível afastamento da dissuasão, é que ele nos alivia da necessidade de lidar com os difíceis e imperfeitos conflitos de escolha, de perdas e ganhos, com os quais nos deparamos no mundo. A questão mais ampla que enfrentamos não é se será desenvolvida uma nova geração de armamentos cada vez mais autônomos incorporando inteligência artificial; é quem vai desenvolver essas armas e para qual propósito. Trata-se do século do software, e ainda assim o nosso obstáculo é o fato de que a geração mais capaz em termos técnicos e mais bem posicionada para dar início à próxima onda de capacidades ofensivas é também a mais resignada e a que mais se dá por satisfeita em recuar diante de projetos que envolvam defesa nacional ou propósito comunitário. É esse declínio da mente norte-americana — e não apenas no Vale do Silício, como será abordado no próximo capítulo — que nos levou ao atual impasse. E é esse esvaziamento do projeto dos Estados Unidos que nos deixou vulneráveis e expostos.

Parte II

O declínio da mente norte-americana

Capítulo 5

O abandono da crença

EM 1976, FRANK COLLIN, o ambicioso líder do pequeno, mas resiliente, Partido Nazista dos Estados Unidos, organizou uma marcha na cidade de Skokie, no estado do Illinois, na tentativa de promover seu grupo e aumentar o apoio à sua causa. A população do local, com uma significativa comunidade judaica marcada pela Segunda Guerra Mundial, opôs-se com veemência à manifestação, e o caso foi parar na justiça. A União Americana pelas Liberdades Civis (ACLU, na sigla em inglês) assumiu a defesa de Collin e seus amigos nazistas, tomando como base a Primeira Emenda — atitude que seria impensável hoje em dia. Aryeh Neier, diretor-executivo nacional da ACLU na época, recebeu milhares de cartas condenando a decisão de sua organização de defender o direito dos nazistas à liberdade de expressão. Neier nasceu em uma família judia em Berlim, em 1937, e fugiu com os pais para a Inglaterra na infância.[1] Anos depois, ele estimou que cerca de 30 mil membros da ACLU abandonaram a instituição, por conta da escolha de defender na justiça os manifestantes nazistas.[2]

O interesse de Neier ao proteger o direito de Collin à liberdade de expressão, respeitando os termos da Primeira Emenda, não se baseava em um compromisso impensado com o liberalismo ou seus valores. Pelo contrário, ele tinha duas crenças aparentemente contraditórias, porém muito arraigadas e genuínas: tanto no repúdio total às ideias de Collin quanto na importância de defender seu direito de expressá-las, diante da repressão estatal. Neier estava interessado e disposto a defender um ideal — algo que superava e ultrapassava os próprios interesses, ideal que muitos ficariam felizes em exaltá-lo por se recusar a defender. "Caso queira me defender, preciso restringir o poder com a liberdade, mesmo que os inimigos da liberdade se beneficiem temporariamente disso", escreveria mais tarde.[3] Suas crenças acarretavam um custo, e a defesa delas exigia até colocar em risco a credibilidade de sua organização e a sua própria.

Mais de dez anos antes, em setembro de 1963, uma polêmica semelhante ocorreu em New Haven, no estado do Connecticut, quando George Wallace, governador do estado do Alabama e ferrenho adversário da integração racial, foi convidado a palestrar no centro acadêmico dos alunos da Universidade de Yale.[4] Em janeiro daquele ano, em seu discurso de posse, Wallace dissera à plateia em Montgomery, Alabama, que era preciso resistir à integração, segundo ele uma espécie de "amálgama comunista", que resultaria em uma "unidade bastarda sob um governo único e todo-poderoso".[5] Foi naquela ocasião que Wallace afirmou que iria impor um limite, pedindo "segregação hoje, segregação amanhã e segregação sempre", sob os gritos de apoio da multidão.

A possível chegada de Wallace a New Haven mobilizou a cidade.[6] O prefeito Richard C. Lee resolveu lhe enviar um telegrama, informando que ele era "oficialmente malvindo" — na tentativa de cancelar o evento, que, para muitos, seria um estopim para violência. Dias antes naquele mês, um grupo de quatro integrantes da Ku Klux Klan havia usado dinamite para explodir o templo da Igreja Batista da rua 16, em Birmingham, no Alabama, matando quatro moças e ferindo mais de vinte pessoas.

Outros, porém, conclamaram a universidade a não impedir Wallace de palestrar. Pauli Murray, na época doutoranda de direito em Yale, escreveu uma carta a Kingman Brewster Jr., então reitor da universidade, pedindo-lhe que autorizasse Wallace a discursar para os alunos do campus.[7] Nascida em Baltimore em 1910, Murray era uma ativista dos direitos civis, que trabalhou durante algum tempo no escritório de advocacia Paul, Weiss, Rifkind, Wharton & Garrison, em Nova York, e mais tarde viria a lecionar na Ghana School of Law.[8] Junto a Betty Friedan e outras, ela fundou a Organização Nacional pelas

Mulheres, em 1966. Para Murray, a questão do direito de Wallace de falar ou não no campus era pessoal. O pai dela tinha sido internado no Hospital Estadual de Crownsville para Negros Insanos (Crownsville State Hospital for the Negro Insane, em inglês), em Maryland, onde fora morto em 1922 depois que "um guarda branco o provocou com epítetos racistas, arrastou-o até um porão e agrediu-o até a morte com um taco de beisebol", segundo um relato.[9] A avó materna de Murray nascera escrava no estado da Carolina do Norte.[10]

Apesar disso, a carta que Pauli Murray escreveu para Brewster era direta e repleta de convicção e inteligibilidade. Argumentava que, apesar de ela mesma ter "sofrido os malefícios da segregação racial", a "possibilidade de violência não é razão suficiente, perante a lei, para impedir um indivíduo de exercer seu direito constitucional".[11] Murray antevia o risco de permitir aquilo que viria a ser chamado de "veto do provocador" ao direito alheio à expressão — a possibilidade de silenciar um debate por conta do temor da reação do público, às vezes até violenta. Hoje, esse veto tem sido, de modo bastante evidente, brandido com frequência por aqueles que expressam desconforto ou ultraje quando se deparam com pontos de vista diferentes dos seus. O centro acadêmico de Yale acabou cancelando o convite a Wallace, cedendo à pressão de Brewster.[12]

• • •

Tanto Neier quanto Murray, em contextos e décadas diferentes, não apenas defenderam um posicionamento impopular, mas, com isso, colocaram em risco a própria reputação, sujeitando-se à desaprovação dos pares e do público, em nome da convicção em determinada crença, à qual não poderiam abandonar nem racionalmente descartar. Tanto para Neier quanto para Murray, o que estava em jogo ultrapassava o interesse ou o temor pessoal. Nos últimos tempos, têm surgido situações que representam provações semelhantes. Mas nossa cultura regrediu, não mais apoiando e fomentando tais atos radicais de coragem intelectual. O que nos resta são líderes cada vez menos seguros de si, menos dispostos, ou talvez menos aptos, a arriscar muita coisa.

Em 2023, três reitoras de universidades (Harvard, Universidade da Pensilvânia e Instituto de Tecnologia de Massachusetts, ou MIT na sigla em inglês) foram convocadas pelo Congresso americano, em resposta aos protestos contra a invasão de Gaza por Israel, depois que mais de 1.100 israelenses foram mortos e cerca de 250 feitos reféns.[13] Os depoimentos das reitoras — duas das quais acabaram obrigadas a renunciar ao cargo — levantaram questões semelhantes às ocorridas em Skokie e New Haven décadas antes, esbarrando na conhecida tensão entre a proteção do direito à liberdade de expressão e a proteção contra a tentativa de silenciar e subjugar o outro. As respostas cautelosas, na tentativa de preservar o espaço da liberdade de expressão, despertaram interesse nacional e internacional. Para muitos, as reitoras foram excessivamente tíbias ao articularem a oposição à intimidação e à hostilidade ostensivas aos estudantes no campus.[14] Como escreveu Maureen Dowd no jornal *The New York Times*, Elizabeth Magill, reitora da Universidade da Pensilvânia, "recorreu a um assustador juridiquês" quando lhe indagaram se defender o genocídio dos judeus constituía assédio. Magill respondeu: "É uma decisão que depende do contexto".[15]

As reitoras não demonstraram qualquer ciência das contradições intrínsecas ao cargo que ocupavam — contradições que se devem ao compromisso com a liberdade de expressão, por um lado, e ao mesmo tempo à ânsia de suas instituições, em outros contextos diversos, de patrulhar de forma escrupulosa o linguajar utilizado, por receio de ofender alguém. O depoimento vacilante que elas deram foi marcado pela serenidade da precisão e do calculismo — uma encarnação do arquétipo da atual classe de administradores, com uma visão clínica, meticulosa e, acima de tudo, insensível.

Tais depoimentos colocaram em xeque um desafio crucial enfrentado pelos Estados Unidos e o Ocidente. Um amplo leque de líderes, dos gestores acadêmicos aos políticos, passando pelos executivos do Vale do Silício, vêm sendo punidos sem a menor piedade, há alguns anos, sempre que manifestam abertamente algo que se aproxime de uma crença autêntica. A arena pública — e os ataques rasos e maldosos contra aqueles que ousam se arriscar a algo além do puro enriquecimento pessoal — se tornou tão impiedosa que à república resta apenas um numeroso elenco de nulidades desprovidas de conteúdo, cuja ambição seria perdoável, se dentro delas existisse um arremedo de crenças genuínas e estruturadas.

A vigilância incessante a que são submetidas as figuras públicas contemporâneas teve ainda o efeito contraproducente de reduzir de modo drástico o número de indivíduos interessados em se arriscar na política e em áreas adjacentes. Os defensores do atual sistema de exposição brutal da vida privada até de figuras infimamente públicas alegam que a transparência, uma dessas palavrinhas que, de tão usadas, perderam o sentido, é nossa melhor forma de defesa contra o abuso de poder. Poucos, entretanto, parecem interessados nos incentivos, e desincentivos, bastante concretos e até perversos que criamos para quem se envolve com a vida pública.[16]

O regime sufocante de exposição e punição a quem assume riscos intelectuais autênticos, imposto pela sociedade aos líderes em potencial, deixa pouco espaço para pensadores competentes e originais, cuja motivação principal transcenda a simples promoção pessoal. Esses muitas vezes não estão dispostos a se sujeitar à teatralidade e às flutuações da esfera pública moderna. É a "proliferação das polêmicas e expansão da gama de questões pessoais sujeitas ao patrulhamento", nas palavras de um cientista político que tentou mensurar a queda na qualidade dos políticos que se candidatam e relacioná-la a uma cobertura midiática cada vez mais invasiva de figuras públicas, que "eleva, para os bons, o custo esperado de concorrer a um cargo público".[17] Em 1991, Larry Sabato, professor de ciência política na Universidade da Virgínia, brincou que não faltava muito para a imprensa detonar um candidato por "ir para a fila do caixa expresso com o carrinho acima do limite de dez itens".[18]

A expectativa da divulgação de todos os pormenores aumentou de modo constante e contínuo nos últimos cinquenta anos e de fato revelou ao eleitorado informações essenciais. Contudo, também distorceu nosso relacionamento com aqueles em cargos eletivos e outras autoridades, passando a exigir uma intimidade que nem sempre tem a ver com a avaliação da capacidade do indivíduo de gerar resultados. Os americanos, em especial, "supermoralizaram os cargos públicos", em uma expressão usada como advertência já em 1969 pela revista *Time*, e "tendem a equiparar a grandeza pública com a bondade privada".[19] O risco é que o domínio da política, com o empoderamento que a participação no processo democrático pode gerar, se transforme mais em uma questão de necessidade psicológica de expressão pessoal do que de governança efetiva. Aquele que encara a arena política como alimento para o espírito e o senso de si, que atribui importância excessiva ao mundo interior e busca expressar-se por meio de pessoas que nunca chegará a conhecer vai acabar decepcionado. Nós temos a impressão de querer e de precisar *conhecer* nossos líderes. Mas como ficam os resultados? A simpatia de nossos políticos eleitos é uma preocupação basicamente recente, a ponto de se tornar uma obsessão nacional, mas a que preço?

Em 1952, Richard Nixon, à época candidato à vice-presidência na chapa do general Dwight Eisenhower, fez um discurso que é lembrado como o Discurso do Checkers, nome de seu cocker spaniel malhado.[20] Em sua fala, Nixon revelou ao público americano ser dono de uma casa em Whittier, na Califórnia, no valor de 13 mil dólares, dos quais ainda pagava 3 mil de hipoteca. Ele tinha sido acusado de uso indevido de recursos públicos em benefício pessoal, e sentiu a necessidade de prestar um esclarecimento. Naquele dia, os Estados Unidos foram apresentados a um novo e impressionante patamar de minúcia naquilo que se exige que seja relevado pelos políticos, dando início, talvez, a um declínio na qualidade daqueles que se dispunham a vir a público e se submeter a tal espetáculo. A esposa de Nixon teria perguntado a ele, talvez fingindo certa ingenuidade: "Você precisa mesmo contar às pessoas o pouco que nós possuímos e o quanto estamos devendo?" O marido respondeu que o destino dos políticos é "viver dentro de um aquário de peixinhos".[21] Mas a eliminação sistemática do espaço privado, até para as figuras públicas, acarreta consequências, incentivando, no fim das contas, a concorrer a cargos apenas aqueles que têm vocação para o teatral, aqueles que adoram aparecer. O candidato disposto a se sujeitar aos holofotes públicos costuma estar, é evidente, mais interessado no poder da plataforma, com a fama e o potencial de monetização sob outras formas, do que na tarefa efetiva de governar.

O atual sistema de exposição e escrutínio ao qual sujeitamos nossos líderes não se limita a reitores de universidades ou ocupantes de cargos eletivos. Infiltrou-se também nas hierarquias do Vale do Silício e do mundo corporativo. Toda uma geração de executivos e empreendedores que atingiram seu apogeu nas últimas décadas foi, em suma, privada da oportunidade de formar uma visão de mundo concreta — tanto descritiva, ou seja, aquilo que é, quanto normativa, aquilo que deveria ser. Desse modo, restou-nos um grupo de gestores cujo objetivo principal, muitas vezes, parece não ir muito além de garantir a própria sobrevivência e reprodução.

O atrofiamento mental e a autocensura que costuma acompanhar esse tipo de decadência são corrosivos para um legítimo processo reflexivo. A consequência é que as empresas que vendem bens de consumo sentem a necessidade de criar, e até difundir, suas próprias ideias sobre questões relacionadas a nossos princípios morais ou nossa intimidade, enquanto a maioria das empresas de software que têm o poder e, talvez, o dever de moldar a geopolítica contemporânea permanece em um silêncio ensurdecedor.* [22]

A Palantir é uma empresa que desenvolve software e competências de inteligência artificial para agências de defesa e inteligência dos Estados Unidos e de aliados na Europa e no restante do mundo. Para muitos, nosso trabalho é controverso, e há quem discorde da nossa decisão de criar produtos que viabilizem sistemas de armamentos de

---

* O apelo à virtude e ao caráter, após ter sido eliminado quase por completo do setor político e da sociedade civil, terminou por migrar para o mundo corporativo — ou, para ser mais exato, foi cooptado e apropriado por esse universo. Em 2013, a empresa de caminhões Ram lançou um comercial de TV que usava um discurso intitulado "E Deus criou o agricultor", feito em 1978 por Paul Harvey, um apresentador de rádio de Tulsa, no Oklahoma. Era uma apologia ao agricultor americano, que, entre outras coisas, "se dispõe a ficar acordado a noite inteira cuidando de um potro recém-nascido e, vendo-o morrer, seca as lágrimas e diz: 'Quem sabe no ano que vem'". É uma mensagem comovente e poderosa — porém usada para vender uma picape. Meio sem querer, delegamos o direcionamento de nossa vida interior, e de nossa formação moral, ao mercado.

ataque. Porém, é a decisão que tomamos, após levar em conta seus custos e complicações.

Em contrapartida, o depoimento das reitoras no Congresso americano expôs as concessões feitas pela elite cultural contemporânea para se manter no poder — que a própria crença em alguma coisa, a não ser, talvez, em si mesmo, é algo perigoso e que deve ser evitado. O *establishment* do Vale do Silício ficou tão desconfiado e temeroso de toda uma espécie de pensamento, que inclui a reflexão sobre a cultura ou a identidade nacional, que qualquer coisa que se assemelhe a uma visão de mundo é encarada como um risco. O niilismo mal disfarçado e superficial do slogan corporativo *Don't be evil* [Não seja malvado], adotado quando o Google passou a ter suas ações negociadas na bolsa de valores, em 2004 — e trocado mais tarde por *Do the right thing* [Faça a coisa certa], tão banal quanto o lema anterior —, capta o ponto de vista de uma geração de engenheiros de software dotados de talentos extraordinários, que aprenderam a dar valor à identificação do mal, e à resistência a ele, porém não à tarefa mais complicada, e muitas vezes mais confusa, de orientar-se em meio a toda a imperfeição do mundo.[23] Nas palavras do escritor francês Pascal Bruckner, quando nos falta "o poder para fazer alguma coisa, nossa meta principal passa a ser a sensibilidade", e assim "a meta passa a ser menos fazer alguma coisa e mais ser julgado".[24]

O problema é que quem nunca diz nada de errado muitas vezes acaba não dizendo coisa alguma. Um envolvimento excessivamente tímido com os debates contemporâneos nos tira a ferocidade necessária para gerar mudanças no mundo. "Se não sentes, não conseguirás", lembra-nos Goethe em *Fausto*. "Não falarás de coração para coração, a menos que venha de dentro do coração."[25]

A nossa cultura tem conseguido reprimir, na grande maioria, qualquer traço ou suspeita de zelo e sentimento em várias de nossas instituições mais importantes. E, muitas vezes, ficamos sem saber o que resta debaixo de tal verniz. Tanto Claudine Gay, de Harvard, quanto Elizabeth Magill, da Universidade da Pensilvânia, foram preparadas para seus depoimentos por um dos maiores escritórios de advocacia dos Estados Unidos, WilmerHale, conforme divulgou-se posteriormente.²⁶ E, ainda assim, as duas acabaram tendo que pedir demissão. A abordagem clínica das reitoras e o fato de terem recorrido a especialistas de direito em busca de orientação para aquilo que se tornou, em suma, um referendo sobre suas convicções, servem como lembretes dos perigos de delegar a tarefa da luta política a árbitros jurídicos externos. Há quem tenha dito que a forma como as reitoras foram tratadas e questionadas foi injusta. Pode até ter sido o caso. Mas, como bem observou o ex-reitor de Harvard Lawrence Summers, mesmo reconhecendo que a sabatina das reitoras no Congresso foi uma espécie de "arte performativa", é de se esperar mais de nossos líderes em um palco tão relevante.²⁷

Quando reivindicamos a eliminação sistemática das farpas, espinhos e falhas que são inevitáveis ao verdadeiro contato humano e ao enfrentamento do mundo, acabamos perdendo algo no processo. Nesse aspecto, é instrutiva a obra do sociólogo canadense Erving Goffman sobre aquilo que ele chama de "instituições totais". Em uma coletânea de ensaios que publicou em 1961 sob o título *Manicômios, prisões e conventos*, Goffman definiu tais instituições, entre elas as prisões e os hospitais psiquiátricos, como locais "onde um grande número de indivíduos em situação semelhante, afastados da sociedade como um todo por um período importante de tempo, passam a levar juntos uma vida confinada, formalmente gerida".²⁸ Pode-se dizer o mesmo de algumas das universidades mais elitistas dos Estados Unidos, que abriram suas portas, ao menos no papel (e também tarde demais), a uma gama bem mais abrangente de participantes, mantendo, porém, a cultura interna incrivelmente enclausurada e isolada do restante do mundo.

No final da década de 1960, uma geração anterior de gestores de universidades, entre eles Kingman Brewster Jr., de Yale, adotou uma postura diferente quanto a assumir e enfrentar o desafio dos privilégios de uma elite e do poder arraigado. Uma série de manifestações pelos direitos civis, com a participação dos Panteras Negras e outros grupos, engoliu o campus de Yale em maio de 1970.²⁹ Pelo menos dois atentados a bomba ocorreram no rinque de hóquei no gelo da universidade. Brewster e os demais, porém, estavam dispostos a se arriscar em meio à confusão ética da época, de uma forma que, nos Estados Unidos de hoje, teria gerado um cancelamento rápido e direto. Em abril de 1970, em um encontro em New Haven, Connecticut, com centenas de membros do corpo docente de Yale, Brewster expressou seu "ceticismo em relação à possibilidade dos negros revolucionários de obter um julgamento justo em qualquer parte dos Estados Unidos", conforme foi relatado na edição do dia seguinte no *Times*.[30] Ele tinha decidido se envolver no conflito, em vez de fugir dele. Spiro Agnew, então vice-presidente do país, exigiu a renúncia imediata de Brewster.[31] Contudo, ele não pediu demissão, e não apenas se manteve no cargo como saiu fortalecido do episódio. Como diria Ralph Waldo Emerson: "Só se ataca um rei matando-o."[32]

Allan Bloom, que lecionou na Universidade de Chicago, expressou mais de três décadas atrás o problema que enfrentamos hoje, em seu polêmico *O declínio da cultura ocidental*, publicado nos Estados Unidos em 1987. Nosso compromisso com a "abertura", bem vital e cuja necessidade está acima de controvérsias, escreveu ele, "expulsou as divindades locais, deixando apenas uma terra sem palavras e sem sentido".[33] Bloom prosseguiu: "Não existe experiência imediata e sensorial do sentido ou do projeto da nação, que pudesse servir de base para a reflexão adulta sobre os regimes e os estadistas. Hoje, os alunos chegam à universidade ignorantes e cínicos em relação a nossa herança política, carentes de estofo para que ela os inspire ou que lhes permita estabelecer uma crítica séria." No final dos anos 1980, Bloom estava focado na vida interior e intelectual dos universitários. São esses estudantes que, hoje, se tornaram os atuais gestores. E a cultura na qual eles se formaram foi impiedosa, punindo de maneira sistemática tudo que se assemelhasse à coragem moral e incentivando o contrário. Dessa forma, as reitoras universitárias foram vítimas do foco próprio, bem como do coletivo, no patrulhamento da linguagem e, por extensão, do pensamento, combinado à aplicação de códigos complexos, porém ainda tácitos, em relação ao discurso e ao comportamento — que, juntos, privam as pessoas do hábito e do instinto necessários para elaborar crenças autênticas e defendidas com sinceridade, além da audácia para expressá-las.

Perry Link, ex-professor de estudos da Ásia Oriental em Princeton, autor de uma obra vital nos anos 1990 na qual expunha o massacre na Praça da Paz Celestial, em Pequim,[34] observou que os líderes da União Soviética fizeram um enorme esforço para documentar e detalhar as proibições da época, chegando a publicar "manuais periódicos com listas de expressões específicas que ultrapassavam os limites."*[35] Na visão de Link, porém, os meios pelos quais o governo chinês patrulhava os limites da expressão eram bem mais subversivos, em muitos aspectos aproximando-se do modelo contemporâneo das tentativas de restringir a liberdade de expressão nos Estados Unidos. Link escreveu que o governo chinês "rejeitava os métodos mais mecânicos" de censura empregados pelo regime soviético, "privilegiando um sistema de controle essencialmente psicológico", no qual cada um tinha que avaliar o risco de uma declaração, diante daquilo que Link define como uma "desconfiança apática e arraigada" perante uma desaprovação estatal.

Em meio aos protestos de 2024 nos *campi* dos Estados Unidos, após a invasão e o bombardeio de Gaza por Israel, um número crescente de estudantes que protestavam começou a ocultar o rosto com echarpes e máscaras. A lógica adotada por eles era que a exposição da própria identidade poderia ser prejudicial para o seu futuro, acarretando desde a perda de oportunidades de emprego a críticas nas redes sociais. Em maio de 2024, um dos manifestantes da Universidade Northwestern, em Evanston, Illinois, disse à imprensa que o custo em potencial era grande demais para que ele estivesse disposto a correr o risco de ser identificado. "Se eu der meu nome, perco meu futuro", declarou.[36] Mas uma crença que não tem preço é de fato uma crença?[37] O véu protetor do anonimato pode, ao contrário, estar privando essa geração da oportunidade de adquirir o instinto de

---

* Uma diretriz soviética dos anos 1920 listou 96 categorias de informações proibidas, entre elas fatos e estatísticas relativas às "condições sanitárias em locais de encarceramento", "conflitos entre autoridades e camponeses durante a implementação de tributos e medidas fiscais", assim como "casos de desequilíbrio mental causados pelo desemprego e pela fome".

responsabilidade real por uma ideia, tanto dos louros da vitória em praça pública quanto dos ônus da derrota.

Michael Sandel, professor de Harvard, antecipou as contradições oriundas do forte apego do Ocidente ao liberalismo clássico, e sua valorização, para não dizer preferência, dos direitos individuais em detrimento de tudo que possa parecer um propósito ou identidade coletiva, assim como a relutância cultural em se arriscar a participar de algum dos muitos debates de natureza moral relevantes ou significativos da nossa época. É essa renúncia fundamental da responsabilidade pela articulação de uma visão de mundo complexa e coerente, e de um propósito em comum — o desmantelamento sistemático do Ocidente —, que nos tornou incapazes de enfrentar as questões com nitidez moral ou convicção autêntica. Com isso, ficam cada vez mais evidentes as consequências de tal incapacidade (ou relutância) de envolver-se com esses debates, "onde os liberais temem pisar", na famosa expressão de Sandel.[38] "Onde o discurso político carece de ressonância moral, o anseio por uma vida pública com um sentido maior acaba se expressando de formas indesejáveis", escreveu em *Liberalismo e os limites da justiça*.[39] Por conta disso, nosso discurso cultural, de maneira mais ampla, encolhe tanto que se torna menor e mesquinho, "cada vez mais preocupado com o escandaloso, o sensacionalista e o confessional", acrescentou Sandel. Sua crítica, de forma mais generalista, era que uma certa estreiteza do liberalismo moderno é "modesta demais para comportar as energias morais de uma vida democrática", e que "isso cria um vazio moral que abre o caminho para os intolerantes" e "para o banal". Esse vazio, assustador e temível, está sendo revelado agora.

Capítulo 6

Os agnósticos da tecnologia

OS ATUAIS LÍDERES DO Vale do Silício, responsáveis pelas construções dos impérios tecnológicos que passaram a estruturar nossas vidas, foram, na maioria, criados em uma cultura que, ao menos na teoria, reverenciava a demanda por justiça. Mas a discussão do amplo domínio de questões que afetam nossa vida moral, além da adesão aos quesitos mais básicos (um compromisso com a igualdade, de algum tipo, e com certeza com os direitos alheios), sempre foi considerada como estando fora do escopo. Qualquer questionamento sobre aquilo que constituiria uma vida "boa" ou "virtuosa", sobre o significado da lealdade — ao próprio país, por exemplo — na era moderna, não estava contido dentro das fronteiras do discurso admissível. Essa geração, o primeiro grupo importante de formandos em um sistema universitário americano bem mais aberto, apresentou-se relutante em limitar suas opções, em excluir os pontos de vista alheios e em assumir posições ideológicas e políticas. A busca da "opcionalidade", tanto na vida profissional quanto na intelectual, e quiçá nas decisões pessoais e românticas também, era suprema. O maior compromisso dessa geração de construtores era com a empresa que eles próprios estavam criando. E, na escola, o que era ensinado nas entrelinhas da formação deles, desde muito cedo, era que uma reverência excessivamente fervorosa ao projeto americano, e ao ocidental também, deveria ser vista com ceticismo.

Amy Gutmann, que lecionou em Princeton nos anos 1980 e 1990, resumiu a lógica daquele período ao afirmar que "nosso compromisso moral primordial não é com nenhuma comunidade", pátria ou não, e sim "com a justiça" propriamente dita.[1] O ideal daquela época, que para muitos ainda se mantém, era uma espécie de moralidade difusa, livre das amarras dos detalhes específicos e inconvenientes da vida concreta. Porém, essa transição para uma moral etérea, "pós-patriótica" e em grande parte acadêmica esgarçou a moralidade da nossa espécie. A elite cosmopolita e tecnológica do mundo desenvolvido se tornou composta por cidadãos apátridas, e ela passou a se sentir liberta devido à riqueza e à capacidade de inovação. Nas palavras do sociólogo espanhol Manuel Castells, "as elites são cosmopolitas, as pessoas são locais".[2] O instinto da geração de pioneiros da tecnologia e programadores passou a ser evitar fazer escolhas, tomar partido, incomodar alguém. O culto da opcionalidade, porém, foi limitador, restringindo o desenvolvimento das mentes jovens, condenando-as a uma espécie de treinamento eterno para uma guerra que não vem nunca. O futuro pertence a quem afunda os navios.[*3] Os atalhos e planos B onipresentes na atual geração, e a tendência a aparar arestas das opiniões de todo mundo, vão de encontro à possibilidade de se entregar a uma missão com o fervor, beirando a temeridade, que é necessário para o sucesso, ou ao menos para o fracasso de forma tão significativa que enseje um progresso.

A atual classe tecnológica emergente nos Estados Unidos — os mestres do novo universo em que vivemos, querendo ou não — costuma apontar para os softwares e a inteligência artificial como nossa salvação. Eles têm uma crença, é verdade, mas sobretudo essa é focada neles mesmos e no poder de suas criações, e evitam debater sobre as questões mais relevantes da atualidade, entre elas um projeto mais amplo de nação e sua razão de existir. Eles estão construindo algo, porém temos que perguntar seu motivo e objetivo. Em seu discurso

---

* Hernán Cortés, governador espanhol de Cuba no século XVI, na verdade não queimou a própria flotilha, como se costuma contar, e sim deixou a tripulação encalhá-la em 1519, na praia de Veracruz, na costa leste do México. Ele destruiu pelo menos nove navios, na tentativa de impedir que seus homens tivessem a oportunidade de se amotinarem e retornarem por conta própria para Cuba, dando-lhes a opção de voltar para casa na única embarcação restante, mas para, nas palavras de um historiador, "descobrir quais eram os covardes e indignos de confiança".

de despedida, em janeiro de 1961, o presidente Dwight Eisenhower advertiu tanto para a ascensão de um "complexo militar-industrial" quanto para "o risco de que as próprias políticas públicas se tornem cativas de uma elite científico-tecnológica".[4] A presente era da inovação vem sendo dominada pela criação indiscriminada de tecnologia por engenheiros de software que estão criando apenas porque são capazes, sem as amarras de um propósito mais fundamental.[5]

Nesse desejo de criar por criar, existe uma espécie de pureza. E é impossível negar a enorme quantidade de produção criativa. Mark Zuckerberg, que em 2004 foi um dos fundadores do Facebook (atual Meta), demonstrou ao mundo um nível de escalabilidade (literalmente, de dezenas para centenas para milhares para milhões para bilhões de usuários) que a humanidade mal acreditava ser possível e que ainda é difícil de compreender. O potencial de sua plataforma quebrou recordes, repetidas vezes, surpreendendo tanto os críticos quanto os apoiadores. Depois que o filme *A rede social* foi lançado, em 2010, Zuckerberg manifestou incômodo com a tentativa da obra de apresentar seu interesse na criação daquilo que veio a ser o Facebook como uma busca por alcançar status ou até pela atenção do sexo oposto. "As pessoas não conseguem entender a ideia de que alguém possa criar alguma coisa pelo simples fato de gostar de criar coisas", declarou ele em uma palestra na Universidade Stanford, em outubro de 2010.[6] Com isso, captou a perspectiva de toda uma geração de fundadores e engenheiros de software, cujo principal interesse e motivação era o ato da criação em si — desconectado de qualquer visão de mundo ou projeto político grandioso. Eram os agnósticos da tecnologia.

As instituições educacionais e a cultura, de forma geral, ensejaram uma nova categoria de líderes, não apenas neutros, ou agnósticos, mas cuja capacidade de formar crenças próprias e autênticas em relação ao mundo foi em muito prejudicada. E tal carência os torna vulneráveis a se tornarem instrumentos dos planos e projetos alheios. Toda uma geração corre o risco de ser privada da oportunidade de pensar de forma crítica em relação ao mundo ou à própria posição que ocupa nele. É contra essa "produtização" da mente americana, além de seu fechamento, que devemos nos precaver. Um subgrupo significativo do atual Vale do Silício, sem sombra de dúvida, menospreza as massas por seu apego a armas e a religião, mas trata-se do exato subgrupo que se apega a outra coisa: uma ideologia secular tênue e precária, disfarçada de filosofia.

Na cultura contemporânea, é quase um axioma que todos os pontos de vista devem ser tolerados. Porém, é preciso reconhecer que, em certos círculos (em muitas diretorias de empresas e, sem dúvidas, nos corredores dos colégios e das universidades mais seletivos), o menor sopro de religiosidade autêntica, a crença sem ironia em algo maior, é menosprezada como algo retrógrado e pré-histórico. É uma mudança que vem acontecendo há décadas. A intolerância da elite às crenças religiosas talvez seja um dos sinais mais evidentes de que seu projeto político representa um movimento intelectual menos aberto do que afirmam muitos que a ele pertencem. Como escreveu em 1993 Stephen L. Carter, professor da faculdade de direito de Yale, em seu livro *The Culture of Disbelief* [A cultura da descrença], do ponto de vista da classe dominante instruída dos Estados Unidos, "levar a religião a sério é algo feito apenas por fanáticos com cara de doido".[7] Carter comenta que as raízes do ceticismo contemporâneo em relação à religião são, em geral, modernas, tendo começado talvez com Freud, que enxergava a religião como uma espécie de impulso obsessivo.[8] Em um ensaio intitulado "Atos obsessivos e práticas religiosas", publicado originalmente em 1907, Freud escreveu que "a formação da religião", com um foco que oscilava entre culpa e perdão dos pecados, "parece basear-se na supressão, na renúncia, de certos impulsos instintivos".[9] Talvez seja essa mesma hostilidade à religião na cultura de elite, muitas vezes flagrante, que impeça o desenvolvimento de uma crença por parte da atual geração.

Não há dúvida de que a falta de disposição a reconsiderar os próprios pontos de vista, à luz de novas evidências, é em si um empecilho ao progresso. Como observou o físico alemão Max Planck, "uma nova verdade científica não triunfa pelo convencimento dos adversários, fazendo-os enxergar a luz, e sim porque esses adversários por fim morrem".[10] O milagre do Ocidente é sua fé inabalável na ciência. Talvez essa fé tenha, porém, tirado o espaço de algo de igual importância, o incentivo à coragem intelectual, que em alguns casos exige o fomento da crença ou da convicção diante da falta de evidências.

Nós nos tornamos ansiosos demais por eliminar da praça pública qualquer sentimento ou expressão de valores. A classe instruída estadunidense passou a se contentar em abster-se de envolvimento com o conteúdo do projeto nacional: Que país é esse? Quais são nossos valores? Que causas defendemos? A grande secularização dos Estados Unidos no pós-guerra foi festejada por muitos da esquerda, seja em particular ou em público. Consideravam a erradicação sistemática da religião da vida pública como um triunfo da inclusão. E, nesse sentido, foi de fato um triunfo. Mas a consequência indesejada do ataque à religião foi a erradicação de todo e qualquer espaço para crenças — qualquer espaço para a expressão de valores ou ideias normativas sobre quem os Estados Unidos são, ou deveriam ser, como nação. Estava em jogo a alma do país, deixada de lado em nome da inclusão.[11] O problema é que a tolerância de tudo acaba se tornando a crença em nada.

Sem perceber, nós nos privamos da oportunidade de criticar quaisquer aspectos da cultura, porque todas as culturas e, por extensão, todos os valores culturais seriam sagrados. Após décadas de debate, o impulso pós-moderno esgotou-se, expondo as próprias limitações. Como escreveu Fukuyama, "quando todas as crenças são igualmente válidas ou historicamente explicáveis, se a crença na razão não passa de um preconceito ocidental etnocêntrico, então não existe posição moral superior a partir da qual julgar as práticas mais abomináveis — assim como, é evidente, não existe base epistemológica para o próprio pós-modernismo".[12] A tendência do pós-guerra de banir a crença nos Estados Unidos foi uma supercorreção, que nos tornou vulneráveis enquanto sociedade. Seriam, então, os Estados Unidos nada além de um veículo para o autoenriquecimento de uma elite instruída e recém-globalizada?

Em meio ao atual ataque à crença, a atitude generalizada de muitos americanos em relação a essa tendência continuou sendo a da desconfiança — mas não por serem fanáticos alimentando preconceitos ocultos. Pelo contrário, eles tornaram-se cautelosos e céticos, com razão, em relação às restrições impostas à possibilidade de falar de forma assertiva sobre uma série de questões, uma vez que o discurso e a linguagem passaram a ser patrulhados por tropas de guerreiros seculares, à espreita de possíveis transgressões, por menores que fossem, da nova diretriz primordial — a de não ofender ninguém e, assim, agir com cautela sempre que se defender uma opinião que possa privilegiar um modo de viver, um conjunto de valores, em detrimento a outro. Do ponto de vista formal, a discordância continuou sendo tolerada. Mas é uma tolerância instável, na verdade tênue e superficial.

• • •

Os funcionários do Google que refutaram o uso dos recursos da empresa a serviço da criação de software para as Forças Armadas americanas sabem aquilo a que se opõem, mas não aquilo que defendem. O que está em xeque não é um compromisso com o pacifismo ou com a não violência, tendo como base um determinado conjunto de princípios. É uma renúncia mais fundamental à crença em qualquer coisa. A empresa, em seu âmago, cria mecanismos complexos e que acarretam lucros extraordinários ao monetizar a apresentação de publicidade de bens de consumo e serviços junto aos resultados de busca. Trata-se de um serviço vital, que transformou o mundo. Mas a empresa, e um subgrupo significativo de seus funcionários, evita se envolver com questões mais essenciais, relacionadas ao propósito e à identidade da nação — com uma visão afirmativa daquilo que desejamos e devemos criar como parte de um projeto nacional, e não uma simples declaração dos limites que não serão ultrapassados. Contentam-se em monetizar nosso histórico de busca e ao mesmo tempo desistem de defender nossa segurança coletiva.

O Google, é óbvio, assim como várias das maiores empresas de tecnologia do Vale do Silício, deve sua existência, em grande parte, à valorização da educação nos Estados Unidos, além da segurança jurídica e do mercado de capitais. O próprio computador pessoal, bem como a internet, é o resultado do financiamento e do apoio das Forças Armadas nos anos 1960, da Agência de Projetos de Pesquisa Avançada de Defesa (Darpa), um setor do Departamento de Defesa dos Estados Unidos. No livro *O Estado empreendedor*, Mariana Mazzucato, professora de economia no University College de Londres, denuncia essa amnésia coletiva do Vale do Silício.[13] Observa que o papel das Forças Armadas americanas foi "esquecido" pelos titãs do software dos dias de hoje, que reescreveram a história de modo a ocuparem o papel central, excluindo e menosprezando o papel do governo no fomento e na sustentação da inovação. À falta de um projeto maior pelo qual lutar, muitos apenas foram em busca de outros objetivos, não por uma fraqueza moral, mas devido à transformação de nossas mais sagradas instituições educacionais em gestoras burocratas, em vez de receptáculos de cultura.

Nossa relutância em enfrentar as questões de maior peso acabou por deixar de lado uma enorme quantidade de talento e entusiasmo. Uma parcela considerável das mentes mais brilhantes da atualidade migrou, algumas com mais disposição que outras, para um restrito subgrupo de setores. Uma pesquisa de 2023 com formandos de Harvard, por exemplo, revelou que quase metade deles se encaminhou

FIGURA 5
Percentual de formandos de Harvard que foram para finanças ou consultoria (1971 a 2022)

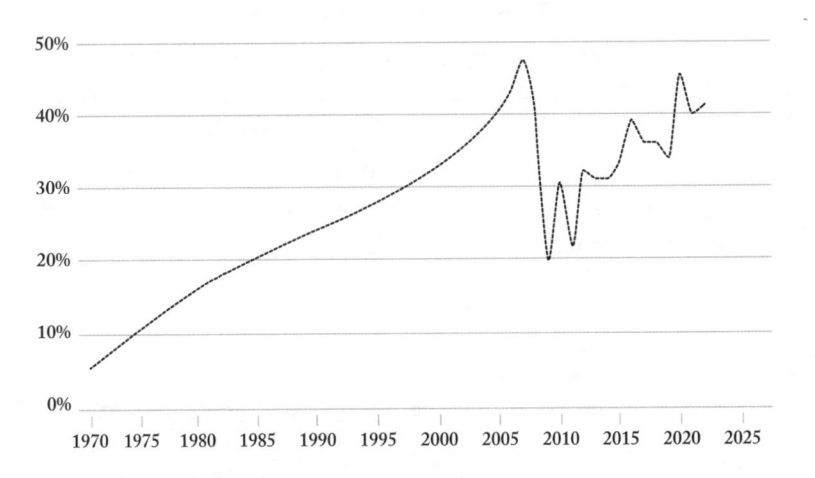

para empregos no mercado de finanças e em consultoria.¹⁴ Em comparação, apenas 6% dos formandos de Harvard em 1971 optaram por seguir por esses dois caminhos profissionais, segundo uma análise da revista universitária *The Harvard Crimson*.¹⁵ Trata-se de proporção que cresceu de forma constante nos anos 1970 e 1980 e atingiu seu ápice de 47% em 2007, logo antes da crise financeira.

A instrumentalização do ensino superior nos Estados Unidos continua sem restrições. O número de formandos de humanas caiu de 14% em 1966 para 7% em 2010.¹⁶ Ao mesmo tempo, as inscrições nos cursos de informática e engenharia aumentaram de forma constante nos últimos dez anos, com 51.696 graduandos nessas áreas em 2014 e 112.720 em 2023, mais que o dobro. Precisamos de engenheiros engajados e curiosos em relação ao mundo, às mudanças históricas e suas contradições, e não apenas com talento para programação.

Trata-se da demanda do mercado — é disso que nos convencemos, praticamente abdicando da responsabilidade pela transformação maciça nas ambições e no direcionamento de uma geração de mentes competentes e bem-intencionadas. Alguns formandos, é óbvio, têm a convicção de estarem participando de um projeto maior. Porém, a mera associação entre um indivíduo e uma ideologia ou um movimento político — e a sensação resultante de se aproximar de um engajamento ou da ação de fato — costuma passar-se por uma crença ou filosofia autêntica. Contudo, é preciso que resultados impactantes sejam produzidos. Como nos lembrava Henry Kissinger, uma nação "deve ser julgada pelo que fez, e não por sua ideologia interna".*¹⁷ A expressão e a investigação sistemáticas das próprias crenças (o propósito básico da verdadeira educação) continuam a ser nossa melhor defesa contra a transformação da mente em um produto ou em um veículo para as ambições alheias.

* * *

---

* As culturas e instituições mundiais devem, de fato, ser julgadas "por seus frutos" (Mateus 7:16) — o produto e o resultado de seu trabalho.

Já mencionamos o caça F-35 fabricado pela Lockheed Martin, e seu custo previsto de 2 trilhões de dólares, que inclui peças, do motor às asas, produzidas em quase todos os cinquenta estados americanos. São aeronaves compostas por 300 mil peças, provenientes de mais de 1.100 fornecedores.[18] Entre as diferentes partes, há painéis de 100 mil dólares de titânio e alumínio, que recobrem a fuselagem externa fabricada em Phoenix; um motor de 11 milhões de dólares, fabricado pela Pratt & Whitney em East Hartford, no estado de Connecticut; e um compressor de ar de 300 mil dólares que permite a liberação de bombas vindo de uma empresa em Fort Wayne.[19] A amplitude e a disseminação da cadeia de abastecimento, além de seus benefícios econômicos, são parte do motivo por que o Congresso continuou a votar em favor da prorrogação e do financiamento do programa. Mas o que vai acontecer quando os equipamentos militares do futuro, entre eles o software de inteligência artificial necessário para as batalhas deste século, forem feitos por um conjunto cada vez mais concentrado de empresas no Vale do Silício — um pedacinho de terra em uma única região do país? Como o Estado vai garantir que a elite da engenharia continue subordinada e preste contas de seus atos perante o público em geral?

Em 2024, as cinquenta empresas de tecnologia mais valiosas do mundo, juntas, valiam 24,8 trilhões de dólares.[20] Empresas norte-americanas representam 86% desse total, ou seja, 21,4 trilhões de dólares. Em outras palavras, os Estados Unidos são responsáveis por quase 9 de cada 10 dólares do valor gerado pelas maiores empresas de tecnologia do planeta. E, dessas cinquenta empresas, quase todas as mais valiosas — entre elas Apple (3,5 trilhões de dólares), Microsoft (3,2 trilhões de dólares), Nvidia (3 trilhões de dólares), Alphabet (2,1 trilhões de dólares), Amazon (2 trilhões de dólares), Meta (1,4 trilhão de dólares) e Tesla (0,8 trilhão de dólares) — têm raízes seja no Vale do Silício, seja na Costa Oeste do país. E tamanho nível de concentração de riqueza e influência (um nível inédito na história econômica moderna) apenas tende a aumentar.*[21]

---

* Em agosto de 2020, o valor do setor de tecnologia dos Estados Unidos, medido por meio da capitalização de mercado de todas as empresas de tecnologia do país, superou o de todo o mercado europeu, segundo uma pesquisa realizada na época por um banco de investimentos.

FIGURA 6
O longuíssimo prazo: PIB *per capita* mundial estimado (do ano 1 d.C. a 2003), em dólares

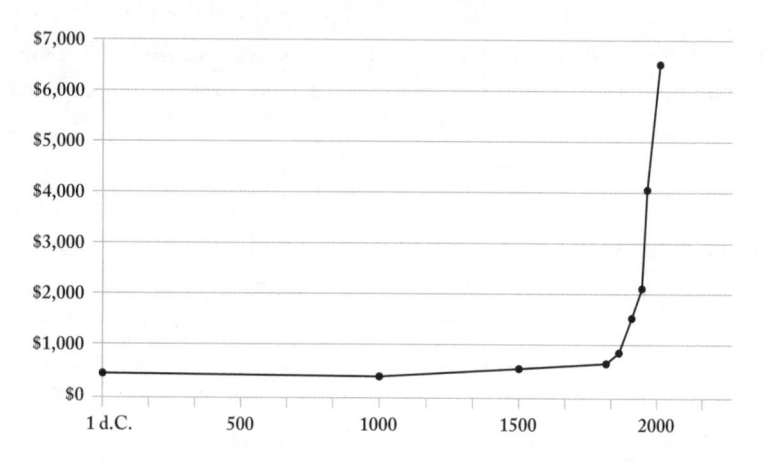

Cometemos o erro de permitir que uma classe dominante tecnocrata se estabelecesse e assumisse o controle do país sem pedir nada muito substancial em troca. O que o público deve pedir em troca do abandono de uma ameaça de revolta? Engenheiros e empreendedores do Vale do Silício receberam amplo controle sobre uma enorme fatia da economia, mas o que o público deve pedir em contrapartida? Contas de e-mail de graça não bastam.

O maior risco para qualquer país é o endurecimento e calcificação de uma estrutura de poder elitista. No livro *The Protestant Establishment* [O *establishment* protestante], de 1964, o sociólogo E. Digby Baltzell expôs uma argumentação desagradavelmente parecida com as circunstâncias da grande parte da classe dominante dos Estados Unidos hoje.* [22] Na visão de Baltzell, uma aristocracia guiada pelo talento é um aspecto

---

* Aqueles que se irritam com a descrição de uma elite litorânea, ou transatlântica, deveriam analisar o quanto os norte-americanos caminharam, enquanto nação, desde 1937, quando Ferdinand Lundberg publicou *America's 60 Families* [As 60 famílias americanas], onde postulava que os Estados Unidos eram "possuídos e dominados" por um primeiro escalão de "60 famílias mais ricas", entre elas as famílias Astor, DuPont, Mellon e Vanderbilt, seguidas de um segundo escalão auxiliar de "90 famílias de fortuna inferior".

essencial de qualquer república. O desafio é garantir que as aristocracias continuem abertas a novos membros, sem decair em uma mera estrutura de castas que cerra fileiras em torno de linhas raciais ou religiosas. "Quando a classe superior degenera em casta", escreveu Baltzell, "a autoridade tradicional do *establishment* corre um grave risco de desintegração, enquanto a sociedade se transforma em terreno para carreiristas em busca de sucesso e riqueza."[23] O desafio para qualquer organização, e qualquer nação, é encontrar formas de empoderar um grupo de líderes sem que o processo os incentive a despender mais esforços na defesa dos privilégios e das regalias do cargo em vez de na promoção dos objetivos coletivos. As estruturas de casta que se formaram em incontáveis organizações mundo afora (das burocracias federais às agências internacionais, passando pelas instituições acadêmicas e pelos gigantes da tecnologia do Vale do Silício) precisam ser enfrentadas e desmanteladas, caso tais instituições aspirem a sobrevivência no longo prazo.

No fim das contas, é a nação — esse esforço coletivo não apenas de autogovernança, mas de construção de uma vida, e até de um propósito, em comum — que decidirá se quer que o Vale do Silício acredite em algo além do poder de suas próprias criações. As empresas de tecnologia que os Estados Unidos criaram, em sua maioria, conseguiram driblar com destreza todas as questões que atrairiam escrutínio indevido ou atenção indesejada; a característica marcante desse modo de existir é se esquivar e, muitas vezes, permanecer em silêncio.

O silêncio atual é sintoma de uma relutância geral em ofender e em permitir erros, nossos e daqueles à nossa volta. Em uma cena particularmente assustadora do livro *1984*, de George Orwell, o protagonista, Winston Smith, se vê vagando por uma área arborizada e parece estar longe do alcance dos líderes do Estado distópico. Até ali, isolado e com certeza quase absoluta de não estar sendo observado,[24] Smith imaginava que um microfone pudesse estar oculto nas árvores, por meio do qual "algum homem pequenino como um besouro" estaria "ouvindo com atenção".[25] É uma cena de ficção, mas nem tanto. Na antiga Alemanha Oriental, diz-se que o serviço de segurança do Estado, conhecido como Stasi, colocava microfones nas copas das árvores acima das mesas de pingue-pongue dos parques de Berlim, a fim de captar trechos de conversas.[26]

A distopia futura imaginada por Orwell e outros pode estar próxima, mas não motivada pela vigilância estatal ou pelas engenhocas criadas pelos gigantes do Vale do Silício, que nos roubam a privacidade ou os momentos mais íntimos de solidão. É em nós, e não nas criações de nossa tecnologia, que recai a culpa por não ter incentivado e ensejado a atitude radical de crer em algo mais grandioso, mais elevado e exterior ao "eu". A velocidade e o entusiasmo com que a cultura pune qualquer um por aparentes transgressões e erros — com que atacamos uns aos outros por desvios da norma — só fazem diminuir cada vez mais nossa capacidade de avançar rumo à verdade.

A relutância de várias gerações de educadores, em particular, mas também de nossos líderes políticos e empresariais, em arriscar-se a discutir o que é bom, e não apenas o que é certo, criou uma lacuna que periga ser preenchida por terceiros, demagogos tanto da esquerda quanto da direita.* Tal relutância surgiu do desejo de acomodar todos os pontos de vista e valores. Mas a tolerância a tudo tende a se transformar no apoio a nada. A natureza antisséptica do discurso moderno, marcado por um compromisso inabalável com a justiça, mas com uma profunda hesitação em assumir posicionamentos marcantes sobre o que é uma vida boa, é produto de nossa própria relutância, medo até, em ofender, em repelir e em arriscar-se a desagradar a massa. Porém existe muita coisa "além da justiça", para usar a expressão de Ágnes Heller, filósofa húngara nascida em Budapeste em 1929. Como escreveu Heller, "a justiça é o esqueleto: uma boa vida é a carne e o sangue".[27] As consequências em relação a tudo, da arte à tecnologia, são significativas.

Desistimos tanto de fazer juízos éticos sobre a vida boa quanto de fazer juízos estéticos sobre a beleza. A indisposição pós-moderna para fazer declarações normativas e juízos de valor começou a solapar também nossa capacidade coletiva de fazer declarações descritivas sobre a verdade.[28] Em *The Twilight of American Culture* [O crepúsculo

---

* Veja RAWLS, John. "The Priority of Right and Ideas of the Good", *Philosophy & Public Affairs*, v. 17, nº 4 (outono de 1988), p. 252-6, para uma discussão do "certo", que diz respeito às demandas mais básicas da justiça, contraposto ao "bom", ou seja, as diversas e divergentes "visões do sentido, valor e propósito da vida humana".

da cultura americana], Morris Berman reconheceu que "os desconstrucionistas tinham razão", no sentido de que o contexto em que um texto é escrito com certeza importa, assim como o autor, e que muito do que é considerado como análise *objetiva* pela academia e em outros setores é o exato contrário. "O problema surge quando essa postura é levada até o limite", escreveu, "de modo que se abandona a busca pela verdade, negando-se até sua existência, e repudia-se a realidade da história e da tradição intelectual."[29] A indisposição atual para pronunciar-se, adotar um ponto de vista e caminhar em direção às chamas ardentes, e não fugir delas, cria o risco de nos deixar à deriva.

Em outros tempos, e quando se deparou com outro tipo de teste, a opinião pública americana (hipnotizada como ficou com a dedicação acusatória e o proselitismo de Joseph R. McCarthy, então um novato senador de Wisconsin) por fim chegou à conclusão de que seu suposto guia estava corrompido. Temos que olhar de novo para dentro de nós, e não para nossos líderes políticos, muitos deles cúmplices na nossa derrocada atual, por não estarem à altura, por não resistirem ao declínio da mente do país. Em 9 de março de 1954, Edward R. Murrow, lendário apresentador da emissora CBS naquela época, fez uma crítica avassaladora ao senador McCarthy, ajudando a fechar a página da envolvente e virulenta cruzada persecutória promovida pelo político. Como nos lembrou Murrow, citando o *Júlio César* de Shakespeare, "a culpa, caro Brutus, não é das estrelas, mas de nós mesmos".

O desafio da atualidade exigirá, mais uma vez, um acerto de contas da opinião pública em relação à continuidade de uma guerra intelectual relativa ao conceito de nação, e talvez até de nacionalidade, iniciada um século atrás, e cujos efeitos ainda se veem presentes. Aquilo que começou como uma nobre busca por um conceito mais inclusivo de identidade nacional e pertencimento — e a intenção de tornar o conceito de "Ocidente" aberto a qualquer candidato interessado em promover seus ideais — com o passar do tempo cresceu e se tornou uma rejeição mais ampla da identidade coletiva propriamente dita. E tal rejeição de qualquer projeto político mais amplo, ou senso de comunidade a que se deve pertencer para alcançar qualquer feito relevante, é o que hoje cria o risco de ficarmos sem leme e sem direção.

Capítulo 7

Um balão à solta

EM DEZEMBRO DE 1976, em um encontro da Associação Americana de História em Washington, Fredric L. Cheyette, professor de história europeia medieval no Amherst College, fez um discurso pedindo que se abandonassem os cursos canônicos de civilização ocidental, outrora considerados um rito de passagem indispensável para os alunos de graduação no ensino superior dos Estados Unidos. O debate em relação a tais cursos, carinhosamente chamados de "Western Civ" [Civilizações ocidentais], vinha ganhando corpo nos *campi* universitários havia décadas, em especial após a Segunda Guerra, nos anos 1950 e 1960.

A pergunta era o que os alunos de graduação das faculdades e universidades do país deviam, se é que deviam, aprender sobre a civilização ocidental — sobre Roma e Grécia Antigas, do surgimento da concepção moderna do Estado-nação europeu até a experiência compartilhada da nova república dos Estados Unidos. O questionamento mais profundo era se o próprio conceito de civilização ocidental tinha coerência e substância suficientes, em algum sentido real, no contexto educacional. Durante quase cinquenta anos, tais cursos despertaram toda uma subcultura de debates em relação a seu papel e lugar no ensino superior — debate esse que se tornou um prenúncio da divisão cultural que encontramos até hoje. E a história do fim desse legado, que muitos no Vale do Silício nem sequer conhecem, pode ser um indício das origens das circunstâncias atuais. A questão não era apenas aquilo que se devia ensinar aos universitários, e sim qual era o objetivo daquele tipo de formação, para além do simples enriquecimento dos felizardos que entraram para a faculdade certa. Quais eram os valores da nossa sociedade, além da tolerância e do respeito pelo direito dos outros? Qual o papel do ensino superior, se é que ele tem algum, na articulação de um senso de identidade coletiva capaz de servir como base para a construção de um sentido mais amplo de coesão e propósito compartilhado? As gerações que vieram a criar o Vale do Silício, a lançar a revolução digital, floresceram durante o que se tornou uma gigantesca reavaliação do valor dos Estados Unidos e do próprio Ocidente.

Os tradicionalistas alegavam que os alunos de graduação precisavam ter alguma exposição básica a pensadores e escritores como Platão e John Stuart Mill, para não falar de Dante e Marx, de modo a compreender as liberdades de que esses mesmos estudantes desfrutavam e seu papel no mundo que habitavam. O desejo de muitos na época de construir uma narrativa coerente a partir de um registro histórico e cultural fragmentado era intenso. Os defensores de um currículo básico sobre a tradição ocidental argumentavam, de forma um tanto pragmática, que os Estados Unidos, como república, precisavam da construção de um patrimônio em comum, um senso de identidade americana no seio de uma elite cultural composta por uma fatia da população cada vez mais diversa.[1] Por exemplo, William McNeill, historiador que começou a lecionar na Universidade de Chicago em 1947, alegava que a criação de um cânone unificado de textos e narrativas, ou até de mitologias, propiciava aos alunos "um senso de cidadania em comum e participação de uma comunidade da razão, uma crença nas carreiras abertas ao talento e fé numa verdade suscetível à expansão e ao aprimoramento, geração após geração".[2] A virtude de um currículo básico que tinha como alicerce a tradição ocidental era o que facilitava e até possibilitava a construção de uma identidade nacional nos Estados Unidos, a partir de um conjunto díspar e fragmentado de experiências culturais — uma espécie de religião civil, em grande parte apoiada na verdade e na história ao longo dos séculos, mas também com ambições de proporcionar coerência e fundamento a um empreendimento nacional.

Aqueles que se opunham a esses envelhecidos cursos, entre eles Cheyette, da Amherst, argumentavam contra aquilo que acreditavam ser uma narrativa grandiosa, mas em essência fictícia, em relação à trajetória e ao desenvolvimento da civilização ocidental. Alegavam tratar-se de um currículo demasiado excludente e incompleto para ser imposto aos alunos. Kwame Anthony Appiah, professor de filosofia na Universidade de Nova York e crítico do conceito de "Ocidente" de forma geral, viria a dizer que "forjamos uma narrativa grandiosa sobre a democracia ateniense, a Magna Carta, a revolução copernicana e assim por diante", em um crescendo constante que levava à conclusão, apesar das evidências contrárias, de que "a cultura ocidental era, em seu âmago, individualista, democrática, libertária, tolerante, progressista, racional e científica".[3] Para Appiah e muitos outros, esse Ocidente idealizado era uma narrativa, atraente, talvez, e às vezes até convincente, mas ainda assim uma narrativa, que foi imposta, encaixada e impingida de forma canhestra no registro histórico, em vez de surgir dele.

Também se discutiu muito, é evidente, a própria localização do "Ocidente", ou seja, quais países considerar. Em 1993, quando Samuel Huntington publicou seu ensaio "The Clash of Civilizations?" [O choque de civilizações?], na revista *Foreign Affairs*, ele incluiu um mapa da Europa com uma linha que, segundo William Wallace, então pesquisador da Universidade de Oxford, mostrava a extensão do avanço do Cristianismo ocidental a partir de 1500.

A maioria dos acadêmicos discordou do que foi descrito como uma divisão cômoda do mundo, feita por Huntington, em sete, talvez oito "civilizações" distintas.*[4] Porém, embora seu enquadramento fosse com certeza reducionista — na verdade, o atrativo do artigo residia em sua aparente precisão —, a revolta geral contra Huntington acabaria afastando discussões normativas mais sérias acerca da influência da cultura sobre diferentes aspectos, das relações internacionais ao desenvolvimento econômico. Onde se encontram as fissuras entre

---

* A lista de "grandes civilizações" de Huntington incluía "ocidental, confuciana, japonesa, islâmica, hindu, eslavo-ortodoxa, latino-americana e, possivelmente, africana".

FIGURA 7
A "linha Huntington-Wallace"

Cristianismo ocidental, c. 1500
Cristianismo ortodoxo e Islã

RÚSSIA
FINLÂNDIA
SUÉCIA
ESTÔNIA
LETÔNIA
LITUÂNIA
BIELORRÚSSIA
POLÔNIA
TCHÉQUIA
UCRÂNIA
ESLOVÁQUIA
ESLOVÊNIA
HUNGRIA
MOLDÁVIA
CROÁCIA
ROMÊNIA
BÓSNIA
SÉRVIA
BULGÁRIA
MONTENEGRO
MACEDÔNIA
ALBÂNIA
ITÁLIA
GRÉCIA
TURQUIA
Mar Negro

0 — 200 MILHAS

Fonte: Wallace, W. THE TRANSFORMATION OF WESTERN EUROPE. Londres: Pinter, 1990. Mapa de Ib Ohlsson para a *Foreign Affairs*.

culturas? Quais culturas estão alinhadas com a defesa do interesse de seus públicos? E qual deve ser o papel da nação na articulação ou na defesa de um senso de cultura nacional? Todo esse terreno passou a ser interditado aos acadêmicos com ambições em seguir carreiras universitárias.

• • •

No final dos anos 1970, os tradicionalistas haviam perdido a batalha, talvez até a guerra. "Não existe *uma* história", disse Cheyette aos colegas no encontro da Associação Americana de História em Washington, e sim "várias histórias possíveis."[5] Cheyette estava longe de ser um radical. Nascido em Nova York em 1932, frequentou Princeton depois de formado na Mercersburg Academy, um internato particular na Pensilvânia, fundado no final do século XIX. Terminou o doutorado em Harvard e, em 1963, tornou-se professor de história da Europa em Amherst, onde lecionou por quase cinquenta anos.[6] Os interesses acadêmicos de Cheyette tendiam para o conservadorismo, além dos recantos mais obscuros da história europeia, sobretudo a França medieval dos séculos XI e XII.[7] Assim, o próprio Cheyette pertencia ao *establishment* acadêmico que estava tentando desafiar, e seu clamor por reformas era um indicador do amplo apoio, no meio acadêmico, ao desmantelamento do antigo regime dos cursos compulsórios de civilização ocidental — uma categoria da história e do pensamento cuja coerência interna, Cheyette e outros concluíram, era insuficiente para justificar a frequência obrigatório dos calouros. Ele expressou a crítica então predominante, quanto àqueles cursos, ao descrever a seus colegas da academia "a constatação de que aquilo que se pretendia universal era, em si, sectário".[8]

A retirada vinha ganhando impulso havia anos. Os primeiros desafios sérios ao predomínio dos cursos sobre civilização ocidental nos Estados Unidos surgiram uma década antes do encontro de Washington, depois que os tumultos dos anos 1960 levaram muitas pessoas a perguntar a quem pertencia a história que estava sendo contada e ensinada. Em alguns casos, conforme descrito por um observador da época, os cursos "morreram de morte natural, enquanto outros foram simplesmente assassinados".[9] Em Stanford, por exemplo, História da Civilização Ocidental foi um curso obrigatório durante anos após a Segunda Guerra Mundial, apresentando aos alunos uma seleção refinada de autores, de Platão a Rousseau, passando por Marx e Arendt.[10] Em novembro de 1968, porém, um comitê de dez pessoas decidiu acabar com tal exigência.[11] O grupo, composto na maioria por gestores acadêmicos e professores, também contava com um aluno de graduação de filosofia, talvez em uma concessão ao *éthos* democrático do período. Em seu relatório, concluiu-se que cursos do gênero, calcados em programas similares de Columbia e da Universidade de Chicago, estavam "mortos ou moribundos". O planeta, inclusive os Estados Unidos, tinha sido transformado após a Segunda Guerra Mundial. Poucos meses antes da decisão de Stanford de aposentar seu icônico curso mais generalista, Martin Luther King Jr. e Robert F. Kennedy haviam sido assassinados. No inverno anterior, tropas do Vietnã do Norte tinham lançado a ofensiva do Tet contra o Vietnã do Sul, o que, segundo muitos analistas, seria o começo do fim do envolvimento dos Estados Unidos na guerra. Tornou-se grande demais o descompasso entre os conflitos daquela década e o desejo da academia de agarrar-se àquilo que, para muitos, era um vestígio de um passado que talvez nunca tivesse existido.

O curso de Stanford acabou no ano seguinte, 1969, tendo sido extinto, nas palavras de um artigo no jornal estudantil da época, "com um último suspiro, não com um estardalhaço".[12] No fim das contas, a resistência dentro do campus à queda de um cânone obrigatório do antigo regime foi silenciosa, até de uma total impotência. Como observou um historiador, no final dos anos 1960, quando o combate aos cursos obrigatórios ganhou embalo, os alunos "se depararam com corpos docentes já preparados para bater em retirada".[13] Para muitos críticos, a aparente arbitrariedade do processo editorial de criação da ementa de um curso tão ambicioso quanto o de História da Civilização Ocidental (e a seleção de um mero punhado de obras a serem incluídas, entre uma imensa lista de candidatas) era, por si só, motivo para abandonar a ideia. "Temos Platão, mas por que não Aristóteles?", perguntou Joseph Tussman, diretor do departamento de filosofia da Universidade da Califórnia em Berkeley, em um artigo publicado em 1968. "Por que não mais Eurípedes? *Paraíso perdido*, mas por que não Dante? John Stuart Mill, mas por que não Marx?"[14]

Tais discussões editoriais, porém, ocultavam perguntas mais básicas que a guerra do cânone havia exposto, e o sentido do que estava em jogo. Os cursos obrigatórios prosperaram durante décadas sob o pressuposto de que o meio acadêmico estadunidense, assim como seus alunos, precisava de uma base com um contexto histórico mais abrangente, relacionando os desdobramentos políticos e culturais dos Estados Unidos aos antecedentes europeus e da Antiguidade. Como observou um comitê revisor docente reunido nos anos 1890 pela Associação Americana de História, "a história americana sai pelos ares — como um balão flutuando nos céus —, a menos que seja ancorada à história europeia".[15] Esse balão, contudo, passou a estar à solta.

Como chegamos a esse ponto? A concepção atual de "Ocidente", no sentido de um conjunto de valores políticos e culturais com raízes na Antiguidade, estendendo-se ao longo da história até a era moderna, começou a ganhar forma no final do século XIX.[16] Seu significado mudaria e evoluiria ao longo dos anos, mas por fim acabou se consolidando em torno de um conjunto de práticas ou tradições comuns que tornaram possível, e até suportável, a existência coletiva em grande escala. Como observou Winston Churchill em 1938, em um discurso na Universidade de Bristol, na costa oeste britânica, civilização "significa uma sociedade baseada na opinião dos civis", e "a violência, o jugo dos guerreiros e líderes despóticos, as condições dos campos de prisioneiros e da guerra, do tumulto e da tirania, dão lugar aos parlamentos onde são feitas as leis e às cortes de justiça independentes nas quais essas leis se fazem respeitar por um longo período".[17] Para Churchill, o advento da civilização possibilitou ao povo "uma vida mais vasta e menos sofrida".

Muitos defenderam que o conceito em si, como um todo, deve ser abandonado — que o poder descritivo imperfeito e mutante do termo "Ocidente", se é que existe, é dominado pelo vínculo histórico a teorias imperialistas de dominação, de superioridade e subjugação dos súditos coloniais na periferia do império.[*][18] Appiah, por exemplo, defende o abandono da "ideia de civilização ocidental", que, para ele, tem sido, "na melhor das hipóteses, a fonte de uma enorme confusão" e, "na pior, um obstáculo a encarar alguns dos maiores desafios políticos de nossa época".[19] Para Appiah, e muitos outros, o Ocidente tornou-se um alvo de desprezo moral, afetando nossa compreensão da história, dificultando a tarefa de interpretação diante de uma arquitetura narrativa incômoda, que obscurece mais do que esclarece. O que foi erigido, segundo eles, tem que ser demolido.

A desconstrução e o desafio a uma concepção monolítica e cem por cento coerente de civilização ocidental começaram para valer nos anos 1960, mas pode-se afirmar que chegaram ao ápice com a publicação de *Orientalismo*, de Edward Said, lançado em inglês como *Orientalism* em 1978. Adam Shatz, editor nos Estados Unidos da *London Review of Books*, afirmou em um artigo de 2019, quatro décadas após a primeira publicação, que o livro foi "uma das obras mais influentes da história intelectual do pós-guerra".[20] Um grupo de

---

* O antropólogo francês Claude Lévi-Strauss, por exemplo, lamentava aquilo que descreveu como o "monstruoso e incompreensível cataclisma" que o desenvolvimento da civilização ocidental impôs às sociedades indígenas que foram objeto de seu estudo — para ele, a "parte inocente da humanidade".

críticos que vinham ganhando terreno nos anos anteriores aglutinou-se naturalmente em torno do tratado de Said, que se tornou o veículo para uma reforma do meio acadêmico.

Seria, de fato, difícil superestimar o poder e a forte influência cultural da obra de Said. O próprio termo "orientalista" tornou-se uma espécie de epíteto para certa parcela da elite cultural em ascensão — uma arma que até hoje é capaz de interromper um debate em andamento, e um termo que em si, ironicamente, transformou-se em um meio de construção de identidade e exercício de poder nos *campi* universitários. Nas palavras de Shatz, o termo "orientalismo", quase cinquenta anos após sua popularização por Said, "tornou-se uma dessas palavras que encerram a conversa nos *campi* liberais, onde ninguém quer ser acusado de 'orientalista', assim como ninguém quer ser chamado de racista, sexista, homofóbico e transfóbico".[21] O legado do livro, porém, já é mais complicado. Uma forma de dogmatismo, que tem origem na visão colonialista, acabaria substituída por outras, muitas delas parecidas quanto ao menosprezo de conceitos rivais de história e literatura que transgridam as novas ideias preconcebidas. Assim como os orientalistas do século XIX para trás afirmavam que certas culturas e povos pouco tinham a oferecer, considerando-os inferiores ao cerne privilegiado da civilização, o *establishment* acadêmico dos anos 1980 e 1990, na esteira de Said, encontrou sua própria forma de identificar e até *ostracizar* certos argumentos como não merecedores de debate crítico.

O livro também transformou as engrenagens e a política interna dos departamentos de ciências humanas em todos os Estados Unidos e mundo afora. O escritor Pankaj Mishra escreveu que *Orientalismo* "lançou milhares de carreiras acadêmicas".[22] De fato, a obra gerou toda uma indústria dentro do ensino superior americano, erigida sobre o desmantelamento da compreensão colonialista do mundo.[23] Ao mesmo tempo, afirma Mishra, serviu como meio de autopromoção para um subgrupo de "emigrantes intelectuais, na maioria homens", muitas vezes "membros da classe dominante de seus respectivos países — inclusive de classes que prosperaram sob o domínio colonial". Nas palavras de Mishra, "para um tipo mais refinado de súdito oriental, a denúncia do Ocidente orientalista tornou-se uma forma de conseguir um emprego fixo no mundo acadêmico dele".

O efeito de *Orientalismo* sobre a cultura foi tão completo e abrangente, tão total, que muitos hoje, sobretudo no Vale do Silício, mal se dão conta do papel da obra na formação e estruturação do discurso contemporâneo, assim como na visão de mundo defendida por eles mesmos. Em sua biografia de Said, *Places of Mind* [Lugares da mente], Timothy Brennan conta que, a partir do final dos anos 1990, "os estudos pós-coloniais deixaram de ser um campo acadêmico" para se tornar toda uma compreensão do mundo, que recorre a um jargão altamente específico, com expressões como "'o outro', 'hibridismo', 'diferença', 'Eurocentrismo'" — termos que "passaram a figurar em programas de teatro e listas de editores, catálogos de museus e até filmes de Hollywood".[24] De fato, grande parte dos intelectuais norte-americanos, e boa parte do entorno da academia, como escritores e jornalistas, se posicionou politicamente — consolidando o pensamento dominante do *establishment* da elite nos Estados Unidos ao longo dos anos 1990 e até o século atual, inclusive no Vale do Silício — com base em um livro com o qual muitos jamais tiveram contato direto, e cuja existência alguns até ignoravam e continuam a ignorar.

O triunfo substancial de *Orientalismo* consistiu em ter exposto a um público amplo até que ponto uma história contada, o ato de resumir e sintetizar numa narrativa elementos díspares de fatos e detalhes, não era em si um ato neutro e desinteressado, mas um exercício de poder sobre o mundo. Como o próprio Said explicou em posfácio ao livro escrito em 1994, "a construção da identidade está ligada à disposição do poder e da impotência em cada sociedade, sendo, portanto, nada além de mero devaneio acadêmico".[25] Assim, os objetos do estudo de Said foram o motor e o mecanismo de produção da história e da antropologia. E a tendência deles a dividir, a definir quem somos "nós" e quem são os "outros", para Said era em si uma consequência e um componente talvez necessário do ato de observação. Como ele elucidou, citando o historiador britânico Denys Hay, "a ideia de Europa" foi "uma noção coletiva que identificou 'nós', europeus, contra todos 'aqueles' não europeus".[26] Passados quase cinquenta anos, o comentário parece inabalável, quase banal. Mas, nos anos 1970, era um pensamento de uma radicalidade extrema, capaz de desestabilizar todo um modo de ser acadêmico no *establishment* universitário como um todo. A tese central dele representa a base de muito do que hoje é considerado elemento fundador das ciências humanas: que a identidade do falante é tão importante, senão mais, do que aquilo dito por ele ou ela. As consequências da mudança de rumo acerca da compreensão coletiva da relação entre o falante e o falado, entre o narrador e a narrativa e, em última instância, entre identidade e verdade foram profundas e duradouras. Mas também, em suas formulações mais radicais, perniciosas. O cerne do discurso, levado ao extremo, pôs em ação e empoderou um movimento desconstrucionista que, nas décadas seguintes, promoveu com êxito a preponderância da identidade do falante sobre aquilo que é dito.*[27]

Críticas não faltaram, vindas de todos os lados. Para citar uma delas, Said parecia menos interessado em documentar sistemas similares de "conhecimento-poder" desenvolvidos no Oriente para justificar a subjugação de diversas subclasses dentro do próprio mundo subjugado. Como observou Mishra, "o livro não demonstrava conhecimento acerca do vasto acervo pregresso de pensamento asiático, africano e latino-americano, inclusive discursos elaborados por elites não ocidentais — como a teoria brahmínica de castas da Índia — para fazer parecer que sua hegemonia era natural e legítima".[28]

Outros tentaram atacar de forma mais direta aquilo que consideravam ser o argumento central de Said. William McNeill, da Universidade de Chicago, por exemplo, defensor dos cursos obrigatórios de civilização ocidental que foram gradualmente, e depois mais rapidamente, eliminados nos anos 1960, teve a temeridade de resistir à ascensão do que descreveu como relativismo moral, que estaria em

---

* Há quem tenha lido Said de maneira excessivamente expansiva e agressiva, com isso ampliando sua ideia central e brilhante. Por exemplo, com frequência Said é interpretado de forma equivocada, como se tivesse dito ser impossível uma compreensão efetiva do Oriente. Ele não era pós-modernista nesse sentido. Existem fatos a serem descobertos; a questão, apenas, é que as motivações e ideologias daqueles encarregados por descobri-los precisavam ser expostas, caso se queira ter a esperança de avaliar o trabalho destes.

voga na segunda metade do século XX, e que ele e outros críticos acusavam de disfarçar-se com frequência sob a categoria mais palatável de "multiculturalismo". McNeill escreveu, em um ensaio publicado em 1997, que as tentativas de elaborar cursos de história mundial tinham "sido muitas vezes contaminadas", elas próprias, por aquilo que ele enxergava como "afirmativas patentemente falsas de equidade entre todas as tradições culturais".[29] Não se tratava de uma resposta direta a Said, mas Said e seus argumentos eram tão onipresentes na época que quem quer que se atrevesse a tais debates, àquela altura, estaria de fato dialogando com ele.

Eis, então, mais um lembrete da velocidade dos movimentos da cultura, considerando que hoje em dia é quase certo declarar que uma afirmação como a de McNeill acarretaria seu cancelamento. A espécie dos historiadores que ousam fazer declarações normativas sobre a cultura, inclusive sobre os méritos ou deméritos específicos em

FIGURA 8
Impérios ocidentais: parte do território e da produção econômica global

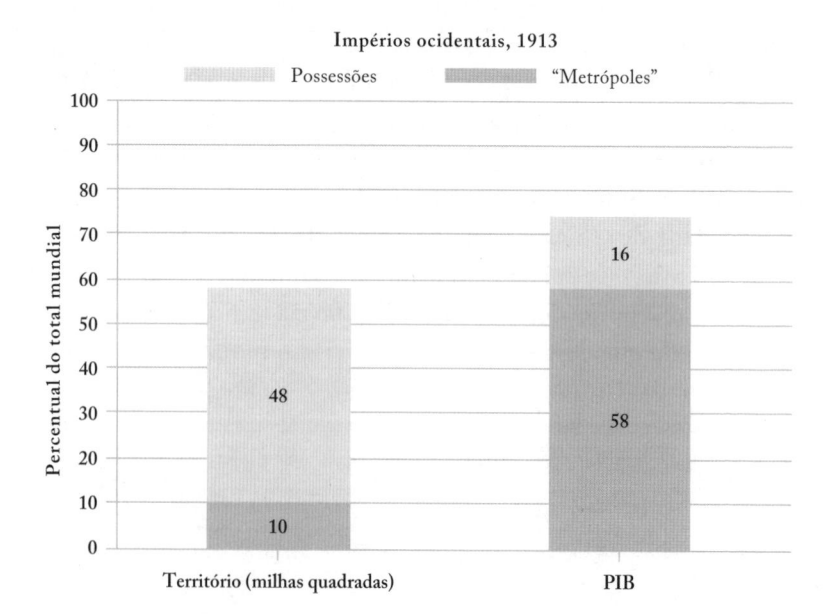

Impérios ocidentais, 1913

Possessões — "Metrópoles"

Território (milhas quadradas): 10 / 48
PIB: 58 / 16

(Percentual do total mundial)

relação a culturas específicas, foi basicamente extinta, ou pelo menos ficou desempregada, no final do século XX. Até tentativas tímidas de apontar as diferenças em produção econômica e poderio militar entre a Europa e seus antigos impérios, ao longo dos últimos cinco séculos, foram forçadas para as margens do debate cultural. Como observou o historiador Niall Ferguson, os grandes impérios ocidentais que iniciaram sua ascensão no século XVI chegaram a controlar 74% da produção econômica global nos anos 1910.[30]

A simples menção a esse fato se tornou algo provocativo, em um sentido que sugere o incômodo fundamental da presente cultura com a verdade, assim como, possivelmente, a perda da capacidade de distinguir afirmações descritivas e afirmações normativas. Apontar, como uma questão empírica, que um determinado subconjunto de nações passou a dominar as relações globais não é o mesmo que declarar normativamente que tal resultado é justificado. No Ocidente, porém, muitos observadores perderam o interesse em investigar as causas e razões desse desempenho superior. Ensinaram-nos a apenas desviar o foco, mudar de assunto. Pode-se afirmar que a capacidade de lidar com uma declaração descritiva que reconheça a hegemonia esmagadora dos Estados Unidos e de seus aliados, suspendendo, ainda que em caráter temporário, a discussão das consequências morais de tal distribuição de poder, é uma forma daquilo que o jornalista Nate Silver, especialista em opinião pública, chamou de "desacoplamento".[31] É a capacidade de avaliar a veracidade de uma declaração, deixando de lado o ponto de vista sobre suas consequências ou a opinião "sobre a identidade do falante", nas palavras de Silver, e algo que se perdeu de forma excessiva. É preciso ser capaz de decidir se uma afirmação descritiva é verdadeira sem nada saber sobre seu autor.

O respeito por um adversário intelectual, mesmo a contragosto, pode representar uma enorme vantagem, sobretudo em uma cultura que foi se acostumando a ridicularizar os oponentes em vez de enfrentá-los. No domínio da política, e com certeza no dos negócios, um número excessivo de participantes é incapaz de manter certo distanciamento emocional em relação aos adversários, ou de abordá-los com a clareza, magnanimidade até, que os melhores competidores levam à arena. As mentes mais eficazes costumam ser aquelas que compreendem a fundo os diferenciais e as competências de seus antagonistas e que se recusam a declarar guerras religiosas motivadas por indignação moral e ultraje. A névoa provocada pelo sentimento de ter razão é, muitas vezes, fatal para o bom senso. Como observou Vannevar Bush, em um texto de 1949, a incapacidade dos nazistas de elaborar um "fuso de proximidade" com eficácia suficiente, necessário para detonar bombas logo antes de atingirem seus alvos, foi fruto de arrogância, não de incompetência. Os alemães, escreveu ele, não acreditavam que "os *verdammter Amerikaner*" teriam êxito "onde eles fracassaram".[32]

. . .

A consequência, se houve alguma, do combate sistemático ao Ocidente, à sua história e identidade, na segunda metade do século XX, assim como ao projeto de nação dos Estados Unidos, tal como era ou deveria ser, foi deixar uma lacuna em sua esteira. Um sistema de conhecimento pode ter sido, com boa razão, destruído. Mas nada se erigiu no lugar. A guerra do cânone, como veio a ser conhecida nos *campi* universitários dos anos 1960 e posteriores, assim como o subsequente desafio acadêmico ao Ocidente propriamente dito, representou uma luta não apenas em relação ao conteúdo da identidade norte-americana, mas à própria existência de um conteúdo.

A concepção tênue de pertencimento à comunidade norte-americana consistia no respeito aos direitos dos outros e a um compromisso amplo com políticas econômicas liberais, ao livre comércio e às forças de mercado. A concepção mais consistente de pertencimento exigia uma narrativa daquilo que o projeto de nação dos Estados Unidos foi, é e será — o que representa participar desse complexo e agitado experimento de construção de uma república. Nos Estados Unidos, e em muitos outros países, ser membro de uma comunidade nacional passou a correr o risco de ser reduzido a algo limitado e incompleto, um sentimento vago de afiliação, advindo do compartilhamento de um idioma ou de uma cultura popular, por exemplo, que vai do entretenimento ao esporte, passando pela moda. E foram muitos os defensores desse recuo. No final dos anos 1970, toda uma geração se tornou cética em relação a uma identidade nacional mais abrangente, ou a projetos compartilhados. E tal geração, que inclui muitos dos que viriam a fundar o Vale do Silício e liderar a revolução digital, voltou suas atenções para outros pontos, para o consumidor individual, sem interesse em colaborar com os malogros de um governo cujo projeto e razão de ser, como um todo, havia sido questionado de forma tão profunda.

Capítulo 8

"Sistemas falhos"

EM JANEIRO DE 1970, a revista *Time* elegeu "o americano médio" como a pessoa do ano.[1] A revista fugiu de sua prática comum de dar destaque a um indivíduo específico e suas contribuições ao cenário nacional ou internacional. Depois dos conturbados anos 1960, com o radicalismo daquela década e o desafio à ordem estabelecida, o "americano médio", grupo demográfico no interior metafórico do país, longe dos litorais, "temia estar começando a perder o domínio sobre o país", escreveu a revista. "Outros pareciam estar tomando conta: os liberais, os radicais, os jovens impetuosos", prosseguiu a *Time*. "Ninguém o festejava; os intelectuais desprezavam suas tradições como vulgares."

A mesma coisa pode ser dita hoje. No início dos anos 1970, começou a surgir a cisão que viria a definir a política contemporânea dos Estados Unidos, inclusive as fissuras presentes na sociedade atual, cinquenta anos mais tarde. A divisão do país feita pela *Time* em duas partes (o centro e a periferia) era, na melhor das hipóteses, uma simplificação excessiva e, na pior, um apelo deliberado a uma concepção de identidade norte-americana que precedia a inclusão de uma gama bem mais diversa de minorias e imigrantes.[2] Mas a matéria também captava uma fissura emergente que viria a dominar a política americana durante décadas — divisão que sempre foi relacionada de forma muito superficial a discordâncias sobre políticas, e preocupada de maneira mais fundamental com a cultura e a identidade. Os ataques daquela época à concepção de civilização ocidental, e os mais específicos focados nas contradições internas do projeto de nação americana (a reivindicação de igualdade concomitante à aplicação de leis discriminatórias em uma grande parte do Sul), só reforçavam o conflito existente. E a guerra no Vietnã, que parecia não ter fim, além da ascensão do movimento pelos direitos civis, com seu ataque frontal à complacência das instituições, deu origem a uma próspera contracultura e a um combate ao *establishment* estadunidense.

E foi assim, tendo esse cenário como pano de fundo, que surgiram os primeiros lampejos da revolução digital, do software e do computador pessoal, e até da inteligência artificial. Os primeiros colaboradores e participantes do desenvolvimento do que viria a ser o computador pessoal, nos anos 1960 e 1970, eram céticos em relação à autoridade governamental, tendo elaborado muito da própria identidade e sentido de si enquanto indivíduos que se opunham ao Estado. Por exemplo, Lee Felsenstein, que nasceu na Filadélfia em 1945 e depois se mudou para Menlo Park, na Califórnia, onde criou o que veio a ser chamado de Homebrew Computer Club [Clube do computador caseiro], um dos primeiros grupos focados na produção de protótipos de computadores menores, de uso individual, escreveu: "Queríamos que existissem computadores pessoais, a fim de nos livramos das restrições das instituições, fossem elas governos ou empresas."[3] O computador pessoal, na visão de pioneiros como Felsenstein, era um meio de libertação e emancipação do governo, não de cooperação com ele. Stewart Brand, um dos fundadores do *Whole Earth Catalog*, influente compêndio do movimento da contracultura dos anos 1960, escreveu em um artigo de 1995 que "o desprezo da contracultura pela autoridade centralizada proporcionou a base filosófica não apenas da internet sem líderes, mas também de toda a revolução do computador pessoal".[4]

Nos anos 1970, o conjunto de tecnologias nascentes que viriam a formar o computador pessoal atual, assim como o software de maneira mais ampla, estava sendo reinventado como forma de empoderar o indivíduo perante o Estado, e não como um conjunto de ferramentas a serem usadas pelo Estado para promover o interesse nacional. Tratava-se de uma era de inovações no Vale do Silício, impulsionada pela desconfiança em relação a governos nacionais, além da frustração com a demora na adoção de reformas progressivas no cenário doméstico do país e com as experiências grandiosas e desventuras militares no contexto mundial. Não se tratava da revolução tecnológica de Vannevar Bush ou de J. Robert Oppenheimer, que durante boa parte de suas vidas enxergaram o propósito da tecnologia como uma ampliação e viabilização do projeto americano. O indivíduo e posteriormente o consumidor de maneira mais específica surgiriam como objetos principais do desejo e da atenção da indústria que surgia.

Em 1984, o escritor e jornalista Steven Levy publicou *Os heróis da revolução; Como Steve Jobs, Steve Wozniak, Bill Gates, Mark Zuckerberg e outros mudaram para sempre as nossas vidas*, influente crônica daquele período inicial de inovação no software e na computação pessoal. Levy expressou o espírito daquela época, de um ceticismo profundo em relação ao poder institucional e estatal. "As burocracias, sejam elas corporativas, governamentais ou universitárias", escreveu, "são sistemas falhos, perigosos por não conseguirem acomodar o impulso de exploração dos verdadeiros hackers", criados "para a consolidação de poder, encarando o impulso construtivo dos hackers como uma ameaça."[5] Os sistemas humanos engendrados pelos governos seriam inflexíveis demais; seria preciso criar novos sistemas, com base na lógica e em regras, e não nas doutrinas caprichosas de uma classe de privilegiados. O alvo da crítica de Levy, bem como de seus partidários na época, era o engessamento da cultura corporativa nos Estados Unidos. Ele descrevia, por exemplo, a IBM daquele tempo como uma empresa "desajeitada e canhestra, que não compreendia o impulso hacker". O desprezo pelos monólitos corporativos conotava ainda um aspecto estético quase tão importante quanto o ético. Prosseguia ele: "Bastava olhar para alguém no mundo IBM para constatar a camisa branca abotoada, a gravata preta presa de forma impecável à camisa, o cabelo penteado com enorme precisão e a bandeja de cartões perfurados na mão." E acreditava-se que a obediência a tais instituições fosse o motivo principal por trás da incapacidade delas em promover transformações. Para essa geração emergente de hackers, o corporativismo dos Estados Unidos do pós-guerra e o aparato governamental atuavam em conjunto para tolher a inovação. Os softwares e aparelhos informáticos precoces que Felsenstein e outros estavam criando no Vale do Silício tinham o objetivo de atuar como desafio, e não estímulo, ao poder estatal. Eles não estavam elaborando sistemas de software para a defesa e as agências de inteligência, muito menos criando bombas.

Essa revolução, porém, como outras que a precederam, acabaria deixando de lado grande parte do próprio idealismo. Uma das maiores questões era que o conceito de "nós" no contexto norte-americano fora tão combatido e desconstruído com tanto empenho — tão "problematizado", para usar o jargão dos seminários acadêmicos de hoje em dia — que toda uma geração de tecnólogos voltou seu foco, concentrando-se no consumidor individual. Steve Jobs, em especial, foi um produto desse movimento contracultural em declínio nos EUA, em busca de propósito e direcionamento depois que todo o conflito e turbulência dos anos 1960 começaram a retroceder.[6] Quando era aluno do Reed College, Jobs — que viria a comandar a Apple, segundo algumas estimativas a empresa mais valiosa da história da civilização — inscreveu-se em um curso de caligrafia, onde, segundo contou a seu biógrafo, Walter Isaacson, "aprendeu sobre as tipologias com e sem serifa, sobre a quantidade de espaço entre diferentes combinações de letras, sobre aquilo que torna uma tipologia excepcional".[7] Essa imersão no universo dos tipos não era um desvio de seus interesses centrais. Era resultado deles. Jobs prosseguiu: "Era bonito, histórico, artisticamente sutil, de um jeito que a ciência não consegue captar, o que me deixou fascinado." O misto de arte e engenharia viria a se tornar uma marca da sensibilidade de Jobs para o design. Para Isaacson, era "mais um exemplo do posicionamento consciente de Jobs na interseção entre a arte e a tecnologia". Sejamos sinceros, Jobs era um sábio radical e criativo, que enxergava o futuro e o tornava realidade. Sua ambição era transformar o mundo, e não fazer pequenos ajustes marginais. Ao tentar convencer John Sculley, então presidente da PepsiCo, a ir para a Apple como CEO, Jobs teria perguntado a ele: "Você quer passar o resto da vida vendendo água com açúcar ou quer uma chance de mudar o mundo?"[8]

Porém, a revolução de Jobs era, em sua essência, íntima e pessoal. Seu maior foco era a elaboração de produtos (entre eles, os celulares que hoje convivem conosco pela vida inteira) que libertassem o indivíduo da dependência de uma superestrutura corporativa ou governamental. E ele foi bem-sucedido. Não era de seu interesse criar os recursos para a promoção de um projeto nacional ou americano mais amplo, ou ensejar uma colaboração mais próxima entre o setor de tecnologia e o Estado. A rigor, a Apple opõe-se às tentativas do governo, inclusive do FBI, de desbloquear iPhones que pudessem estar envolvidos em investigações criminais.[9] Os produtos criados por Jobs e pela Apple se concentravam no poder e na criatividade da mente individual, sendo extensões, às vezes literalmente — sob a forma de telefones, relógios de pulso, computadores pessoais e mouses —, do ser humano.

Para a Apple do começo dos anos 1980, o computador pessoal representava um desafio, e não um respaldo, à autoridade governamental e ao Estado. A icônica campanha de publicidade "1984" apresentava uma distopia de conformismo, repleta de centenas de seres cinzentos ouvindo com apatia as instruções de um senhor orwelliano discursando para a multidão reunida, por meio de uma tela gigante. Uma mulher, vestida com shorts de corrida berrante cor de tangerina, aparece correndo em meio à multidão e lança uma marreta contra a tela, estilhaçando-a e dando a entender, para o espectador, a libertação das massas. O anúncio de TV, dirigido por Ridley Scott, opunha o potencial emancipatório do computador Macintosh à então hegemônica IBM, produtora dos gigantescos computadores *mainframe* da geração anterior, que às vezes ocupavam, literalmente, salas inteiras.

Esses *mainframes*, desajeitados e impossíveis de serem deslocados, só antecipariam, argumentava a Apple de forma implícita, a escravização do público pelo Estado. O Macintosh, por sua vez, pesava menos de oito quilos e tinha uma alça no topo.[10] Podia, portanto, ser carregado por uma única pessoa por curtas distâncias. Um esboço inicial do anúncio alertava, num tom sinistro, que "existem computadores monstruosos à espreita em grandes empresas e grandes governos que sabem tudo, dos motéis onde você se hospedou a quanto dinheiro você tem no banco".[11] A mensagem era inquestionável: o computador pessoal da nova era representaria um contrapeso ao poder institucional do governo e das empresas, em vez de promover o interesse desses últimos às custas do indivíduo.

Nosso argumento é apenas que o aumento da atenção e do financiamento dedicados às preocupações e necessidades do consumidor moderno americano, e mais tarde do restante do mundo, nem de longe era inevitável. Foi o produto de uma série de tendências e instintos dos precursores do setor, assim como do meio social e cultural em que esses indivíduos se formaram. Não há dúvida de que eram ambiciosos. Mas o foco deles estava, em grande parte, no indivíduo, em suas preocupações e necessidades. E foi um foco quase obsessivo em tais preocupações e necessidades — e a genialidade das maquininhas e softwares criados para supri-las — que preparou o terreno para outra geração de fundadores, na primeira parte deste século, criadora da internet do consumidor. Aproximava-se a era da publicidade on-line, dos aplicativos de compartilhamento de fotos e dos impérios de delivery de comida. A geração seguinte de inovadores ultrapassaria a anterior, abandonando qualquer pretensão de um projeto político maior, de um potencial libertador da tecnologia. Em vez disso, seus integrantes serviram de forma bem mais direta e mercantilista à cultura materialista do período.

Capítulo 9

Perdidos na terra dos brinquedos

Em 1996, Toby Lenk, vice-presidente de planejamento estratégico corporativo da Walt Disney Company, foi convidado a comandar a divisão de parques temáticos da gigante do entretenimento — o icônico grupo que fundou a Disneylândia, em 1955, na Califórnia, e depois a Disney World, em 1971, na Flórida.[1] Porém, assim como centenas de outros executivos americanos do período, Lenk ficou fascinado com outro tipo de reino mágico: a internet, e os avanços da tecnologia dentro das casas e da cultura dos consumidores. Nascido em Framingham, no estado de Massachusetts, Lenk fez um MBA na Harvard Business School, depois de se formar em Bowdoin. Ele decidiu abandonar a relativa segurança do império Disney para fundar a própria empresa, focada na venda de brinquedos pela internet.

A empresa, a eToys, foi durante um breve momento motivo de inveja no Vale do Silício. No auge, sua capitalização de mercado atingiu 10 bilhões de dólares, depois de sua oferta pública inicial na bolsa de valores, em 1999, meros dois anos depois de fundada. Em determinado momento, calcula-se que a fortuna de Lenk atingiu 850 milhões de dólares.[2] Para muitos investidores em busca da próxima aposta, ele "se destacava como um adulto" em pleno mundo das startups, "em uma época em que o dinheiro de Wall Street jorrava sobre a cabeça de empreendedores mal saídos da puberdade", nas palavras de um jornalista. A disparada do interesse, primeiro da comunidade de investidores de risco e mais tarde do público em geral, era incessante. Estava evidente para todos que se tratava de uma revolução histórica na forma de se fazer comércio. E a corrida para vender produtos on-line tinha começado.

O argumento de vendas de Lenk estava longe de ser subversivo, se comparado ao clima em voga entre as startups da época. "Estamos perdendo dinheiro rapidamente de propósito, para construir nossa marca", contou à revista *Advertising Age*, em uma entrevista em junho de 1998.³ Para alguns, o abandono sem remorso das antigas regras do mundo dos negócios, como as inconvenientes exigências da contabilidade tradicional e das metas de lucratividade, era um indicador da arrogância dos fundadores dessa nova corrida do ouro. Outros, porém, apreciavam o novo horizonte temporal que eles, e seus empreendimentos, tentavam adotar. O advento da internet revolucionou o comércio global, e os efeitos dessa transformação não seriam revelados em questão de meses ou anos, mas ao longo de gerações. A hora de investir, e talvez perder dinheiro, era aquela. A atitude da eToys era quase idêntica à de uma enxurrada de outras startups semelhantes —, da Pets.com (artigos para pets) à Boo.com (vestuário), passando pela Kozmo (alimentos e videogames): uma corrida para monetizar a transição do comércio para a internet. Primeiro, domine o mercado. Depois, lucre. Estima-se que 50 mil empresas, com financiamento de 256 bilhões de dólares, surgiram no auge da bolha.⁴

O apelo da eToys era o fato de seu modelo de negócio não exigir muita imaginação. Como observou um perfil publicado no *Wall Street Journal* durante a ascensão da empresa, "para quem busca um trenzinho de madeira, a eToys é uma espécie de versão on-line da loja de brinquedos do bairro; para quem está à caça da mais recente parafernália de 'Guerra nas Estrelas', é uma gigantesca loja de brinquedos sem a multidão se acotovelando".⁵ Eram evidentes para todos, inclusive os investidores, os benefícios da transição da venda de brinquedos para o mundo digital. Em maio de 1999, em um relatório para a Comissão de Valores Mobiliários dos Estados Unidos, um mês antes da oferta pública inicial da empresa na bolsa, a eToys descrevia o estresse então marcante da experiência de compra de muitos pais. Ela elaborou uma lista com doze etapas, entre elas "dar quatro voltas no estacionamento até encontrar uma vaga", "perder uma das filhas na seção de Barbies", "ter que dirigir de volta para casa" e, tarde demais, "lembrar-se que precisava ter comprado papel de presente".[6] Havia alguns céticos, mas Lenk não estava preocupado com eles. "Fala-se muito da Toys 'R' Us e do Wal-Mart, blá-blá-blá", afirmou em 1999, com sua confiança característica, e certa fanfarronice. "Temos a vantagem do primeiro lance, definimos uma nova era para as crianças na web. Estamos criando um jeito novo de fazer as coisas."[7] Era uma retórica que simbolizava uma nova espécie de empreendedor, arauto de um novo tipo de investimento, focado não no crescimento marginal, mas na ruptura agressiva com o sistema vigente e na construção de novos monopólios.

Por mais ambiciosa e revolucionária que fosse a retórica, a eToys continuava a ser, em sua essência, uma empresa de brinquedos. Seu foco era total no consumidor, e sua proposta de negócio estava longe de ser complicada: vender mais do mesmo, por meio de um canal diferente. Nossa crítica, aqui, não é que a busca pelo mercado consumidor tenha sido equivocada, e sim ao fato de que o foco obsessivo no consumidor ocorreu em detrimento de iniciativas mais relevantes e abrangentes. Nossa intenção não é defender uma existência imaterial de forma fetichista, pintando o consumismo e os objetos de desejo como inimigos da pureza e da sabedoria. Desejar, mesmo que seja um brinquedo, é humano. Querer é posicionar-se no mundo. Em uma cena bastante íntima de *Antes do pôr do sol*, segundo filme da icônica trilogia de Richard Linklater sobre os relacionamentos amorosos, com Julie Delpy e Ethan Hawke, os dois atores, arquétipos, talvez, dos *flâneurs*, passeiam pelas ruas de Paris em uma tarde de sol e desfrutam de uma conversa descontraída e sinuosa. O personagem de Hawke, Jesse, expõe os argumentos de praxe contra as armadilhas do consumo e do desejo materialista. "Eu tenho a impressão de que fui criado para ficar levemente insatisfeito com tudo", diz, melancólico. "Satisfaço um desejo, e isso só leva a outro." Céline, interpretada por Delpy, responde, levando a melhor na discussão: "Mas eu me sinto viva de verdade quando desejo algo... Desejar, seja intimidade com outra pessoa ou um novo par de sapatos, tem uma certa beleza. Eu gosto desses nossos desejos em constante renovação."[8]

O problema da eToys e dos outros não era seu interesse em saciar nossos desejos ou necessidades. Era a superficialidade por trás da ambição, abdicando de tudo que fosse além do hedonismo ligeiro da época. A energia daquele período estava voltada para o atendimento das ineficiências que os candidatos a pioneiros encontravam no próprio cotidiano; era algo que incentivava uma espécie de escavação dos problemas da vida moderna, que, em um cenário de um desafio amplo, e basicamente bem-sucedido, a qualquer sentido de projeto nacional, voltou-se para a cultura material. Qualquer um poderia ser um pioneiro, porque qualquer um encontrava algo que precisava ser consertado e um jeito melhor de lidar com o cotidiano. Tal democratização do potencial de produzir inovações no mundo empresarial, do desafio ao modo de vida hegemônico, foi um dos efeitos mais duradouros da ascensão da internet do consumidor, de seus websites e da avalanche de aplicativos. Em 1999, por exemplo, Lenk disse em uma entrevista que estava considerando se enveredar por novos empreendimentos. "Sou apaixonado por golfe, e não há como treinar sem ser sócio de um clube, não há lugar para praticar *putts*", explicou. "Eu queria tentar criar *greens* de alta qualidade para o público em geral."[9] Essa ideia de minicampos populares de golfe é emblemática da mentalidade do período. O excesso de capital e a falta de qualquer projeto coletivo mais amplo ou unificador, no qual focar a energia empreendedora que corria à solta pelo país, fizeram os pioneiros se voltarem para si mesmos, cuidarem dos próprios problemas, por mais específicos que fossem, o que muitas vezes representava a administração dos desconfortos e perrengues do dia a dia.

Era como se houvesse coisas demais para *provocar uma disrupção*. O próprio termo acabou desprovido de qualquer sentido real.[10] Havia chegado o tempo do pioneiro casual, da disrupção indiscriminada. Um ciclo inicial de criatividade genuína, baseado em uma nova tecnologia capaz de conectar todos os computadores do planeta, descambou em algo trivial. O artista Jean-Michel Basquiat, cujas pinturas dos anos 1980 redesenharam as fronteiras daquilo que poderia ser considerado belas-artes, incorporou em sua obra elementos do graffiti e da *street art*. Porém, muito daquilo que conferia originalidade às suas pinturas acabaria sendo ressignificado e reciclado, de forma quase infinita, por uma cultura faminta por qualquer indício de novidade. Parte desses empréstimos e reaplicações gerou coisas diferentes e revigorantes. Mas grande parte não. Pode-se dizer o mesmo do período inebriante da ascensão inicial da internet, no final dos anos 1990. Havia arte de verdade sendo criada, alguns Basquiats aperfeiçoando o próprio ofício. Mas a maioria das empresas eram criações secundárias e sem alma.

* * *

Para uma geração posterior de empreendedores, a partir dos anos 2010 e até hoje, os incômodos da vida cotidiana para quem tem dinheiro para gastar (chamar um táxi, pedir comida, compartilhar fotos com os amigos) acabaria propiciando boa parte, a maioria até, das ideias por trás das invenções. A energia empreendedora daquela geração foi, em essência, direcionada para a criação de um estilo de vida tecnológico, dando à classe altamente instruída no controle de tais empresas e escrevendo o código dos seus aplicativos a *sensação* de ser mais rica do que de fato era. Para essa geração, a dissonância cognitiva foi profunda. Ela tinha o pedigree cultural e educacional de uma aristocracia, sem uma conta bancária equivalente. Não eram as elites hereditárias, de sangue azul, da era anterior. Tratava-se de uma nova coalizão, produto da alardeada meritocracia, do experimental radical dos Estados Unidos de escancarar as portas das mais sagradas instituições de ensino a um grupo novo de mentes jovens e talentosas. Porém, como afirmou Peter Turchin no livro *End Times* [Tempo final], o resultado involuntário do foco do país no ensino superior, e não na ascendência ou na casta, como um jeito novo de criar uma classe superior, foi uma "superprodução" de elites, com um excesso de candidatos qualificados para um número insuficiente de vagas.[11]

A frustração e o ressentimento daqueles que se sentiram excluídos de oportunidades às quais teriam direito podem ser esmagadores para as mais resiliente das mentes. Talcott Parsons, sociólogo americano nascido em Colorado Springs em 1902, afirmava que a maioria dos homens adultos está "condenada, sobretudo quando muito suscetíveis, àquilo que percebe como uma experiência insatisfatória", privados da herança a que teriam direito.[12] Parsons foi o último de uma geração de teóricos da sociologia cuja obra era isenta — ou, diriam os críticos, desprovida — de pesquisa empírica.*[13] Suas ideias, porém, acabavam muitas vezes ficando ainda mais incisivas. Em um ensaio sobre a agressividade humana, publicado em 1947, Parsons comentou que muitos homens "terão inevitavelmente a sensação de tratamento injusto, porque de fato existe muita injustiça, em grande parte enraizada de forma profunda na natureza da sociedade, e pela predisposição de muitos à paranoia e a enxergar mais injustiça do que de fato existe".[14] Ele foi ainda mais longe. A sensação de ser "tratado injustamente", observou Parsons, é "não apenas um bálsamo para o próprio ressentimento: é um álibi para o fracasso".

A energia criativa dos engenheiros do Vale do Silício acabaria voltada para a solução dos próprios problemas, que nasciam para muitos, de um descompasso fundamental entre a vida que eles acreditavam ter-lhes sido prometida, em razão de seus dons intelectuais (uma existência marcada pelo conforto e pelos desejos supridos, com automóveis e assistentes à disposição para buscar refeições e compras), e a realidade de seus rendimentos relativamente modestos. Foi dito a essa geração que seus integrantes iriam se tornar os próximos senhores do universo, mas havia pouco para eles herdarem. Por isso, acabaram lançando os aplicativos e serviços focados no consumidor que criariam a ilusão de uma vida boa para eles mesmos e seus pares, ao possibilitar chamar um táxi, reservar um restaurante ou uma casa de férias com alguns simples toques na tela de um celular.

A bolha iniciada no final dos anos 1990, é evidente, acabou estourando. Quando as vendas da eToys patinaram, o mercado começou a ficar cada vez mais impaciente. Em fevereiro de 2001, a ação da empresa valia mero 0,09 dólar, depois de ter atingido um pico de

---

* Um ensaio de 1962 na revista *Commentary* observou que Parsons, "em um meio intelectual dominado pelos empíricos", havia sido "capaz de 'escapar' (como ele disse certa vez, em um raro momento de ironia) com a Teoria Pura".

85 dólares poucos anos antes.¹⁵ Naquele mês, a eToys entrou com um pedido de falência. Toda uma geração de startups de internet focada no consumidor foi varrida nesse acerto de contas. "Um ano atrás, aonde quer que o americano fosse, ele recebia uma indicação de uma boa ação da bolsa de valores", afirmou um editorial do *New York Times* na véspera do Natal de 2000. "Que diferença um ano faz."¹⁶ Segundo o jornal, a eToys, por exemplo, além da Priceline e de outras "ex-queridinhas de Wall Street, viu o valor de suas ações cair mais de 99% em relação ao ápice". Lenk pôs a culpa nos excessos do período, "essa loucura, essa espuma", como descreveria mais tarde, pela derrocada de sua empresa, depois de um auge bastante efêmero.¹⁷ O senso comum era que o mercado de capitais e os investidores de risco eram os principais culpados pelo colapso. Em uma análise do *crash* publicada em maio de 2001, D. Quinn Mills, professor da Harvard Business School, escreveu que os "planos empresariais e medidas financeiras tradicionais não se aplicavam" a esse novo tipo de startup. "Apesar disso, os investidores continuaram usando as ferramentas antigas, pressionando as startups por um detalhamento das estratégias impossível e por uma rapidez temerária em sua implementação."¹⁸ A confluência de fatores que estimularam a euforia daquele período foi histórica. O jornal britânico *The Guardian* comentou na época, de um ponto de vista talvez mais neutro, do outro lado do oceano, que "a mania pelas ações de tecnologia" contava com "todos os elementos de uma montanha-russa, do apogeu ao declínio — produtos com nomes glamurosos, que os investidores mal compreendiam; avareza; uma economia a todo vapor; empreendedores jovens e arrojados; um pequeno exército de tietes nas agências de corretagem e na imprensa, espalhando a narrativa de que as regras da economia tinham sido reescritas".¹⁹ Era o fim de um capítulo, e muitos no Vale do Silício ficaram apenas impressionados com a dimensão e o alcance do estrago.

As críticas àquela geração inicial de startups estavam centradas na falta de disciplina e nos gastos imprudentes, bem como no abandono de todo rigor e vigilância da parte dos investidores. Porém, havia uma má alocação de recursos, capital e talento ainda mais fundamental.

A falha da era precoce da internet foi a pressa em atender as necessidades do consumidor, em detrimento das necessidades da população ou do Estado-nação. E esse foco no consumidor perdura até hoje. A falta de ambição de muitas startups atuais é e continua a ser impressionante. Demasiado capital, intelectual e de outros tipos, tem sido dedicado a saciar as necessidades muitas vezes caprichosas e fugazes das hordas do capitalismo tardio. E não somos os primeiros nem os únicos a fazer críticas do gênero. Como escreveu David Graeber: "Resumindo, onde estão os carros voadores? Onde estão os campos de energia, os raios tratores, as cabines de teletransporte, os trenós antigravidade, os tricorders, as pílulas da imortalidade, as colônias em Marte e todas as outras maravilhas tecnológicas que toda criança que cresceu da metade para o fim do século XX supunha que já existiriam hoje?"[20] A intenção dele era destrinchar as causas estruturais da incapacidade do Ocidente de cumprir com a promessa de sua própria mitologia em relação ao progresso científico e tecnológico incessante. Para Graeber, que se considerava um anarquista, o setor de tecnologia, e a cultura americana de maneira mais ampla, corria o risco de se limitar a uma espécie de "pastiche" tecnológico — rearranjando e ressignificando os avanços e conteúdos existentes.[21] Talvez o fim da inovação estivesse no horizonte. Aplicativos, jogos e plataformas de compartilhamento de vídeo sendo criados em massa, consumindo quantidades enormes de dinheiro e talento às custas de projetos mais relevantes, não passavam de divertimentos ociosos e inócuos. E os efeitos e males duradouros dessa nova forma de concorrência com base em telas pela nossa atenção, sobretudo a das crianças, só agora começam a ser desvendados.[22]

. . .

Em um encontro de lobistas e economistas em Washington, D.C., em dezembro de 1996, Alan Greenspan fez um discurso em que emitiu sua famosa advertência da "exuberância irracional" nos mercados.[23] A expressão acabou por definir aquele período específico de excessos, dando origem a todo um campo de pesquisas e debates em andamento.[24] Porém, os investidores que acumularam ações dessa nova geração de empresas não estavam errados. Estavam apenas adiantados. Um pequeno número de startups da época, entre elas Amazon, Google e Facebook, viria a se tornar algumas das mais dominantes empresas privadas do mundo. A exuberância do período tinha sido mais indiscriminada do que irracional. Setores inteiros, entre eles o de software para empresas e o de sistemas de defesa e inteligência para as Forças Armadas, também haviam sido ignorados no afã de reimaginar o consumo on-line. Grandes áreas de oportunidade haviam sido preteridas diante do favoritismo à sabedoria das multidões e ao mercado.

O Vale do Silício tinha deixado evidente seu desinteresse pelo trabalho e pelos desafios relativos ao governo. As barreiras ao acesso eram grandes demais, os ciclos orçamentários longos demais, e a politicagem complicada demais. Porém, uma leva de pioneiros tinha, talvez de forma involuntária, tropeçado em algo ainda mais valioso que os softwares que haviam criado: uma nova cultura organizacional e os meios de arregimentar talentos individuais. Muitas empresas foram devidamente varridas. Mas a cultura organizacional que restou em meio aos destroços da economia, a mentalidade de engenharia que representou uma abordagem inovadora para canalizar um esforço coletivo, pode ter sido o legado mais duradouro e transformador daquela era.

Parte III

A mentalidade de engenharia

Capítulo 10

O Enxame Eck

EM 26 DE JUNHO DE 1951,[1] por volta das 13h30, um aglomerado de abelhas começou a se formar em um parque em Munique, Alemanha. O pequeno enxame acabaria ajudando a remodelar nossa compreensão da mente animal e de sua capacidade de cooperação não direcionada. Martin Lindauer, pesquisador do Instituto Zoológico da Universidade de Munique, estava presente naquela tarde de verão, a fim de documentar o enxame como parte de um estudo sobre o comportamento das colmeias e a capacidade das abelhas de coordenar entre centenas e até milhares e dezenas de milhares de indivíduos. Ele ficou fascinado pelo comportamento da espécie abelha-europeia (*Apis mellifera*) e estava determinado a compreender a delegação de responsabilidades entre indivíduos dentro de uma única colônia de abelhas, em especial quando começavam a procurar possíveis locais de nidificação e tinham que decidir qual ponto escolher.

Lindauer nasceu em 1918[2] no sul da Baviera. Seu pai, que também cultivava colmeias, era agricultor, e a família tinha quinze filhos. Quando Hitler ascendeu ao poder e a guerra tomou conta do continente, Lindauer acabou servindo ao exército alemão por três anos. No entanto, não tinha interesse em seguir carreira militar e, após sofrer um ferimento no front russo em 1942, ele foi dispensado. Thomas D. Seeley, professor de biologia na Universidade Cornell[3] que escreveu profusamente sobre o trabalho do biólogo alemão, comentou que Lindauer certa vez descreveu a comunidade científica à qual retornaria após seu período no exército como "um novo mundo de humanidade". A investigação do mundo natural foi um alívio para Lindauer, que depois da guerra se refugiou na ciência.

Ele fazia parte de uma geração de zoólogos cujo trabalho precedeu a ascensão e o consequente domínio da pesquisa genética nesse campo de estudo. Durante algum tempo durante os séculos XIX e XX, a melhor forma de biólogos como Lindauer obterem acesso à mente dos animais era por meio de seu comportamento externo; uma compreensão mais completa do poder e do funcionamento interno do gene como um meio de se aprofundar na natureza de uma espécie ainda era algo inalcançável. Essas gerações anteriores de cientistas do mundo natural, incluindo o psicólogo francês Alfred Binet, eram observadores de campo, afeitos ao trabalho prático — e observadores atentos. Os mistérios ocultos no comportamento dos animais e humanos estudados, invisíveis para a maioria, estavam lá para serem descobertos, pelo menos para qualquer pessoa que fosse capaz de olhar de perto e por tempo suficiente.

Quando procuram um novo lar,[4] os animais (sejam gansos, formigas-cortadeiras, cavalos ou pardais) tendem a se aventurar sozinhos e, às vezes, em pares em busca de acomodações adequadas. A prática da abelha-europeia, no entanto, se afasta substancialmente da norma. Enquanto a maioria dos animais percorre e esquadrinha seus ambientes de forma independente, no caso das abelhas é "uma comunidade numerosa, em que 20 a 30 mil indivíduos deslocam-se *juntos* para um novo local de nidificação",[5] escreveu Lindauer — processo que requer imensa coordenação, mas sem uma abelha-rainha central ou outros líderes especializados direcionando o trabalho do grupo. O processo pelo qual dezenas de milhares de organismos individuais conseguem se organizar e examinar potenciais locais de nidificação, até selecionar uma das várias opções em detrimento das demais para, então, se mudarem juntos para o novo lar foi um verdadeiro quebra-cabeça para Lindauer e seus contemporâneos.

Naquela tarde específica no verão de 1951, a princípio o conjunto de abelhas observado por Lindauer era pequeno. Elas começaram a se juntar não muito longe de uma imponente estátua de pedra de Netuno empunhando um tridente e saindo das águas de uma fonte próxima. O Instituto Zoológico da Universidade de Munique,[6] que concedera permissão a Lindauer para estudar as colônias de abelhas mantidas pela instituição, localizava-se em um parque que serviu como jardim botânico construído no início do século XIX; nos arredores, em meio às árvores e folhagens, havia muitos locais com potencial para nidificação, isolados e chamativos. Por volta das três da tarde, nuvens começaram a se formar sobre o parque, momento em que Lindauer notou que as abelhas recuaram para um arbusto próximo, onde pernoitaram.[7] No dia seguinte, depois que o céu abriu e o sol voltou a aparecer, as abelhas retomaram seu trabalho de procurar um lugar onde construir uma colmeia.

Essas buscas eram uma atividade envolvente, que incluía dezenas e às vezes centenas de abelhas desbravadoras — incumbidas de sair à frente em missão de reconhecimento — esquadrinhando possíveis opções nas proximidades. As abelhas saem para explorar os arredores e, ao retornar ao grupo, realizam o que Karl von Frisch (zoólogo austríaco e colega de Lindauer que mais tarde ganharia um Prêmio Nobel por seu trabalho sobre o tema) descreveu como uma linguagem de dança, ou *Tanzsprache*: um método de comunicação das abelhas que envolvia balançar seus corpos para a frente e para trás diante de observadores que se reuniam para assistir.[8] Frisch e Lindauer descobriram que a distância dos movimentos (ou seja, se a abelha desbravadora andava por um ou dois centímetros, por exemplo) era proporcional à distância do local de nidificação em potencial de onde elas retornavam e, portanto, atuava como indicador da distância a ser percorrida no voo. Além disso, começaram a se acumular evidências sugerindo que o ângulo da caminhada em relação à posição do sol apontava a direção do novo local de nidificação. Ao longo da tarde, as abelhas desbravadoras retornaram ao enxame principal a fim de informar oito locais com potencial para nidificação na área, incluindo uma rachadura na moldura em cima de uma janela próxima, um buraco aberto por um pica-pau e uma pequena cavidade numa árvore.[9] Frisch e Lindauer perceberam, então, que as abelhas desbravadoras executavam danças a favor de locais diferentes e que o número de desbravadoras que dançavam em sinal de predileção por vários locais permitiria que a colmeia votasse na melhor opção.[10]

Figura 9
Locais de possíveis pontos de nidificação, conforme indicado pelas danças das abelhas no Enxame Eck

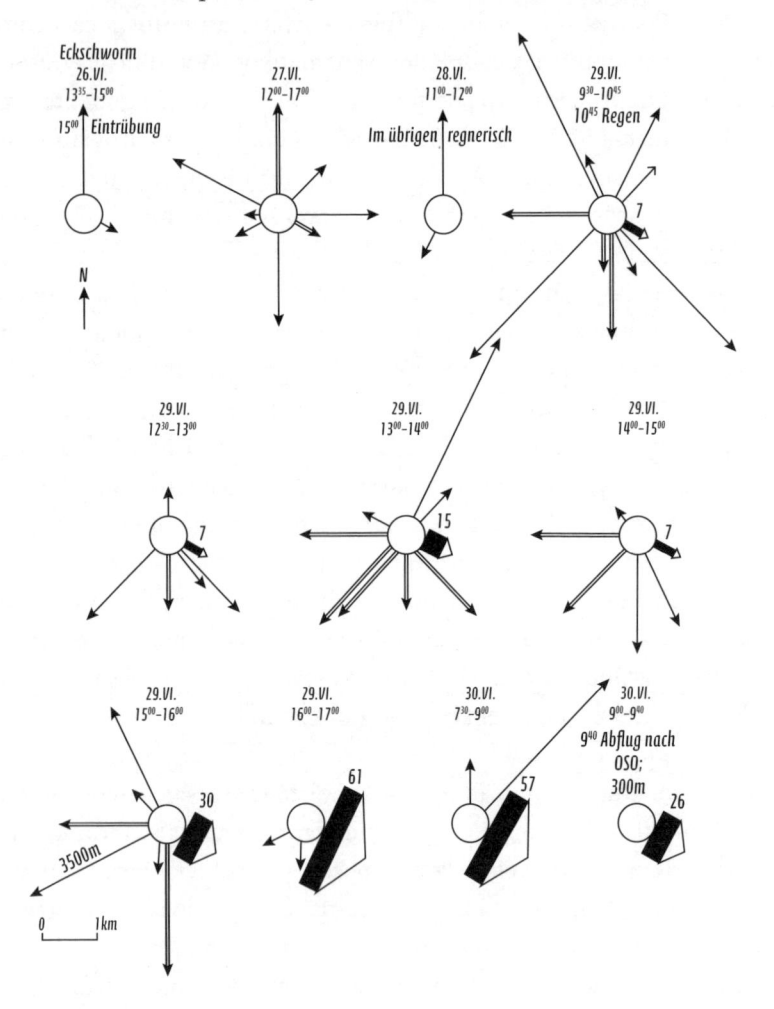

Eckschworm
26.VI.
13^{35}–15^{00}
15^{00} Eintrübung

27.VI.
12^{00}–17^{00}

28.VI.
11^{00}–12^{00}
Im übrigen regnerisch

29.VI.
9^{30}–10^{45}
10^{45} Regen

N

29.VI.
12^{30}–13^{00}

29.VI.
13^{00}–14^{00}

29.VI.
14^{00}–15^{00}

29.VI.
15^{00}–16^{00}

29.VI.
16^{00}–17^{00}

30.VI.
7^{30}–9^{00}

30.VI.
9^{00}–9^{40}
9^{40} Abflug nach OSO;
300m

3500m

0   1km

As abelhas, para Lindauer, representavam algo diferente na natureza. O enxame estudado não era um mero conjunto de animais individuais distintos. A precisão e a amplitude da coordenação das abelhas, assim como a inexistência de qualquer meio aparente de gerenciamento centralizado, deixaram evidente que elas formavam um sistema particular, um todo coerente, cuja capacidade de avaliar e se adaptar ao seu entorno levaria, nas décadas seguintes, a uma reavaliação do que constitui um organismo. Lindauer narrou a cena com uma mistura de delicadeza e reverência e ressaltou que, embora dois dos oito locais "já tivessem ganhado um pouco mais de popularidade", "naturalmente ainda não havia nenhuma conversa sobre um consenso".[11] No dia seguinte, ele observou que as abelhas desbravadoras pareciam não ter ficado tão entusiasmadas com a área norte, talvez por algo ter ocorrido durante a noite, quem sabe uma torrente de chuva tenha inutilizado o ninho.[12]

O enxame se ajustou de acordo, e rapidamente. As desbravadoras identificaram um novo lote de possíveis locais, alguns dos quais, Lindauer escreveu, "foram anunciados apenas por uma única dança e não receberam atenção da população em geral", ao passo que "outros foram cobertos por uma generosa atenção".[13] No decorrer das horas seguintes, as abelhas continuaram a dançar em sinal de favorecimento a determinados locais de nidificação — um borrão de intensidade e movimento por meio do qual uma multidão de milhares de indivíduos negociou e, por fim, votou em seu candidato predileto para um novo lar.[14] Um local específico a trezentos metros de distância acabou "despontando como o preferido", relatou Lindauer. Os últimos renitentes cederam e sucumbiram à predileção dos demais. Na manhã seguinte, às 9h40, Lindauer observou que todo o enxame de abelhas, tendo negociado as opções e chegado a um acordo quanto a um local preferido, "levantou voo e se mudou para seu novo lar".

As observações do Enxame Eck, como viria a ser conhecido, representaram um momento decisivo em nossa compreensão acerca do comportamento das abelhas e de sua capacidade de comunicação.[*][15] Mas o trabalho de Lindauer sugeriu também algo mais fundamental em relação às formas como grupos, e de fato grupos extraordinariamente grandes de animais individuais, têm o potencial de se organizar em torno de um problema específico e reagir a mudanças nas circunstâncias. Ao escrever

---

[*] Em muitos casos, os nomes dos enxames sob observação derivam de suas respectivas localizações em Munique (por exemplo, os enxames "cerca", "olmo" e "sebe"). A palavra alemã *Eck* significa "canto".

sobre as inferências da tomada de decisão coletiva das abelhas e de outros animais para as organizações humanas (como técnicos de enfermagem e médicos, na área específica de assistência médica), um grupo de pesquisadores observou que a estrutura social das abelhas demonstra "comportamento coordenado que surge sem controle central".[16]

A startup, em sua forma ideal, deve tornar-se um enxame de abelhas. Tal coordenação e movimento, sem um mecanismo de controle autoritário e desnecessariamente centralizado, é, em muitos sentidos, a característica mais essencial das culturas de startups e de engenharia bem-sucedidas no contexto norte-americano. As abelhas que Lindauer e outros estudaram desde então não incorporam hierarquias sociais baseadas em castas como forma de lidar com os enormes desafios de ação coletiva que enfrentam. Pelo contrário, distribuem autonomia no máximo grau possível para as margens de sua organização: as desbravadoras. Os indivíduos na periferia de um grupo — os que em geral detêm as informações mais recentes e valiosas sobre a adequação e o potencial de locais para nidificação e podem levar em consideração as condições cambiáveis — são aqueles que, por meio da dança, votam para o grupo. O enxame *se organiza* em torno do problema em questão.

Outras espécies demonstraram padrões de comportamento semelhantes. Durante anos, o físico italiano Giorgio Parisi estudou estorninhos na esperança de entender os meios pelos quais eles transmitem informações uns aos outros com tanta velocidade, sendo, portanto, capazes de voar em bandos, verdadeiros turbilhões que parecem se deslocar como uma única unidade. Em dezembro de 2005, ele e sua equipe instalaram três câmeras no topo do Palazzo Massimo, edifício no centro de Roma que abriga o Museu Nacional Romano. Cada uma das câmeras foi configurada para fotografar a coreografia dos bandos de estorninhos que rotineiramente pairavam e giravam por sobre a praça, tirando um total de dez imagens por segundo.[17] Ele descobriu que os bandos, que para observadores casuais são muitas vezes considerados esferas ou orbes de formatos estranhos, na verdade estão mais para discos.[18] Com suas dez imagens por segundo e uma reconstrução tridimensional dos pássaros deslocando-se pelo espaço, a equipe de Parisi conseguiu mapear a posição exata de cada pássaro em um determinado bando.

Assim como no caso das abelhas, com frequência os movimentos do grupo de estorninhos são iniciados pelos pássaros nas margens do bando, aqueles com a melhor posição estratégica em termos de observação de possíveis predadores e do mundo exterior — não por líderes ou chefes predeterminados. A orientação acerca da direção a ser tomada pelo grupo é transmitida de pássaro para pássaro, das extremidades do bando para seu núcleo, em uma fração de segundo, e compartilhada à perfeição por todo o grupo de centenas de indivíduos. Parisi escreveu que mensagens acerca de qual caminho seguir são compartilhadas entre os pássaros do bando "como se fosse um boca a boca incrivelmente veloz".[19]

• • •

Na maioria das organizações humanas, de burocracias governamentais a grandes corporações, enormes quantidades de energia e talento dos indivíduos são direcionadas para ações como disputar cargos e posições de poder, reivindicar créditos pelo sucesso e, muitas vezes, evitar desesperadamente a culpa pelo fracasso. Vital e escassa, a produção criativa dos envolvidos em um empreendimento é muitas vezes mal direcionada para a elaboração de hierarquias egoístas e o patrulhamento de quem presta contas a quem. Entre as abelhas, no entanto, não há mediação das informações captadas pelas desbravadoras quando retornam à colmeia. E os estorninhos não precisam pedir permissão aos superiores antes de sinalizar aos pássaros vizinhos que o bando vai fazer uma curva. Não há relatórios semanais para a gerência de nível médio, tampouco apresentações para líderes do alto escalão. Nenhuma reunião ou videoconferência a fim de se preparar para outras reuniões. Os enxames de abelhas e bandos de estorninhos não consistem em camadas sobre camadas de vice-presidentes e vice-presidentes adjuntos, direcionando o trabalho de subgrupos de indivíduos e gerenciando as percepções de seus superiores. Existe apenas o bando ou o enxame. E é dentro desses turbilhões de movimento que certo tipo de improvisação e desenvoltura tem permissão para tomar forma.

Capítulo 11

A startup improvisada

DURANTE ANOS, TODOS OS NOVOS FUNCIONÁRIOS da Palantir recebiam um exemplar de um livro um tanto obscuro sobre teatro do improviso publicado no final dos anos 1970 por Keith Johnstone, diretor e dramaturgo britânico. Atribui-se a Johnstone a articulação de grande parte da teoria fundamental à improvisação, ou *improv*, como veio a ser conhecida nos Estados Unidos — um enfoque sobre a atuação que, de muitas maneiras, tomou conta do que compreendemos na cultura cinematográfica e televisiva contemporânea.[1] O livro é fino e a princípio não estabelece relação alguma entre o tópico abordado e a ciência da computação ou construção de softwares empresariais. Os novos funcionários quase sempre ficavam surpresos ao recebê-lo.

No entanto, os paralelos entre o teatro do improviso e o mergulho no abismo que é fundar ou trabalhar em uma startup são inúmeros. Expor-se num palco e habitar um personagem exigem uma dose de serendipidade (a aptidão para atrair o acidente que dá certo) e um nível de flexibilidade psicológica que são essenciais para construir e manejar o crescimento de uma empresa que busca atender a um novo mercado e, de fato, participar da criação desse mercado, em vez de somente atender às necessidades e demandas de mercados já existentes. Na construção da tecnologia, há um traço de improvisação ofegante. Jerry Seinfeld afirmou: "Na comédia, você faz qualquer coisa que acha que pode funcionar. Qualquer coisa."[2] O mesmo vale para a tecnologia. O desenvolvimento de softwares e inovações tecnológicas é uma arte e ciência observacional, não é teórica. É necessário se submeter a um processo contínuo de abandono das noções inferidas do que *deve funcionar* em favor do que *funciona de fato*. É essa sensibilidade às plateias, à opinião pública e ao cliente que nos permite construir.

O livro de Johnstone revela também uma das principais características da cultura corporativa moderna que sem dúvida inibe o crescimento de uma mentalidade de engenharia — a característica essencial de uma startup insurgente. Johnstone nasceu em 1933 em Devon, Inglaterra, na costa sudoeste do país.[3] Seu pai era farmacêutico, e a família morava no andar de cima de sua farmácia. No livro *Impro: Improvisation and the Theatre* [Impro: Improvisação e o teatro], que foi originalmente publicado em 1979 e evoluiu para se tornar uma espécie de clássico cult entre estudantes e pesquisadores da comédia de improviso, Johnstone reflete sobre atuação e psicologia humana ao mesmo tempo que analisa vários exercícios que empregava em seus workshops de teatro com aspirantes a atores e comediantes de improviso. Sua discussão sobre status, conceito com o qual ele definia a relação de poder entre dois indivíduos em um determinado contexto, é digna de nota para quem visa construir culturas de engenharia flexíveis focadas em resultados, em vez de somente construir e habitar hierarquias intrincadas e autocentradas. Uma de suas ideias centrais é a de que o status, a exemplo de outros traços de caráter, é de muitas maneiras *desempenhado ou encenado*, e que atores e comediantes de improviso podem aperfeiçoar suas habilidades ao adquirir e refinar uma sensibilidade ao que Johnstone se refere como as transações e negociações de status resultantes do encontro de dois indivíduos no mundo.[4] No contexto de uma aula sobre atuação, ele observa que gestos e sinais sutis entre duas pessoas no palco (como evitar o contato visual, menear de leve a cabeça ou um ator tentar interromper o outro) são, todos, métodos de negociação e afirmação de relacionamentos de status entre os envolvidos. O "x" da questão é que a estatura, no mundo ou no palco, é tudo menos fixa ou inata. Pelo contrário, é melhor considerá-la um atributo ou bem instrumental — que pode, e de fato deve, ser exercido a serviço de outra coisa.

O interesse e a abordagem de Johnstone ao status, e à exposição das hierarquias com frequência invisíveis ao nosso redor, foram influenciados pelo trabalho do zoólogo austríaco Konrad Lorenz, sobretudo em seu livro de 1949, *King Solomon's Ring* [O anel do rei Salomão], coletânea de observações sobre o comportamento social de vários animais, desde gralhas-de-nuca-cinzenta, corvos e gralhas-negras até lobos.[5] As gralhas-de-nuca-cinzenta mais dominantes, por exemplo, são bastante desdenhosas em relação aos degraus hierárquicos mais rebaixados de seus bandos, Lorenz anuncia, a tal ponto que "as gralhas-de-nuca-cinzenta de casta muito alta são condescendentes ao extremo com aquelas de grau mais baixo e as consideram meramente como poeira sob seus pés".[6] O mesmo poderia ser dito da rigidez das culturas internas dentro de uma empresa tradicional, na qual camadas e camadas de hierarquia impedem que a ambição e as inovações alcancem o topo. Para Johnstone, "cada inflexão e movimento implicam um status" e "nenhuma ação se deve ao acaso ou é de fato 'sem motivo'".[7] Em particular, uma bifurcação do "status que você tem e do status que você desempenha ou encena",[8] segundo Johnstone, é essencial para agir com eficácia no palco e no mundo — ter a capacidade de manobra para não ser limitado pelas tentativas de terceiros de restringir a liberdade de movimento sob uma perspectiva empresarial ou social, ou no mínimo tornar-se mais consciente dessas tentativas de dominação e conseguir responder à altura. Também é possível identificar com mais facilidade focos de talento e motivação dentro de uma organização quando nos libertamos do véu do status, o tecido restritivo através do qual tudo é percebido na vida corporativa.

A dificuldade mais geral das culturas corporativas norte-americanas tradicionais é que elas tendem a exigir uma união do status que alguém *tem* e do status que alguém *desempenha ou encena*, pelo menos no que diz respeito às formas internas de organização social. O vice-presidente executivo sênior de uma empresa, por exemplo, é quase sempre um vice-presidente executivo sênior em todos os contextos e para todos os propósitos internamente, e sua posição hierárquica em relação aos outros requer um inabalável domínio em áreas nas quais esse domínio pode ou não fomentar os objetivos da instituição. Trata-se de um fenômeno que ganhou força após o fim da Segunda Guerra Mundial, com uma guinada rumo ao aumento da rigidez e estruturação dentro das empresas americanas. Na década de 1960, por exemplo, a fabricante de eletrônicos Philco, fundada em 1892, criou uma intrincada hierarquia interna, com um conjunto de regulamentos que especificavam até o tipo de mobília que os executivos estavam autorizados a ter em seus escritórios, de acordo com sua posição na escala de importância e responsabilidade dentro da empresa.[9] Esse nível de rigidez na estrutura social interna está longe, é óbvio, do enxame de Lindauer.

Nos mesmos moldes de *Impro* de Johnstone, nós, na Palantir, tentamos fomentar uma cultura na qual o status é visto como um bem instrumental, não intrínseco: algo que pode ser utilizado e implementado no mundo para atingir outras metas ou objetivos. Um equívoco significativo não apenas da cultura organizacional da Palantir, mas de muitas outras empresas com raízes no Vale do Silício, é que suas hierarquias são planas ou inexistentes. Toda instituição humana, incluindo as gigantes da tecnologia do Vale do Silício, contam com um meio de organizar seus funcionários, e tal configuração quase sempre exigirá a primazia de certos indivíduos sobre outros.[10] A diferença é a rigidez das estruturas, ou seja, a velocidade com que podem ser desmanteladas ou reorganizadas, e a proporção da energia criativa da equipe que acaba sendo direcionada à manutenção desses sistemas e à autopromoção dentro deles.

Sem sombra de dúvida, temos alguma forma de "hierarquia paralela" dentro da empresa, estruturas de poder que não são telegrafadas de maneira explícita, mas que existem mesmo assim. A falta de legibilidade organizacional tem um custo, aumentando o preço da navegação interna tanto para funcionários como para parceiros externos, que muitas vezes querem apenas saber quem está no comando. Porém muitos não levam em conta a quantidade de espaço aberto que uma redução da ênfase em sinais internos e indicadores de status pode criar para milhares de funcionários. O benefício de deixar um tanto obscuro ou ambíguo quem é o responsável por encabeçar as vendas comerciais na Escandinávia, por exemplo, é que talvez esse alguém devesse ser você. Ou o que dizer sobre o alcance a governos estaduais e locais no Meio-Oeste dos Estados Unidos? A questão é apenas que, em nossa experiência, vazios — ou vazios percebidos — no âmbito de uma organização têm tido repetidamente mais benefícios do que custos. Muitas vezes, eles são preenchidos por líderes ambiciosos e talentosos que enxergam lacunas e querem desempenhar um papel, mas que, de outra forma e em outras circunstâncias, poderiam ter se sentido intimidados e não ousariam se aventurar no território de outra pessoa.

. . .

Em muitas grandes empresas nos Estados Unidos, Europa e mundo afora, tornou-se um lugar-comum a realização de reuniões com vinte, trinta, até cinquenta ou mais pessoas, uma vez por semana, e às vezes várias vezes ao dia. Com muita frequência, no entanto, essas conferências são meros mecanismos para as elites corporativas travarem disputas internas por estatura e recursos. As apresentações de mentirinha e os tópicos inventados servem apenas para fomentar o interesse de funcionários com talentos políticos, mas muitas vezes bem menos valiosos, gente cuja principal contribuição para a produtividade da empresa pode ser enganosamente difícil de mensurar. Essas longas reuniões são em geral precedidas por pré-reuniões ainda mais internas, nas quais a equipe se prepara para se reunir.

O complexo industrial de reuniões levou alguns ao limite e, pelo visto, até mesmo à automutilação. Um grupo de pesquisadores da Harvard Business School entrevistou 182 executivos de vários setores, da tecnologia à consultoria, e encontrou pessoas com um sentimento generalizado de esgotamento, sobrecarregadas e sufocadas pelo volume e pela duração das reuniões na cultura corporativa contemporânea.[11] Uma executiva até confidenciou que havia recorrido a "apunhalar a perna com um lápis a fim de se distrair para não gritar durante uma reunião de equipe especialmente torturante". Essas conferências são mecanismos para que os mais ambiciosos e decididos a se autopromover dentro de uma organização sinalizem seu status e poder, e muitos colegas talentosos, porém menos manipuladores, apenas escolhem entregar os pontos, a um custo significativo para a instituição.

A principal limitação das culturas corporativas contemporâneas é que suas hierarquias e sua configuração social são rígidas demais para se ajustar a novos e mutáveis desafios. Em janeiro de 1988, Peter F. Drucker (o teórico da administração cujo trabalho deu origem a todo um campo de estudos sobre o funcionamento interno de grandes instituições, da General Electric à IBM) publicou no periódico *Harvard Business Review* um ensaio argumentando que um novo modelo de gestão logo acabaria por dominar as empresas e as grandes organizações dos Estados Unidos. Foi um texto presciente. Uma orquestra sinfônica, por exemplo, deveria, com base nas concepções predominantes de como as organizações deveriam ser estruturadas, ter "vários maestros vice-presidentes de grupo e talvez meia dúzia de maestros vice-presidentes de divisão".[12] No entanto, as orquestras não tinham essas camadas. De acordo com a explicação de Drucker: "Há apenas o maestro-CEO — e cada um dos músicos toca direto para essa pessoa, sem intermediários. E cada um é um especialista de altíssimo nível, um verdadeiro artista." A ideia central de Drucker era que uma linha direta de contato — e até de contato visual, no caso de um maestro de orquestra — entre um líder corporativo e os produtores criativos dentro de sua estrutura é nada menos que essencial. Em nossa experiência, os engenheiros de software mais talentosos do mundo são artistas, nem um pouco diferentes de pintores ou músicos. Uma organização desnecessariamente estruturada afasta esse talento dos objetivos da instituição, a um custo enorme.

A falha — e, a bem da verdade, a tragédia — da vida corporativa norte-americana é que a maior parte da energia de um funcionário, um indivíduo, durante sua vida profissional é desperdiçada somente em sua sobrevivência, em se esquivar dos políticos internos nos corredores, evitar ameaças e formar alianças com amigos, sejam conscientes ou não. Nós e outras startups de tecnologia somos os beneficiários da absoluta exaustão que muita gente jovem e talentosa ou sente na pele ou consegue reconhecer no que diz respeito ao modelo corporativo em vigor nos Estados Unidos — que pode chegar a ser um empreendimento assumidamente extrativista, o qual muitas vezes exige um redirecionamento da escassa energia intelectual, bem como da criativa, para lutas internas por poder e acesso à informação.

Dessa forma, as legiões que afluíram para o Vale do Silício são aglomerações de exilados culturais, muitos com um nível extraordinário de privilégio e poder, porém ainda assim destoantes do sistema e, portanto, exilados. Eles tomaram uma decisão consciente de se afastar da forma corporativa dominante do capitalismo e de se juntar a um modelo alternativo, sem dúvida imperfeito e complexo, mas que, na melhor das hipóteses, sugere um novo meio de organização humana. O desafio, nos Estados Unidos e em outros países, será assegurar que as mentes mais talentosas da nossa geração não se separem e formem suas próprias subculturas e comunidades apartadas e distantes da nação. Os lares que eles encontrarem devem ser incorporados ao todo.

• • •

Ao longo do último século, essencialmente deixamos de lado a cultura, descartando-a como algo muito específico e excludente. Porém, no Vale do Silício — mesmo que muitos tenham negligenciado os interesses nacionais —, um conjunto de práticas culturais deu provas de ser tão capaz de gerar valor que devemos levá-las a sério, sobretudo como ideias que podem fornecer uma base para repensarmos nossa maneira de encarar o governo e a prestação de serviços públicos. Por que o setor privado deveria ser o único a se beneficiar? Muitos parecem estar observando quase à distância a ascensão do Vale do Silício, ansiosos, é óbvio, para fazer uso das engenhocas e serviços que lá são produzidos, e vez por outra indignados com a concentração de poder da indústria, mas de fato acompanhando de longe. Onde estão o desejo e a urgência de cooptar e incorporar os valores culturais que são a precondição para aquilo que o Vale do Silício foi capaz de construir? Um dos erros mais significativos que os observadores da ascensão da indústria de tecnologia cometem é presumir que os softwares produzidos por essas empresas são a razão por trás de sua dominação da economia moderna. Trata-se, por sua vez, de um conjunto de vieses, práticas e normas culturais que tornam possível a produção desses softwares e, portanto, são as causas ocultas que acompanham o sucesso da indústria.

A ideia central do Vale do Silício não era apenas contratar os melhores e os mais brilhantes, mas tratá-los como tal, permitir-lhes a flexibilidade, a liberdade e o espaço para criar. As empresas de software mais eficazes são colônias de artistas, apinhadas de almas temperamentais e talentosas. E é a relutância desses artistas em se conformar, em se submeter ao poder, que muitas vezes é seu instinto mais valioso.

Capítulo 12

A desaprovação da multidão

EM 1951, SOLOMON E. ASCH, professor de psicologia no Swarthmore College na Pensilvânia, realizou um estudo aparentemente simples e bem direto sobre a tendência humana de se conformar quando se vê diante da pressão de um grupo — um experimento que levaria a um reconhecimento muito mais profundo da fragilidade da mente humana. E foi um dos vários estudos no início do período pós-guerra que apreendeu uma característica essencial da nossa psicologia que deve ser superada a fim de se construir uma empresa do zero.

Asch nasceu em Varsóvia em 1907, então pertencente ao Império Russo.[1] Aos 13 anos, sua família imigrou para Nova York, onde ele frequentou o City College e mais tarde obteve seu doutorado na Universidade Columbia.[2] Em seus experimentos sobre a conformidade, que revelaram a um vasto público as limitações da força de vontade humana na resistência à pressão coletiva, Asch pediu que um instrutor em uma sala de aula mostrasse cartazes com um segmento de linha de controle, junto a três segmentos de linhas adicionais de alturas variadas, cada um deles numerado, a um grupo de oito indivíduos, dos quais apenas um (um voluntário aleatório) era o verdadeiro participante a ser analisado. Os outros sete eram cúmplices do experimentador, atores que deveriam responder de forma errada.[3] Em seguida, cada um dos oito presentes tinha que responder qual das três linhas numeradas tinha o mesmo comprimento da linha de controle. No exemplo a seguir, a resposta correta seria a linha 2, que corresponde ao comprimento da linha de controle não numerada à esquerda.

FIGURA 10
O experimento de conformidade de Asch

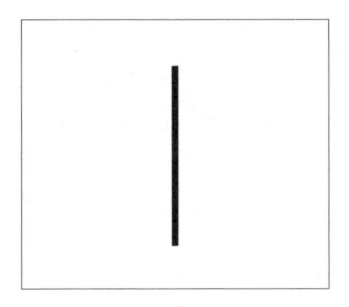

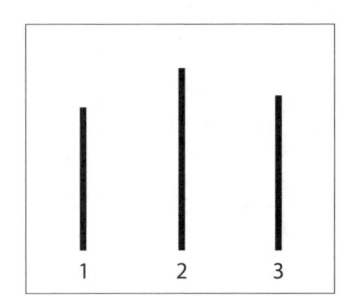

Embora, em termos de percepção, a tarefa fosse aparentemente simples, um número significativo dos participantes que eram o alvo da análise, quando questionados depois dos participantes que haviam sido instruídos a dar respostas incorretas, também deram respostas erradas, escolhendo linhas que eram nitidamente mais compridas ou mais curtas do que a de comparação. A pessoa sob teste sabia qual era a resposta correta, mas, como os indivíduos ao redor apresentavam uma opinião destoante, ela acabava sendo influenciada. Era desconcertante e, para alguns, a dissonância foi avassaladora. Mais tarde, Asch escreveu que cada sujeito do estudo "enfrentava, talvez até pela primeira vez na vida, uma situação em que um grupo contradizia de forma unânime a evidência captada por seus sentidos".[4] Era um momento sem dúvida angustiante e desconfortável para quem estava sendo estudado, que tinha plena consciência da resposta correta, mas se via ao lado de sete indivíduos que estavam, em geral de forma unânime, fazendo a escolha errada. Para Asch e muitos outros, o fato de "jovens razoavelmente inteligentes e bem-intencionados" se mostrarem "dispostos a chamar o branco de preto é uma questão preocupante", pondo em xeque os sistemas educacionais que nossa cultura havia produzido, bem como nossos valores enquanto sociedade.[5]

O interesse de Asch pela conformidade e pelo poder da pressão coletiva a partir de uma perspectiva psicológica era um reflexo de questões sobre a natureza humana — sobre a capacidade humana de fazer o mal e infligir dor aos outros — que tinham vindo à tona na esteira da ascensão do Partido Nazista na Alemanha na década de 1930. Mais tarde, um amigo e colega relembraria que, quando ficou evidente que o número de "rendidos" — termo com o qual rotulavam os indivíduos que cediam à pressão do grupo em seus estudos — "era decepcionantemente grande", eles "todos tiveram que aprender a engolir esse resultado, junto às lições dos êxitos nazistas".[6] Os experimentos realizados por Asch, ao lado de outros como os que Stanley Milgram supervisionou nos anos seguintes em Yale, acabaram com qualquer esperança remanescente de que a mente norte-americana fosse de alguma forma imune às acachapantes pressões da psicologia coletiva que esmagaram a população alemã do outro lado do Atlântico.

Os experimentos de Asch marcaram o início do que alguns descreveriam como uma era de ouro da psicologia social no período pós--guerra. Não existiam os conselhos de revisão institucional e comitês de ética que hoje monitoram de forma meticulosa os estudos propostos envolvendo sujeitos humanos.[7] Cabia aos próprios departamentos policiar suas atividades, e experimentos em sujeitos humanos, incluindo aqueles que exigiam significativos níveis de engodo, eram com grande frequência permitidos. Embora mais tarde muitos contestassem a ética de permitir a continuidade de experimentos do gênero, diante da extensão da trapaça e da manipulação envolvidas, não há dúvida de que os testes produziram algumas das pesquisas mais valiosas em psicologia social e de grupo já realizadas.

O experimento de obediência à autoridade realizado em 1961 por Stanley Milgram, que tinha sido aluno de Asch em Princeton, foi ainda mais longe do que os testes de uma década antes que recorriam à comparação do tamanho das linhas. Milgram, então professor assistente de psicologia em Yale, projetou seu experimento sobre conformidade a fim de avaliar não apenas se os sujeitos do teste cederiam à pressão de um grupo quando confrontados com uma tarefa simples de percepção (como avaliar os comprimentos relativos de segmentos de linha), mas se estariam dispostos a infligir dor a desconhecidos inocentes quando instruídos a fazer isso por um indivíduo em uma posição de suposta autoridade. Milgram nasceu em 1933 em Nova York e era filho de imigrantes: seu pai era um confeiteiro oriundo da Hungria[8] e sua mãe deixara a Romênia ainda na infância. O experimento de Milgram envolveu o recrutamento de centenas de moradores de New Haven, Connecticut, para atuarem como voluntários no que lhes disseram tratar-se de um experimento de psicologia sobre aprendizado e punição que estava sendo realizado pela Universidade de Yale. Como forma de recrutar mais participantes, um anúncio buscando voluntários foi publicado no jornal local, e a equipe de Milgram enviou cartas para moradores selecionados aleatoriamente da lista telefônica.[9] Cada um dos voluntários recebeu 4 dólares, bem como 50 centavos para custear as corridas de táxi de ida e volta para o laboratório.[10] Os sujeitos do teste foram informados de que no experimento desempenhariam o papel de um "professor", cuja tarefa seria administrar choques elétricos em outro indivíduo, conhecido como "aprendiz", a fim de avaliar se as descargas ajudariam o aprendiz a memorizar com mais precisão pares aleatórios de palavras, como "caixa" e "azul" ou "pato" e "selvagem".[11]

Para tanto, foi construída uma máquina de choque elétrico que parecia autêntica e tinha um aspecto quase ameaçador, com botões e luzes, uma campainha e várias legendas para os níveis de voltagem que seriam administrados girando-se o botão para diferentes posições. No início de cada sessão, os participantes recebiam um leve choque da máquina para convencer ainda mais os sujeitos do teste de que administrariam voltagem elétrica de verdade como parte do experimento.[12] O aprendiz, é óbvio, estava envolvido no estratagema e era interpretado por um contador de 47 anos.[13] A máquina de choque elétrico emitia sons e luzes piscantes, mas na verdade não era capaz de machucar. Todavia, conforme a suposta voltagem aumentava ao longo de cada sessão, o aprendiz começava a gritar e berrar, implorando tanto ao sujeito do teste quanto ao experimentador que interrompessem a experiência. A questão era até onde os sujeitos prosseguiriam quando confrontados com apelos cada vez mais desesperados para que eles parassem. Das dezenas de participantes, impressionantes dois terços obedeceram às instruções e administraram a um indefeso sujeito de teste o que eles tinham sido levados a acreditar ser um nível nocivo de voltagem elétrica.[14]

Os resultados fascinaram os Estados Unidos e desencadearam um debate sobre a capacidade humana de fazer o mal e infligir dor a outrem em obediência a ordens de figuras de autoridade.[15]

Em uma das mais assustadoras sessões do experimento, um dos voluntários, um homem de 50 anos, que Milgram mais tarde descreveu como "um sujeito bastante comum", protestou, a princípio sem muita convicção, quando solicitado a submeter a vítima a uma série de choques cada vez mais intensos.[16] À medida que a voltagem se aproximava do que pareciam ser níveis mais perigosos e a suposta vítima berrava a plenos pulmões, implorando repetidas vezes para ser libertada e para interromperem o experimento, o sujeito do teste tentou dissuadir o experimentador de lhe pedir para continuar com a administração de um choque de 180 volts.

> SUJEITO: Não aguento isto. Não vou matar aquele homem ali dentro. Você não está ouvindo os gritos?
>
> EXPERIMENTADOR: Como eu lhe disse antes, os choques podem ser dolorosos, mas...
>
> SUJEITO: Mas ele está gritando! Ele não aguenta. O que vai acontecer com ele?
>
> EXPERIMENTADOR *(sua voz é paciente, prática e direta):* O experimento exige que você continue, professor... Quer o aluno goste ou não, devemos continuar.[17]

E ele continuou. Nos minutos seguintes, o sujeito do teste administrou uma série de descargas elétricas cada vez mais fortes até a máxima voltagem, em meio aos gritos de dor e protestos da vítima, que repetia sem parar as súplicas para que a deixassem sair da sala e interrompessem o experimento. A transcrição do diálogo é impressionante e aterradora. Durante toda a sessão, havia certo decoro constante, apesar do fato de que um homem acreditava estar eletrocutando outro até a morte. Nas palavras de Milgram: "Mantém-se meticulosamente um tom de cortesia e deferência."[18] Para muitos, a dissonância entre o diálogo ponderado e comedido do sujeito do teste e do experimentador, por um lado, e, por outro, os gritos de agonia da vítima põem em xeque a visão de que a capacidade de fazer o mal e infligir dor a inocentes era domínio exclusivo dos depravados. "Ele acha que está matando alguém", escreveu Milgram mais tarde sobre o sujeito, "mas usa um linguajar digno da mesa na hora do chá."[19] Talvez coletivamente tivéssemos a esperança de que a destruição causada durante a Segunda Guerra Mundial tenha sido obra de atores isolados, uma aberração e desvio das capacidades comuns da mente humana. O experimento de Milgram forneceu uma explicação chocante e alternativa: que tal capacidade era muito mais corriqueira, e de fato banal, do que jamais havíamos cogitado.[20]

No entanto, nem todos os sujeitos de Milgram foram tão obedientes.[21] Uma mulher alemã, técnica em medicina, que havia crescido durante a ascensão do Partido Nazista na década de 1930, se destacou. Em certo ponto durante sua sessão, quando a regulagem do gerador de choque se aproximava de 210 volts, ela parou e perguntou: "Devo continuar?" O pesquisador responsável pela sessão, um professor de biologia de 31 anos vestindo um jaleco cinza, respondeu: "O experimento exige que você continue até que ele tenha aprendido corretamente todos os pares de palavras."[22] Além disso, ele repetiu que os choques "podem ser dolorosos", mas "não são perigosos".[23] Então a mulher intensificou um pouco o tom da conversa: "Ora, desculpe, eu acho que, quando os choques continuam assim, *ficam perigosos*. Pergunte a ele se ele quer desistir. É o livre-arbítrio dele." A reação de afronta dela quase pareceu tranquila, sua determinação férrea ao mesmo tempo inspiradora e banal. Momentos depois, ela disse ao experimentador que não prosseguiria com os choques em voltagens mais altas, virou as costas e foi embora. Milgram observou que "o comportamento direto e cortês da mulher" e a "falta de tensão" fizeram sua rebeldia parecer "um ato simples e racional".

A resiliência psicológica demonstrada pela mulher foi o que Milgram esperava encontrar na maioria das pessoas testadas.[24] Porém suas esperanças estavam equivocadas. Muitos dos que participaram do experimento passaram a administrar o que acreditavam ser doses significativas de eletricidade em vítimas que, aos gritos, pediam que a sessão parasse. A predominância e, de fato, a facilidade com que tantos aceitaram as ordens que deveriam seguir foram, é óbvio, amargos e gritantes lembretes de nossas falhas como espécie. Mas também sugeriram um caminho a seguir, ou pelo menos expuseram os obstáculos psicológicos em torno dos quais o indivíduo precisa fazer manobras no mundo dos negócios para ter alguma esperança de criar algo novo.

• • •

O instinto de obediência pode ser letal quando se tenta construir uma organização disruptiva, desde um movimento político a uma escola artística ou uma startup de tecnologia. Em muitas das gigantes de tecnologia mais bem-sucedidas do Vale do Silício, prevalece uma cultura do que se pode chamar de *desobediência construtiva*. A direção criativa que os líderes dos mais altos escalões de uma organização fornecem é internalizada, mas com frequência remodelada, ajustada e contestada por aqueles que são incumbidos de executar suas diretivas para produzir algo ainda mais relevante. Dentro de uma organização, certo antagonismo é essencial se seu propósito de fato for construir algo substancial. Um abandono completo do dever pode retardar o progresso dela como um todo. Mas a implementação sem questionamento de ordens impostas de cima para baixo é igualmente perigosa para a sobrevivência de longo prazo de uma instituição. O desafio para as empresas é que muitas vezes os executivos e gerentes selecionam e recompensam os contratados que demonstram conformidade irrefletida — uma obediência obstinada e simplista que é corrosiva à construção de um negócio que ultrapasse as meras ordens e caprichos de um fundador.

O grupo de experimentos de Asch, Milgram e outros (que se tornaram clássicos na psicologia social investigativa) levou uma geração inteira de psicólogos e acadêmicos a questionar a capacidade dos indivíduos de resistir à pressão da autoridade e proporcionou algo como um referendo sombrio e duradouro sobre a humanidade.[25] Alguns acalentavam a esperança de que os acontecimentos na Europa tivessem sido uma aberração, um desvio da norma — que outras nações, caso se encontrassem nas mesmas circunstâncias, não teriam sucumbido e de fato se sujeitado a um governo totalitário sem uma resistência mais ferrenha. Howard Gruber, professor de psicologia no Teachers College da Universidade Columbia e ex-aluno de Asch, mais tarde relembrou que os estudos realizados pelos pesquisadores daquela época deixaram evidente "que a conformidade é internacional".[26] Os Estados Unidos podiam ser um país excepcional, mas não em todos os aspectos.

Dessa forma, um tanto do que podemos compreender como uma espécie de surdez social pode ser produtivo no contexto do desenvolvimento de softwares. No reino da tecnologia, a relutância — ou talvez até certa incapacidade — de se conformar com os arredores, de se submeter às deixas e normas apresentadas por outros, pode ser uma baita vantagem. Nas últimas duas décadas, ao construirmos a Palantir, a disposição a nos distanciarmos do restante do mundo e a recusa a nos envolvermos com visões externas foram essenciais em certos momentos decisivos da nossa evolução.

Outras supostas deficiências revelaram ser, em diferentes domínios, adaptáveis. Em setembro de 1922, Claude Monet, após meses às voltas com o declínio de sua visão, foi diagnosticado com catarata. De acordo com seu oftalmologista parisiense, a condição havia reduzido a vista do pintor "a dez por cento no olho esquerdo e à mera percepção da luz sob uma boa projeção no olho direito".[27] O artista passou por períodos em que via o mundo tingido por um tom alaranjado e, semanas depois, por um matiz azulado. Uma cirurgia e a chegada de algumas lentes alemãs acabaram por ajudar a resolver o problema. Suas obras posteriores tornaram-se cada vez mais visceralmente apartadas da representação figurativa, como uma tela com toques de azul-petróleo e carmesim intitulada *Salgueiro-chorão*, cujas "linhas gestuais", um crítico de arte observou, "borram a imagem até ela descambar para a abstração".[28] Em 2022, uma retrospectiva de Monet foi inaugurada em Paris, com seus trabalhos sendo expostos ao lado dos da pintora norte-americana Joan Mitchell; a curadoria da exposição sugeria que Monet foi responsável pela ascensão do expressionismo abstrato que dominaria o cenário artístico nas décadas após sua morte (em 1926).[29]

Da mesma forma, quando, na casa dos 20 anos, Ludwig van Beethoven começou a perder a audição, a princípio ele foi muitíssimo reservado quando o assunto era sua capacidade diminuída de ouvir a música que ele próprio vinha compondo profissionalmente.[30] Em 1801, ele escreveu a um amigo violinista: "Eu imploro que você trate como um enorme segredo o que eu lhe contei sobre minha audição." Ao longo dos anos, à medida que mais pessoas souberam da sua perda auditiva, o público ficou fascinado com sua capacidade aparentemente sobrenatural para a composição musical, "a despeito dessa atribulação", nas palavras do sobrinho de Beethoven, ao escrever para o tio.[31] Assim, a questão passou a ser se a deficiência percebida era de fato uma deficiência — se ele era capaz de compor obras tão formidáveis *apesar* dela ou, pelo contrário, *por causa* dela. Há quem argumente que a perda auditiva de Beethoven apenas redirecionou seu processo criativo e talvez o tenha amplificado, forçando o músico a confiar com mais vigor no ato de escrever suas composições e, assim, permitindo que construísse "um novo universo sonoro", no dizer de um crítico musical, "porque ele estava sendo guiado tanto por seus olhos tanto quanto por suas memórias do som".[32]

. . .

O instinto de conformidade ao comportamento daqueles ao nosso redor, de obediência às normas que os outros demonstram e de valorização das habilidades que a maioria das pessoas no nosso entorno considera uma segunda natureza é, na maioria dos casos, extraordinariamente adaptável e útil, tanto para nossa sobrevivência individual quanto para a da espécie humana. Nosso desejo de conformidade é imenso e, ainda assim, debilitante quando se trata de produção criativa. Nos experimentos de Asch, havia um subconjunto de indivíduos testados que de forma consistente cediam à pressão todas as vezes que se viam diante de relatos flagrantemente falsos sobre os comprimentos relativos das linhas apresentadas. Outro grupo jamais vacilava em avaliar de forma correta o comprimento dos segmentos das linhas, apesar da pressão externa. Essa insensibilidade a certo tipo de cálculo social e essa resistência à conformidade são os fatores que têm sido essenciais para a ascensão da cultura de engenharia do Vale do Silício.

Capítulo 13

Construir um fuzil melhor

EM 28 DE SETEMBRO DE 2011, um grupo de 24 soldados norte-americanos estava em patrulha na província de Helmand, no sul do Afeganistão, prestando apoio à equipe das Forças Especiais que tentava estabelecer relações com líderes de aldeias na região.[1] Aquele pedaço de terra na Ásia Central, na precária intersecção de vários impérios ao longo de três milênios, foi alvo de repetidos ciclos de invasão desde pelo menos Alexandre, o Grande, no século IV a.C.; o macedônio foi emboscado e alvejado pela flechada de um arqueiro afegão durante uma campanha que atravessou o país da passagem de Khyber, no leste, até a Pérsia, no oeste.[2] Naquela tarde de setembro, a patrulha estadunidense parou e dois fuzileiros saíram de seus veículos para dar uma olhada ao redor, talvez procurando na beira da estrada possíveis sinais de bombas que insurgentes afegãos teriam escondido ao longo de sua rota. Momentos depois, uma bomba foi detonada e os fuzileiros, gravemente feridos, caíram no chão. James Butz, médico do exército de 21 anos nascido em Porter, Indiana, logo correu para ajudar — ele nem sequer parou para pegar o próprio capacete e fuzil.[3] Uma segunda explosão aconteceu.[4] "Dois soldados tinham sido atingidos", relembrou seu pai mais tarde. "Jimmy não hesitou."[5] Todos os três homens, Butz e os dois fuzileiros navais a quem ele se apressou para ajudar, morreram naquele dia.

De uma ponta à outra do Afeganistão, o uso de bombas de beira de estrada — que passaram a ser conhecidas como dispositivos explosivos improvisados ou IEDs (sigla em inglês para "improvised explosive devices") — contra tropas norte-americanas e aliadas dos Estados Unidos aumentaria de forma significativa nos meses seguintes. Em 2012, mais de três mil integrantes do serviço militar dos Estados Unidos foram mortos por bombas artesanais que eram escondidas ou enterradas sob as estradas enquanto os insurgentes aguardavam, fora da vista, para detoná-las.[6] Somente em 2012 ocorreram ao todo 14.500 ataques de IEDs contra soldados norte-americanos e de países aliados em todo o país.[7] As bombas, cujo material explosivo era muitas vezes feito de fertilizantes agrícolas fáceis de serem obtidos, representavam uma crise cada vez mais grave para as forças americanas enviadas ao Afeganistão com a missão de estabelecer relações e importantes coalizões com milícias locais, em vilarejos e cidades espalhados pela região — um esforço que exigia viagens constantes e interação com civis. Como relatou mais tarde um oficial da marinha dos Estados Unidos que passou anos procurando e desarmando as bombas, os IEDs forçavam os soldados norte-americanos a "se limitarem a veículos blindados enormes e a viajarem em alta velocidade ou atravessarem campos de cultivo para evitar de todas as formas as estradas".[8]

Entre 2006 e 2012, as Forças Armadas dos Estados Unidos gastaram mais de 25 bilhões de dólares em uma tentativa de desenvolver soluções para combater os dispositivos explosivos brutos (cuja fabricação muitas vezes custava menos de 300 dólares) e para se defender contra os danos por eles causados.[9] Acontece que os veículos blindados de transporte de pessoal utilizados para as tropas no Afeganistão eram especialmente vulneráveis; sua blindagem era leve demais para resistir aos efeitos das explosões das bombas escondidas na beira das estradas. O exército dos Estados Unidos decidiu encomendar uma nova frota de veículos com uma proteção mais robusta, feita de material composto cerâmico mais resistente e mais eficaz em termos de proteção.[10] Em outubro de 2012, mais de 24 mil veículos seriam fabricados e enviados para os campos de batalha do Afeganistão e Iraque.[11] No entanto, em resposta os insurgentes apenas passaram a construir bombas maiores, algumas com uma tecnologia de detonação remota que lhes permitia estar a distâncias maiores que, portanto, eram mais seguras para eles. Por sua capacidade de destruir até os veículos maiores e mais fortemente blindados que os militares haviam encomendado para responder à ameaça inicial, os dispositivos explosivos mais potentes passaram a ser conhecidos pelos soldados como "matadores de búfalos".[12]

Em 2011, ficou evidente para quase todos nas Forças Armadas dos Estados Unidos que era preciso melhorar o trabalho de inteligência, a fim de avaliar a segurança de estradas específicas e possíveis rotas em toda a região, bem como para identificar e capturar os próprios fabricantes de bombas. A frustração de muitos soldados e oficiais de inteligência em campo era que eles dispunham das informações de que precisavam (os registros e locais de ataques anteriores, os tipos de materiais utilizados na fabricação das bombas, imagens digitalizadas das impressões digitais, números de telefone celular de insurgentes capturados e os relatórios de informantes confidenciais que tinham sido recrutados por agências de inteligência norte-americanas, para citar apenas alguns dos conjuntos de dados disponíveis).[13] As informações estavam lá, em dezenas e centenas de sistemas governamentais, e qualquer pessoa no nível certo da hierarquia poderia acessá-las. No entanto, a tarefa de costurar tudo isso em algo útil — em algo que poderia ser posto em prática por soldados e patrulhas no planejamento da próxima rota em sua missão de visitar um vilarejo vizinho ou de decidir quais prisioneiros interrogar e quais informações eles poderiam fornecer — era quase sempre, em termos objetivos, impossível.

O problema estrutural era que aqueles que projetavam o sistema de software do exército na época, entre eles os programadores da Lockheed Martin, em Bethesda, Maryland, estavam muito longe e desconectados dos usuários efetivos do software — os soldados e os analistas de inteligência — no campo de ação. O abismo entre usuário e desenvolvedor havia crescido demais para ser capaz de sustentar qualquer tipo de ciclo produtivo de iteração e desenvolvimento rápidos. A construção de qualquer tecnologia, incluindo sistemas de software militar, requer intimidade entre construtor e usuário — uma proximidade emocional e muitas vezes física. Assim, para muitos fornecedores contratados pelo governo nos subúrbios de Virgínia e Maryland, ao redor de Washington, D.C., a realidade do seu projeto lhes era tão pouco familiar quanto os insurgentes afegãos que as tropas norte-americanas estavam combatendo a um mundo de distância. Em outra era, os pilotos de caça dos Estados Unidos durante a Segunda Guerra Mundial visitavam com frequência a fábrica da Grumman Corporation, a antecessora da Northrop Grumman, em Bethpage, Nova York, em Long Island, para oferecer sugestões sobre o design e a construção dos aviões da empresa, como o F6F Hellcat, que se mostrou decisivo na batalha aérea sobre o Pacífico, de acordo com o autor Arthur L. Herman.[14] No entanto, no caso do Afeganistão, mais de cinquenta anos depois, esse vínculo entre soldados e fornecedores havia minguado, se não rompido por completo.

Com a tentativa do exército de construir um sistema de software para soldados no Afeganistão, a dependência de um emaranhado de fornecedores e subfornecedores — e um processo de licitação que durava anos e quase sempre envolvia mais preparação e planejamento para a construção do software que a própria codificação — privou a Lockheed Martin de qualquer oportunidade real de incorporar o feedback dos usuários a seus planos de desenvolvimento do sistema. O projeto de software militar havia involuído, acabando por se transformar em uma busca por uma concepção quase abstrata de o que o software *deveria* ser — e com uma preocupação muito menor acerca dos recursos e das capacidades reais, dos fluxos de trabalho e da interface, tudo que tornaria o software valioso, ou não, para alguém que trabalha a noite toda em um laptop em Kandahar preparando-se para uma operação das Forças Especiais na manhã seguinte.

Em novembro de 2011, um oficial de inteligência atuando no Afeganistão junto à 82ª Divisão Aerotransportada encaminhou uma solicitação a uma unidade relativamente nova dentro do exército dos Estados Unidos, a Rapid Equipping Force (Força de Abastecimento Rápido), localizada em Fort Belvoir, Virgínia, nos arredores de Washington, D.C. Ela havia sido estabelecida em 2002 como uma tentativa — uma das dezenas nas últimas décadas — de agilizar o desenvolvimento de novas armas, equipamentos e plataformas de software para os soldados nas linhas de frente.[15] O objetivo declarado da organização era adquirir ou construir os armamentos e equipamentos de que os soldados precisassem em um prazo máximo de três a seis meses — um cronograma muitíssimo ambicioso no mundo dos contratos de defesa, em que novos sistemas de armas costumavam definhar durante anos e até décadas na etapa de desenvolvimento. O oficial de inteligência enviou um pedido formal ao escritório de compras do exército na Virgínia solicitando acesso ao software da Palantir com o intuito de reunir e analisar informações de inteligência do campo no Afeganistão, a fim de combater a crescente ameaça dos IEDs. Havia muito em risco e, com o passar do tempo, a situação só se tornava mais crítica. O oficial escreveu que a falta de acesso ao software da Palantir resultava em "oportunidades operacionais perdidas e riscos desnecessários para as tropas".[16]

No início de 2012, começaram a se avolumar as solicitações de acesso à Palantir por parte de soldados em ação no Afeganistão, e alguns deles encontraram maneiras de contornar as camadas e a burocracia dos canais de aquisição mais tradicionais para enviar requisições de laptops e software diretamente a oficiais de alta patente. Em janeiro de 2012, por exemplo, um oficial de inteligência mobilizado no Afeganistão enviou um e-mail ao setor de compras do exército argumentando que o sistema de análise de dados "não estava facilitando nosso trabalho, ao passo que a Palantir está nos dando uma vantagem em termos de informações de inteligência".[17] No mês seguinte, em 25 de fevereiro de 2012, o mesmo oficial repetiu sua solicitação à Palantir, enfatizando os riscos cada vez maiores de tentar travar uma guerra sem um software eficaz e a crescente frustração dos soldados no campo. "Não vamos ficar aqui sentados, tendo que enfrentar a duras penas um sistema de inteligência ineficaz, enquanto estamos no meio de uma guerra pesada, sofrendo baixas", escreveu o analista de inteligência.[18] De acordo com um artigo publicado na revista *Fortune*, um subalterno de James Mattis, que mais tarde iria se tornar secretário de Defesa dos Estados Unidos, escreveu em um memorando interno do Departamento de Defesa sobre o acesso ao nosso software: "Há fuzileiros navais que estão vivos hoje por causa da capacidade desse sistema."[19]

Para muitos, mesmo longe do campo de batalha, era absurda a ideia de despachar soldados até o outro lado do mundo para lutarem numa guerra apenas para acabar hesitando quando esses mesmos soldados diziam que precisam de equipamentos melhores no campo de batalha para conseguirem sobreviver. A questão mais fundamental era que uma desilusão da opinião pública mais ampla com o envolvimento norte-americano no Afeganistão, conforme os anos passavam e o número de baixas aumentava, começou a moldar e a distorcer as discussões acerca de quais eram os recursos de que os soldados precisavam para fazer seu trabalho. No entanto, como país devemos ser capazes de levar adiante um debate sobre a adequação da ação militar no exterior, permanecendo inabaláveis em nosso comprometimento com aqueles a quem pedimos que se coloquem em perigo. Se um fuzileiro naval dos Estados Unidos pede um fuzil melhor, devemos construí-lo. E o mesmo vale para os softwares.

Uma questão ainda mais fundamental era que a classe política que definia a pauta de prioridades no Afeganistão jamais tinha voado até o outro lado do mundo para arriscar a própria vida. Ao longo de vinte anos, quase 2.500 membros das Forças Armadas dos Estados Unidos foram mortos no Afeganistão, além de cerca de 70 mil civis afegãos.[20] No decorrer de duas décadas, o conflito acabaria custando 2 trilhões de dólares (ou seja, 300 milhões de dólares todos os dias durante vinte anos), de acordo com estimativas de um grupo de pesquisa da Universidade Brown.[21] Já se passaram mais de cinquenta anos desde que os Estados Unidos abandonaram o recrutamento obrigatório em 1973, logo após o fim da Guerra do Vietnã. E, desde então, o que aconteceu foi que, em suma, uma geração de elites políticas arregimentou outras pessoas para lutar suas guerras no exterior.

Em agosto de 2006, havia apenas três membros do Congresso (três dos nossos 535 deputados e senadores) que tinham um filho ou filha servindo nas Forças Armadas norte-americanas.[22] Charles Rangel, que por quase cinco décadas, de 1971 a 2017, representou a Cidade de Nova York no Congresso e lutou na Coreia na década de 1950, vem sendo um solitário defensor da reinstalação do recrutamento obrigatório. Nas últimas décadas, ele apresentou pelo menos

Figura 11
Porcentagem de membros do Congresso dos Estados Unidos que serviram nas Forças Armadas

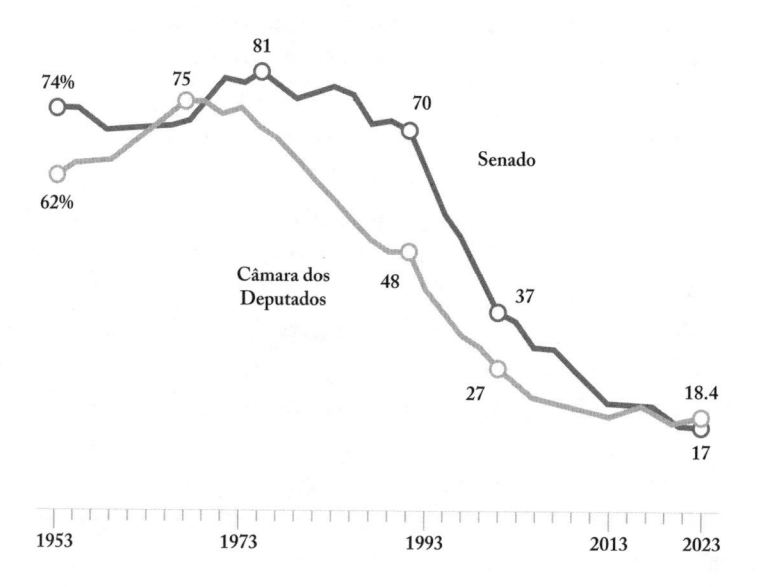

- Senado: 74%, 75, 81, 70, 48... 37, 18.4
- Câmara dos Deputados: 62%, 75, 48, 27, 17

1953 — 1973 — 1993 — 2013 — 2023

sete vezes um projeto de lei pedindo a ressurreição da conscrição. Se uma batalha no exterior "é de fato necessária", argumentou ele, "devemos todos nos unir para apoiar e defender nossa nação".[23] O modelo atual é insustentável. Devemos, como sociedade, refletir a fundo sobre descartar a formação de um exército por meio do alistamento totalmente voluntário e lutar a próxima guerra somente se todos compartilharem o risco e o custo.

A batalha acerca de qual plataforma de inteligência de software utilizar no Afeganistão continuaria por anos a fio. Ao fim e ao cabo, os fatores que começaram a mudar o debate foram os soldados e os analistas de inteligência individualmente — que necessitavam de um sistema melhor — e o desinteresse do exército em se ajustar de forma mais rápida diante das críticas à sua própria plataforma em uso. No sistema norte-americano, por mais imperfeito que seja, "você faz as coisas pelo poder" e "você obtém poder por ter apoio público", nas palavras de Patrick Caddell, conselheiro político do presidente Jimmy Carter.[24]

Os soldados sabiam do que precisavam, e suas vozes acabariam sendo ouvidas. Mas outro elemento que também contribuiu para a mudança foi um estatuto federal pouco conhecido, promulgado em resposta a um conflito anterior em outra era e uma parte diferente do mundo — uma lei que essencialmente seria ignorada por duas décadas.

. . .

No início da década de 1990, logo após o exército dos Estados Unidos iniciar seu bombardeio aéreo do Iraque e enviar tropas para defender o Kuwait, os comandantes da força aérea norte-americana identificaram um problema urgente e aparentemente improvável. A força aérea mais poderosa do mundo, equipada com os jatos de combate mais avançados já produzidos e mísseis balísticos impulsionados por foguetes capazes de atravessar continentes para atingir seus alvos, carecia de algo com tecnologia muito mais arcaica e muito menos cara. O efetivo da força aérea dos Estados Unidos que inundou o Kuwait após a invasão do país por Saddam Hussein não tinha uma quantidade suficiente de rádios bidirecionais, os dispositivos portáteis essenciais para a comunicação rápida entre as novas bases militares que os Estados Unidos vinham estabelecendo. Os aparelhos, do mesmo tipo usado em canteiros de obras e acampamentos, eram comercializados por todos os Estados Unidos e poderiam ser comprados por qualquer pessoa, por menos de 20 dólares, em qualquer lojinha de eletrônicos de bairro.

A solução para a força aérea dos Estados Unidos parecia simples: comprar mais aparelhos. O melhor modelo de *walkie-talkie* disponível na época era fabricado pela Motorola, a gigante norte-americana de eletrônicos fundada em 1928 em Schaumburg, Illinois. Uma subsidiária japonesa da empresa tinha em estoque imensas quantidades dos rádios de que a força aérea precisava, portanto um pedido urgente de milhares de unidades foi feito. Contudo, a Motorola hesitou quando recebeu o requerimento, que veio acompanhado por uma longa lista de cláusulas especiais inseridas por autoridades dos Estados Unidos, incluindo o que a empresa julgou serem onerosos e desnecessários requisitos para a apresentação de dados sobre os custos envolvidos na fabricação dos rádios. A ladainha de formalidades era uma parte padrão do processo de aquisição militar na época; seu suposto propósito era garantir que o governo recebesse um preço justo pelos equipamentos que comprasse.[25] A Motorola não tinha nada a esconder. O problema era que a empresa não dispunha de sistemas de contabilidade que lhe permitissem rastrear seus custos de fabricação da maneira específica que o governo norte-americano exigia. Como resultado, a empresa não podia vender legalmente seus rádios aos militares do país.

A força aérea se viu em apuros. Uma guerra estava ganhando força no Iraque, e os militares não tinham quantidades suficiente das ferramentas mais básicas — um dispositivo de comunicação portátil e funcional. O resultado parecia absurdo. Uma colcha de retalhos de regulamentações que tinham como objetivo proteger o governo dos Estados Unidos contra gastos excessivos estava então impedindo aquele exato governo de comprar os equipamentos de que precisava no mercado aberto, no meio do conflito militar mais importante daquela geração. A força aérea pensou em tentar passar por cima de seus próprios regulamentos e encontrar um subterfúgio para solucionar o problema. Mas desenvolver um modelo contratual alternativo, uma gambiarra que evitasse os requisitos de divulgação de custos exigidos por lei, "levaria algum tempo", de acordo com o tenente-coronel Brad Orton, que comandou o esforço da força aérea para adquirir os rádios, "tempo que nós realmente não tínhamos".[26] No final, Orton e outros decidiram contornar por completo o regime regulatório do próprio governo do país. Eles entraram em contato com o governo japonês e tomaram providências para que o Japão, não os Estados Unidos, comprasse 6 mil rádios portáteis direto da Motorola. Em seguida, o governo japonês despacharia os aparelhos para a força aérea dos Estados Unidos mobilizada no Kuwait.[27]

O episódio acabou por simbolizar o tamanho da disfunção interna no âmbito do processo de aquisição de material bélico por parte do governo dos Estados Unidos, um procedimento que havia se tornado tão distorcido e ineficiente que os militares, durante a guerra, eram impedidos de comprar o que qualquer civil poderia adquirir em uma loja de eletrônicos de bairro. O empecilho tinha origens sistêmicas, e as raízes da disfunção eram profundas. O senador William Roth, que por três décadas a partir de 1971 representou o estado de Delaware, mais tarde apontaria o absurdo do fato de que o governo federal precisava mover mundos e fundos para adquirir produtos que qualquer um poderia "comprar num supermercado Wal-Mart e Kmart da vida".[28]

A questão estrutural era que a burocracia das licitações ou contratações diretas dentro do governo dos Estados Unidos para a aquisição de material bélico se tornara tão imensa e tão arraigada, exercendo enorme poder e influência, que o processo passou a encomendar versões personalizadas de todos os itens necessários, em vez de fazer como todo mundo e comprar produtos no mercado aberto. Os funcionários da gestão federal responsáveis pelo abastecimento das Forças Armadas podiam direcionar os esforços de milhares de subcontratados e fornecedores, quase ditando que qualquer coisa que eles quisessem ou de que precisassem fosse criada a partir do zero e surgisse como que por encanto. Tecnicamente, o governo não empregava os fabricantes dos produtos e tampouco era o dono das fábricas. Mas, na prática, os controlava, e também podia pagar qualquer preço pedido. Na época, o governo dos Estados Unidos "tendia a gastar muito porque quase tudo o que comprava era 'feito sob medida' de acordo com especificações governamentais ou militares", relatou Al Gore, que trabalhou na reforma do sistema de licitações e aquisições durante seu mandato como vice-presidente de Bill Clinton, em 1998.[29] Um exemplo: a certa altura na década de 1990, o exército dos Estados Unidos elaborou mais de setecentas páginas de especificações sobre como assar biscoitos, instruções essas que eram enviadas aos fornecedores, em vez de apenas trabalhar com um grande fabricante cujos biscoitos já estavam sendo produzidos e comercializados em supermercados.* [30]

As raízes do problema, bem como a crescente frustração pública com gastos governamentais desnecessários, vinham crescendo havia quase um século. Uma comissão estabelecida pelo presidente Theodore

---

* Uma lista de especificações militares para biscoitos da década de 1980 determinava que os produtos finais, assados de acordo com as Seções 5.4.1.1 e 5.4.1.2 do documento, "deveriam ser biscoitos macios e crocantes sem ser pontudos".

Roosevelt em 1905, por exemplo, descobriu que a administração dos Estados Unidos comprava à época 278 tipos de canetas, 132 variações de lápis e 28 diferentes cores de tinta.[31] Gifford Pinchot, um amigo próximo de Roosevelt que atuou na comissão, observou que o sistema estava "degradado por gerações de controle político, afundado no atoleiro da tradicional fita vermelha da burocracia" — expressão que, por sua vez, origina da fita de pano vermelha que vários governos, incluindo o dos Estados Unidos, usaram ao longo da história para amarrar e empacotar documentos.[32]

Na era moderna, a constante rotatividade na equipe, tanto nas Forças Armadas quanto no funcionalismo público, estimulou a inação e a complacência. No início da década de 1980, uma série de relatórios sobre as polpudas somas pagas pelo governo dos Estados Unidos por itens domésticos comuns chamou a atenção nacional, gerando pedidos de reforma. Em 1983, por exemplo, a marinha teria desembolsado 435 dólares por um "martelo comum", de acordo com uma reportagem do jornal *The New York Times* na época, e 400 dólares por um "botão de plástico do tamanho de um polegar" que era usado na cabine de um avião de caça.[33] Alguns dos preços que chamaram a atenção da opinião pública eram, sem dúvida, enganosamente altos.[34] Os martelos, por exemplo, foram arrolados em uma fatura na qual pareciam custar 435 dólares cada, embora no cálculo do valor tenham sido embutidos uma proporção da mão de obra e das despesas gerais envolvidas na produção de mais de quatrocentas outras peças de reposição e equipamentos referentes a cada item individual entregue em uma base igual — um método contábil que dividia de forma imperfeita os custos indiretos em centenas de itens, entre eles os martelos.[35] Ainda assim, a opinião pública percebeu, com razão, um sistema de superfaturamento que se tornou tão descomunal e difícil de manejar que estava quase além da possibilidade de uma reforma, plantando as sementes do descontentamento que ressurgiu hoje, quase cinquenta anos depois, com um *establishment* de Washington, D.C., focado apenas em sua própria sobrevivência às custas do interesse público e do bom senso. Em 1984, um jornalista descreveu Joseph Sherick, o inspetor-geral do Departamento de Defesa dos Estados Unidos durante o mandato do presidente

Ronald Reagan e que havia sido encarregado de policiar a burocracia de compras federais na época, como um "jacaré" patrulhando "um 'pântano' de má gestão e abusos no Pentágono".[36]

. . .

No início da década de 1990, os defensores de uma reforma tinham vencido o debate, e a opinião pública estava pronta, até ansiosa, para ver cortes no volume e na escala dos gastos federais. Bill Clinton, que assumiu a presidência do país em 1992, vendeu ao eleitorado a imagem de um reformador pragmático — um democrata que enxugaria o governo, em vez de expandi-lo. Mais tarde, em um dos discursos sobre o Estado da União durante seu primeiro mandato, ele afirmou: "Sabemos que não há um programa para cada problema."[37] Clinton se apresentou à população como um administrador mais alinhado com os céticos da burocracia federal, não com seus defensores. Em uma coletiva de imprensa em setembro de 1993, ao anunciar o que ele descrevia como uma revisão nacional de desempenho cujo objetivo era repensar a burocracia federal, Clinton declarou aos jornalistas: "O governo está quebrado, e pretendemos consertá-lo."[38] O país foi receptivo à mensagem, que recebeu significativo apoio em todas as linhas partidárias. David E. Rosenbaum, correspondente político do *Times*, escreveu no dia seguinte: "Ninguém que já tenha tentado preencher um formulário de solicitação do Medicare [programa social de seguro de saúde voltado principalmente para pessoas a partir de 65 anos, independentemente da renda], falar por telefone com a Receita Federal ou a administração da Previdência Social, solicitar um contrato do governo — ninguém, em suma, que já tenha sido tolhido pelas travas e amarras da burocracia federal — pode discordar da descrição do sr. Clinton."[39]

Clinton vinha trabalhando havia meses com membros do Congresso, tanto do partido Republicano quanto do Democrata, na elaboração de um novo estatuto federal voltado para a reforma do processo de licitações e aquisições do governo federal.[40] Pouco depois das dez da manhã de 26 de outubro de 1993, Clinton se reuniu com seu vice-presidente, Al Gore, e outras autoridades no Velho Edifício do Gabinete Executivo na Casa Branca para apresentar seu plano de reformas e anunciar uma série de cortes de gastos em programas federais. A dificuldade da força aérea durante a Guerra do Golfo em comprar rádios bidirecionais da Motorola — e um furtivo acordo de última hora com o governo japonês para evitar uma crise — foi, para Clinton, um exemplo evidente de por que o Congresso precisava agir com prontidão para reformar o sistema. "Isso nunca mais pode acontecer", reiterou Clinton.[41] Gore, que estava ao seu lado, acrescentou: "Quando o governo de outra nação tem que intervir e comprar algo para os militares dos Estados Unidos devido à loucura de nossos regulamentos de aquisição, isso é um claro sinal de alerta."[42]

O projeto de lei planejado por Clinton e seus colegas daria ao governo muito mais poder de decisão no processo de aquisições. O regime regulatório então vigente concentrava-se no preço e, como resultado, muitas vezes resultava em contratos firmados com base nas propostas que ofereciam o menor custo, independentemente de os licitantes e fornecedores interessados em vender para o governo serem de fato os mais adequados para cuidar daquilo.[43] A nova legislação alterou o foco para o mérito, em oposição ao custo como critério exclusivo, o que conferia à administração pública uma margem muito mais ampla no processo de tomada de decisões ao se tratar de compras que seriam de interesse público. Além disso, o projeto de lei introduziu um novo requisito que permaneceria, em essência, sem uso por mais de duas décadas. A lei, que viria a ser conhecida como Lei Federal de Aquisição Simplificada de 1994, exigia que o governo examinasse a possibilidade de comprar produtos disponíveis comercialmente, fossem rádios bidirecionais ou veículos blindados de transporte de pessoal, antes de tentar construir algo novo do zero.

Na época, a legislação atraiu pouca atenção; era o resultado de uma espécie de governança de bastidores, que não é promissora em termos de gerar publicidade e deixou de ser muito usada nos últimos anos. O projeto de lei foi apadrinhado por John Glenn, o ex-astronauta que na época era senador por Ohio. Ele não tinha com o que se preocupar em termos de legado, e tinha pouco a provar para seus eleitores ou para o mundo. Glenn nasceu em 1921 em Cambridge, Ohio, cidadezinha no sopé dos montes Apalaches. Ele serviu na marinha como piloto de caça durante a Segunda Guerra Mundial e mais tarde se tornou um dos primeiros e mais célebres astronautas dos Estados Unidos. Quando começou a trabalhar na Lei Federal de Aquisição Simplificada, Glenn cumpria seu quarto mandato como senador. Ele não sofria de pressão alguma de provar algo para a opinião pública, cuja afeição ele já havia garantido.

Em uma audiência do Senado em 24 de fevereiro de 1994 na qual se discutiu o projeto de lei, Glenn declarou que a proposta "certamente não é glamorosa", mas que ela dizia respeito ao que ele descreveu como o "'trabalho braçal' do governo, o trabalho árduo por meio do qual o governo funciona dia após dia, e com eficiência".[44] Todos sabiam que o sistema existente estava quebrado. Mas o progresso concreto era esquivo. Glenn salientou: "Temos passado dificuldades ano após ano com essas mesmas questões e ainda não conseguimos promulgar qualquer reforma significativa."[45] A estratégia dos servidores públicos, ele acrescentou, era frequentemente "apenas não causar problemas, não comprometer sua carreira, não fazer nada incomum que possa colocá-los em apuros".[46] E há muitas pessoas que não querem se meter em apuros. Steven Brill, o escritor e jornalista que no final dos anos 1970 fundou a revista *American Lawyer*, documentou o impressionante escopo da máquina de compras federais, que incluía 207 mil funcionários federais contratados para gerenciar os procedimentos de aquisições e compras do governo. "O inchaço é inegável", escreveu Bill.[47]

Em outubro de 1994, a Lei Federal de Aquisição Simplificada foi sancionada. Na cerimônia de assinatura, Clinton brincou que estava hesitante em aprovar o projeto de lei, por medo de privar os comediantes dos *talk-shows* noturnos de material sobre a disfuncionalidade do governo. "O que Jay Leno vai fazer?", perguntou Clinton. "Não haverá mais martelos de 500 dólares, nem assentos sanitários de 600 dólares, nem cinzeiros de 10 dólares."[48] O novo estatuto federal, a princípio codificado na Seção 2377 do Título 10 do Código dos Estados Unidos, exigia que o governo dos Estados Unidos, "na máxima medida praticável", adquirisse "itens comerciais", quando tais produtos estivessem prontamente disponíveis no mercado, em vez de tentar fabricar novos produtos do zero. A linguagem final do estatuto era abrangente e aparentemente inquestionável — tão abrangente que alguns acreditavam que não daria em nada. A lei exigia apenas que o governo federal examinasse a possibilidade de compra de produtos disponíveis no mercado comercial antes de encomendar ou construir algo novo. Com isso, o cenário estava pronto para uma escaramuça legal que aconteceria duas décadas mais tarde.

. . .

No Afeganistão, o software criado pela Palantir encontrou o forte apoio de um grupo de indivíduos, sobretudo nas Forças Especiais dos Estados Unidos, com equipes para as quais eram absolutamente essenciais o acesso a informações de inteligência e a capacidade de navegar em grande velocidade por bancos de dados e reunir informações sobre diferentes contextos antes das missões. Porém, o exército como um todo, com centenas de milhares de militares ativos espalhados pelo mundo, permaneceu resistente a qualquer tipo de implementação mais ampla da Palantir. O programa de software do próprio exército, que os militares vinham construindo havia mais de uma década, ainda estava em desenvolvimento. Mais de vinte anos após sua aprovação, a Lei Federal de Aquisição Simplificada, redigida em linguagem simples e exigindo que as agências federais levassem em consideração a compra de produtos comerciais antes de construir os seus próprios, parecia ser uma rota possível.

Em 2016, a Palantir entrou com uma ação judicial junto ao Tribunal de Reclamações Federais dos Estados Unidos, em Washington, D.C., argumentando que o exército se recusava a considerar alternativas comercialmente disponíveis a sua própria plataforma de dados e análise. Litígios do tipo eram raros, se não inexistentes, porque a maioria dos fornecedores do governo era sensata o suficiente para evitar processar as agências governamentais as quais tinham a esperança de que se tornassem seus clientes.[49] Nós tínhamos outra perspectiva. Um estatuto federal contava com uma linguagem simples e cristalina exigindo que o exército pelo menos avaliasse a possibilidade de comprar produtos de software já existentes no mercado antes de tentar construir os seus próprios. O caso chegou a Marian Blank Horn, que em novembro de 2016 emitiu uma decisão de 104 páginas concluindo que "o exército falhou em determinar de forma adequada (...) se há itens comercialmente compatíveis para atender às necessidades da agência para a aquisição em questão" e que, ao deixar de fazer isso, "o exército agiu de modo arbitrário e por capricho".[50] Em suma, nós vencemos.[51]

Em março de 2018, o exército dos Estados Unidos anunciou que selecionaria uma das duas empresas, Raytheon ou Palantir, para dali por diante desenvolver sua plataforma de inteligência. John McCain, ex-oficial da marinha e então senador pelo estado do Arizona, escreveu que foi a decisão certa e que, depois de 3 bilhões de dólares em investimentos, "era hora de encontrar uma nova solução".[52] Um ano depois, em março de 2019, o exército anunciou que a Palantir havia vencido o contrato inteiro.[53] A guinada das Forças Armadas dos Estados Unidos em direção ao setor de tecnologia, e talvez a relutante aceitação de uma startup insurgente como a encarregada da construção do sistema, foi, de acordo com o jornal *The Washington Post*, "a primeira vez que o governo escolheu uma empresa de software do Vale do Silício, em vez de um fornecedor militar tradicional, para encabeçar um programa de defesa oficial".[54] O acontecimento marcou uma mudança de rota do Departamento de Defesa dos Estados Unidos no que tange a software e tecnologia, um setor que repetidas vezes deu as costas para os Estados Unidos e seus militares em favor de seu foco (e, verdade seja dita, seu entusiasmo, pelo visto, ilimitado) em oferecer produtos mais facilmente monetizáveis ao consumidor.

Em 2011, enquanto enviávamos engenheiros para Kandahar e trabalhávamos na construção de uma plataforma de software analítico mais eficaz para as agências de inteligência dos Estados Unidos e aliados, o foco do Vale do Silício, com seus próprios exércitos de capitalistas de risco e empreendedores, estava bem longe das passagens e desfiladeiros nas montanhas e desertos do Afeganistão. A Zynga, fabricante de videogames que construiu uma base de seguidores com o *FarmVille*, joguinho de rede social em que os participantes competem para cultivar terras e criar gado, era a queridinha do Vale do Silício na época.[55] Em dezembro de 2011, a empresa abriu o capital com uma avaliação de 7 bilhões de dólares. O entusiasmo de Wall

Street e o interesse em monetizar os milhões e bilhões de usuários e cliques em potencial eram palpáveis. "Isso é uma revolução", disse um analista de uma corretora ao *Times* na véspera da IPO (oferta pública inicial) da Zynga. O Afeganistão e a tarefa solitária e muitas vezes mortífera de vasculhar estradas empoeiradas para livrá-las de bombas escondidas não poderiam parecer mais distantes.

A Zynga estava longe de ser a única em seu ardoroso interesse pelo mercado consumidor. Outra IPO daquele ano que recebeu enorme atenção foi a da Groupon, a queridinha das queridinhas da comunidade de capital de risco. A empresa oferecia descontos aos consumidores em varejistas locais. Com uma avaliação de 25 bilhões de dólares, a Groupon estava prestes a realizar "a maior abertura de capital de uma companhia financiada por capital de risco da história", segundo um artigo publicado à época na revista *Forbes*.[56] A empresa, que ainda está em atividade, embora com grandes dificuldades, viu o valor de suas ações despencar desde a IPO e hoje é avaliada em meros centavos para cada dólar que já valeu.[57] As Zyngas e Groupons tinham a atenção do mundo. A Palantir, por outro lado, estava em sua própria aventura, longe do foco no consumidor e, como resultado, na opinião de muitos, longe do caminho certo. Alguns funcionários achavam que éramos tolos. Outros preferiram sair e foram trabalhar para a nova geração de startups de consumo. Um dos primeiros engenheiros pediu demissão porque achava que nossas ações não valeriam nada e queria mais compensação em dinheiro, em vez de participação acionária, para comprar um aparelho de som de última geração. O mercado havia se manifestado. E estava fora de moda questionar a sabedoria do mercado.

O setor de tecnologia havia virado as costas para os militares, desinteressado em brigar contra uma burocracia exagerada e contra a ambivalência, para não dizer oposição total, da opinião pública dentro dos Estados Unidos. Havia outros mercados de consumo mais lucrativos a conquistar. No entanto, certa tolerância e talvez certo grau de apreço pelo conflito, e uma busca obstinada por algo, qualquer coisa que funcionasse — aquele instinto de engenharia —, foram os fatores que deram à Palantir um ponto de partida.

Capítulo 14

Uma nuvem ou um relógio

O PINTOR NORTE-AMERICANO Thomas Hart Benton, que pintou murais no início do século XX, recusou-se a abandonar seu estilo figurativo mesmo quando o modernismo parecia varrer do mapa as formas de arte que pudessem ser decifradas com facilidade. Durante anos, ele lecionou arte na Liga dos Estudantes de Nova York, e seu aluno mais famoso, Jackson Pollock, parecia ambíguo acerca da influência que o professor teve em sua obra; os dois cultivaram uma amizade longeva e pontuada por desavenças.[1] Em uma entrevista para a revista *Art and Architecture* em 1944, Pollock fez alguns elogios relutantes ao antigo instrutor e explicou que "era melhor ter trabalhado com ele do que com uma personalidade menos resistente".[2] A princípio, Benton não deu muito crédito às telas de Pollock, descrevendo-as como "inovações que derramam tinta" e afirmando que "desprezava a ideia de que elas possuíssem qualquer valor a longo prazo".[3]

As empresas modernas são quase sempre rápidas demais em seus esforços para evitar esse atrito. Hoje privilegiamos uma espécie de facilidade na vida corporativa, uma cultura de agradabilidade que pode afastar as instituições da produção criativa, em vez de aproximá-las. O impulso — na verdade, a pressa — de suavizar qualquer indício de conflito dentro de empresas e agências governamentais é equivocado e deixa muita gente com a impressão errônea de que uma vida de facilidade os aguarda, além de recompensar aqueles cujo principal desejo é obter a aprovação dos outros. Como disse o comediante John Mulaney: "A agradabilidade é uma prisão."[4]

A pressão informal e implacável para voltar à média, fazer o que já foi feito antes, eliminar os tipos errados de riscos de um negócio nos exatos momentos errados e evitar o confronto está por toda a parte e muitas vezes é tentadora. Mas o movimento da cultura de se ajustar à realidade subjetiva de seus estudantes e funcionários apenas inflamou o sentimento de queixa e aflição que alguns têm. O aumento dos alertas de gatilho e outras formas de aquiescência por trás das quais a esquerda se mobilizou com entusiasmo e tenacidade por mais de uma década saiu pela culatra de maneira espetacular ao fomentar uma sensação de dano que muitas vezes não existe. Richard Alan Friedman, professor de psiquiatria clínica na Faculdade de Medicina Well Cornell, afirmou em uma entrevista que, a partir de 2016, começou a ver um aumento nos relatos de estudantes alegando que tinham sido "prejudicados por coisas que eram desconhecidas e desconfortáveis", e que a linguagem que eles usavam para descrever inquietação ao ouvir comentários em sala de aula, por exemplo, "parecia exagerada em relação ao dano real que poderia ter sido causado".[5]

Trata-se de uma indústria da reclamação, que corre o risco de privar uma geração inteira da ferocidade e do senso de proporção que são essenciais para alguém que tenha a intenção de se tornar um participante pleno neste mundo. Certa resiliência psicológica e, de fato, alguma indiferença à opinião dos outros são requisitos essenciais a quem nutre esperanças de construir algo significativo e diferenciado. Tanto o artista quanto o fundador são muitas vezes "os loucos", como escreveu Jack Kerouac em *On the Road: Pé na estrada*: "os loucos, os que estão loucos para viver, loucos para falar, loucos para serem salvos, que querem tudo ao mesmo tempo."[6] O desafio, óbvio, é que alguns dos não conformistas mais convincentes e autênticos, os artistas e iconoclastas, são reconhecidos por serem colegas difíceis.

No contexto de um empreendimento criativo, como uma startup de tecnologia ou um movimento artístico, a página em branco do desejo humano representa um desafio fundamental. De forma instintiva, olhamos uns para os outros em busca de orientação sobre o que é desejável, e, como consequência, as intenções dos outros são muitas vezes adotadas em massa e sem reflexão, deixadas para crescer dentro de nós.

O antropólogo francês René Girard observou os conflitos e as rivalidades que surgem entre macacos quando o membro de um grupo seleciona uma única banana entre muitas, todas idênticas. "Não há nada de especial na banana disputada", afirmou Girard em uma entrevista em 1983, "exceto que o primeiro a escolher a selecionou, e essa seleção inicial, por mais banal que seja, desencadeou uma reação em cadeia de desejo mimético que fez aquela banana parecer preferível a todas as outras."[7]

Nossos primeiros encontros com a aprendizagem se dão por meio da imitação. Mas, em algum momento, essa imitação torna-se tóxica para a criatividade. Alguns nunca fazem a transição de uma espécie de infância criativa. No Vale do Silício, muito do que passa por inovação, é evidente, não é bem isso — está mais para uma tentativa de reproduzir o que funcionou ou pelo menos foi percebido como algo que funcionou no passado. Essa imitação pode vez ou outra render frutos. Mas, com grande frequência, é banal e retrógrada. Os melhores investidores e fundadores são sensíveis a tal distinção e sobrevivem porque resistiram de forma ativa ao desejo de construir imitações imperfeitas de sucessos anteriores. O ato de rebelião que envolve construir algo a partir do nada — seja um poema em uma página em branco, uma pintura em uma tela em branco ou um código de software em uma tela de computador —, por definição, exige uma rejeição do que veio antes. Abrange a revigorante conclusão de que há a necessidade de algo novo. A arrogância envolvida no ato da criação — a determinação de que tudo o que foi produzido até aquele momento, a soma de todas as produções da humanidade, não é bem o que deveria ou precisaria ser construído em um dado momento — está presente em todo fundador ou artista.[*][8]

Para uma startup, ou qualquer organização que busca afrontar o *status quo*, o tipo de conformidade irracional que domina o comércio moderno — uma relutância em arriscar a crítica da multidão

---

[*] Para o psicanalista austríaco Ernst Kris, a criação artística envolve dois processos independentes, a canalização de "impulsos e pulsões", muitas vezes sublimados e além do alcance da expressão, bem como o "trabalho", a "dedicação e concentração" necessárias para a elaboração de uma ideia. O primeiro estágio, ele escreveu em 1952, "é caracterizado pelo sentimento de ser conduzido, a experiência de arrebatamento e a convicção de que um agente externo age por meio do criador".

— pode ser letal. Em 1841, Ralph Waldo Emerson publicou o ensaio "Self-Reliance" [Autossuficiência], seu duradouro ataque contra o dogmatismo religioso, no qual protestou contra a fraqueza individual diante da pressão institucional. Ele faz questão de nos lembrar que: "Pelo inconformismo, o mundo chicoteia você com seu descontentamento."[9] Emerson não deixou margem pra dúvidas de que o desejo de nos conformarmos não apenas com aqueles ao nosso redor, mas com os pontos de vista anteriores acerca de um tema, pode ser bastante limitante e, de fato, debilitante. A permanência até o fim dos tempos de nossos pensamentos e escritos na internet — e o fervor com que a multidão confronta indivíduos que ousam se aventurar na vida pública com inconsistências percebidas em suas declarações anteriores — apenas aumenta o risco de atuar nos confinando ainda mais em uma camisa de força de nossos antigos eus. Mas Emerson está certo em perguntar: "Por que arrastar este cadáver de sua memória, por medo de contradizer algo que disseste em algum lugar público? (...) Abandona tuas teorias, como José abandonou sua túnica nas mãos da meretriz e escapou."[10] Nós nos incluímos entre aqueles que fugiram repetidas vezes, abandonando projetos fracassados poucos dias após constatar a falta de progresso e desmantelando equipes que não estavam funcionando. Em outras ocasiões, com certeza fomos mais acanhados, procedendo com excesso de cautela para reverter julgamentos e investimentos anteriores, tanto em pessoas quanto em projetos específicos. Porém a opinião pública, de investidores ou não, muitas vezes é implacável demais com recuos e mudanças de direção, com revisões de planos e erros. Nada que tem relevância é construído em linha reta. Existe a necessidade de um pragmatismo voraz, bem como de uma disposição para dobrar o próprio modelo do mundo diante das evidências a que se tem acesso, não de se dobrar pelas evidências.

* * *

Quando Isaiah Berlin escreveu seu ensaio *The Hedgehog and the Fox* [O porco-espinho e a raposa], em 1953, a revolução da computação ainda estava longe de acontecer. Mas não há dúvida de que a ferocidade da ascensão do Vale do Silício, e por extensão a dos Estados Unidos, decorre em grande parte da cultura do pequeno pedaço de terra ao sul de São Francisco no qual se consolidou um pragmatismo quase implacável. Para Berlin, havia um "imenso abismo" entre os porcos-espinhos que existem entre nós no mundo, "que associam tudo a uma única visão central, um sistema menos ou mais coerente ou articulado, em termos do qual eles entendem, pensam e sentem", e as raposas, "que buscam muitos fins, frequentemente sem relação entre si e até contraditórios, conectados, se é que estão conectados de alguma forma de fato".[11] Berlin construiu algo rico e duradouro sobre o mais tênue dos alicerces: uma única linha, um fragmento de um poema do poeta grego Arquíloco, que nasceu numa ilha no meio do mar Egeu no início do século VII a.C. "A raposa conhece muitas coisas menores, mas o porco-espinho conhece uma coisa só, uma coisa grande."[12] E o Vale do Silício é a mais perfeita raposa.

Os fundadores e tecnólogos que construíram e continuarão a construir o mundo moderno abandonaram de forma voluntária teorias grandiosas e estruturadas de crenças abrangentes para fabricar... com efeito, muitas vezes fabricar qualquer coisa, contanto que funcione. A característica distintiva da tecnologia, e em particular do software, é que ou ela funciona ou não. Quando se trata de software, não há meio-termo, nem *quase*. O programador fica frente a frente com o fracasso imediato. Nenhuma quantidade de discussão ou fingimento é capaz de mudar o fato de o programa ter funcionado como deveria ou não. Herbert Hoover, que estudou geologia na Universidade Stanford, trabalhou na indústria de mineração por quase duas décadas, primeiro durante a corrida do ouro na década de 1890 na Austrália Ocidental, depois em uma colônia britânica e, mais tarde, em Tianjin, China.[13] Em seu livro de memórias, ele escreveu que a "grande responsabilidade do engenheiro em comparação com homens de outras profissões é que suas obras estão expostas ònde todos podem vê-las", e que o engenheiro "não pode enterrar seus erros na sepultura, como fazem os médicos" ou "lançar mão de argumentos para fazer os erros desaparecem feito fumaça ou culpar o juiz, como fazem os advogados".[14] É essa sensibilidade aos resultados e ao fracasso, e talvez um abandono de teorias grandiosas de como o mundo deveria ser, ou como as coisas deveriam funcionar, que é a semente de uma cultura de engenharia.

É essencial que o engenheiro ou a engenheira — seja do mundo mecânico, digital ou talvez mesmo do escrito — desça de sua torre de marfim da teoria para o atoleiro de detalhes reais tais como eles existem, não como foram teorizados para ser. Como o filósofo norte-americano John Dewey escreveu em seu ensaio "Pragmatic America" [Os Estados Unidos pragmáticos] em 1922:[15] "Devemos descer do nobre distanciamento para o fluxo lamacento das coisas concretas."* [16] Uma proximidade emocional e muitas vezes física com a bagunça de imperfeições e aparentes contradições dos sistemas e processos que alguém é encarregado de moldar é a fonte do progresso, não seu impedimento. Um comprometimento com esse tipo de pragmatismo, ou mesmo com a mentalidade de engenharia que deu origem ao Vale do Silício, nas palavras de Dewey, "desencoraja o dogmatismo", "desperta e instiga um espírito experimental que quer saber como os sistemas e teorias funcionam antes de dar adesão completa" e "milita contra generalizações muito amplas e fáceis".[17]

Na geração atual, houve uma perda de certo pragmatismo voraz e da insensibilidade ao cálculo. Após o fim da Segunda Guerra Mundial, as agências de defesa e inteligência dos Estados Unidos deram início a um esforço secreto e de larga escala para recrutar cientistas nazistas, a fim de manter nos anos seguintes uma vantagem no desenvolvimento de foguetes e motores a jato. Pelo menos 1.600 cientistas alemães e suas famílias foram transferidos para o país.[18] Alguns estavam céticos sobre esse abraço tardio do antigo inimigo. Um oficial da força aérea dos Estados Unidos pediu a seu comandante para deixar de lado qualquer aversão ao recrutamento de cientistas alemães para essa nova causa, e, numa carta, escreveu que havia muito a aprender com as "informações nascidas na Alemanha", basta apenas "não sermos orgulhosos demais".[19]

---

* Dewey orgulhava-se do fato de que o pragmatismo, segundo ele escreveu, "nasceu em solo norte-americano".

Em seu livro *Expert Political Judgment* [Julgamento político especializado], publicado em 2005, Philip E. Tetlock, professor de psicologia na Universidade da Pensilvânia, relatou ter visto na década de 1970 uma demonstração que "comparou as habilidades de previsão de uma sala de aula inteira de alunos de graduação de Yale com as de uma única ratazana".[20] O desafio era determinar de que lado de um pequeno labirinto, esquerdo ou direito, um pedaço de comida estaria escondido. Os realizadores do experimentado colocavam a comida no lado esquerdo do labirinto em 60% das vezes e no lado direito em 40% dos casos, empregando um processo de seleção aleatória. Os alunos de Yale observaram as tentativas da ratazana (da espécie *Rattus norvegicus*, ou "rato-da-noruega") de descobrir a comida, intrigados com possíveis padrões e esquemas mais amplos que poderiam estar escondidos por trás da colocação da amostra. A ratazana, no entanto, só queria comer. E, no fim das contas, ficou evidente que a ratazana, não os alunos de graduação, era melhor em prever onde estaria o alimento.

Tetlock explicou que, no estudo do animal no labirinto, a mente humana foi superada "porque somos, no fundo, pensadores deterministas com aversão a estratégias probabilísticas que aceitam a inevitabilidade do erro".[21] A busca por teorias grandiosas, por sistemas ocultos e mecanismos de ação no mundo, em qualquer outro domínio, da física à medicina, nos proporcionou uma enorme vantagem, reconheceu Tetlock. Eugene Wigner, físico teórico que nasceu em Budapeste em 1902, fez a famosa observação sobre a "extraordinária utilidade dos conceitos matemáticos".[22] Mas essa mesma busca por teorias sistemáticas do mundo, por coerência às custas de uma bagunça eficaz, nos legou também um persistente ponto cego e uma resistência em encampar a instrução que o universo fornece, mesmo que sua lógica interna possa estar além de nossa compreensão.[23]

O interesse e o projeto mais amplos de Tetlock envolviam testar a precisão das previsões feitas por especialistas políticos acerca de questões sobre acontecimentos em assuntos globais. Ele e sua equipe solicitaram e compilaram um total de 27.451 previsões feitas por especialistas a partir da década de 1980, abrangendo uma série de questões políticas, desde o destino da União Soviética, se a África do Sul continuaria a manter o governo minoritário e se Quebec iria se separar do Canadá.[24] Tetlock estava interessado em avaliar quais especialistas, por ele selecionados, seriam capazes de "'vencer' um chimpanzé atirador de dardos" em suas previsões sobre eventos históricos futuros.[25] Acontece que os 284 especialistas, ou seja, os acadêmicos e especialistas em política selecionados para participar do estudo de Tetlock ao longo de quase duas décadas, em geral não se saíram melhor do que o acaso.[26] Alguns entre os quase trezentos especialistas, no entanto, tiveram excelente desempenho.

Tetlock dividiu seus especialistas em grupos de pensadores — raposas e porcos-espinhos — com base nas respostas deles às perguntas do questionário sobre como abordavam desafios intelectuais e a resolução de problemas. E as raposas venceram.

FIGURA 12

Precisão das previsões feitas por "raposas" e "porcos-espinhos" na revisão de 284 especialistas de Philip Tetlock

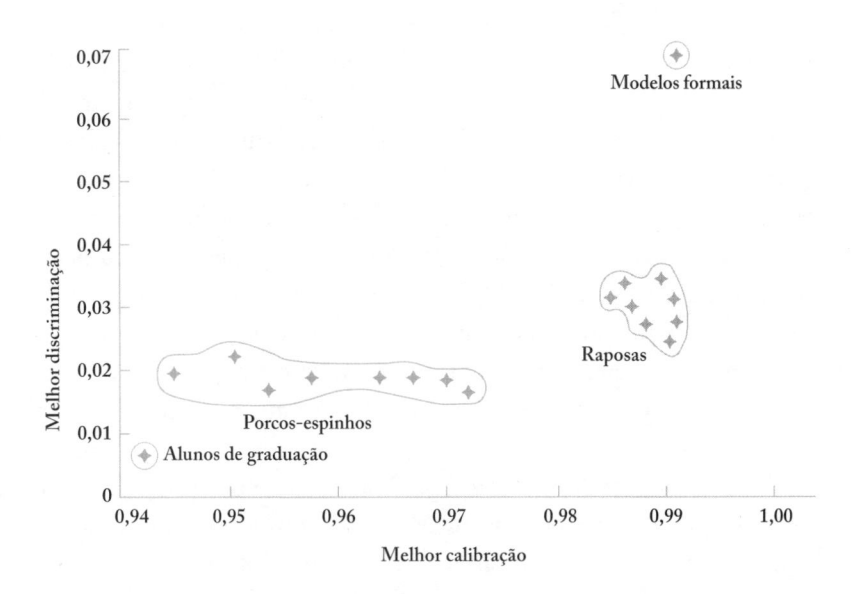

Há várias maneiras de medir o que Tetlock descreveu como "raposice".[27] Pode-se apenas indagar ao especialista se ele ou ela se identifica mais como uma raposa ou um porco-espinho, depois de lhe explicar a estrutura de Isaiah Berlin. E Tetlock fez isso. Mas fez também outras perguntas aos especialistas, incluindo se acreditavam que a política era mais "semelhante a uma nuvem" ou "semelhante a um relógio", em um esforço para extrair alguns dos mesmos tipos de instintos.[28] Os que descreveram a política e a história mais como uma nuvem do que um relógio (com sua precisão e regularidade mecanicistas) acabaram fazendo previsões significativamente melhores. Os "que tiveram os piores desempenhos", de acordo com Tetlock, "eram porcos-espinhos extremistas fazendo previsões de longo prazo em suas áreas de *expertise*".[29]

• • •

No final da década de 1970, Taiichi Ohno, alto executivo da Toyota Motor Corporation, publicou um livro em que descreveu a reinvenção da fabricação industrial pela montadora japonesa e articulou uma abordagem para a análise de causa-raiz que adotamos quase vinte anos atrás e continuamos a utilizar até hoje.[30] O método de investigação tem sido essencial em nossa capacidade de identificar as causas fundamentais, em vez de superficiais, de problemas que inevitavelmente surgem em uma empresa. O enfoque, à primeira vista, é direto: pergunte por que um problema ocorreu e, em seguida, pergunte de novo "por que" mais quatro vezes.[31] Nós e outros chamamos isso, de forma muito inventiva, é óbvio, de "os cinco porquês". No contexto de uma planta industrial, Ohno deu um exemplo de uma máquina que parou de funcionar por causa de um fusível sobrecarregado, que, após uma investigação mais aprofundada, descobriu-se ter sido consequência de uma bomba quebrada e, por fim, de peças de metal desgastadas.[32]

Para Ohno, nascido em 1912 na Manchúria logo após a queda da dinastia Qing, o método de investigação concentrava-se em identificar as falhas de engenharia na raiz de um problema.[33] Seu pai trabalhava para a Ferrovia do Sul da Manchúria, que era operada desde um posto avançado do Império Japonês no nordeste da China.[34] Identificar os motivos da falha de um sistema, seja uma plataforma de software empresarial ou uma linha de montagem de motores de combustão interna, requer necessariamente um foco nos mecanismos de funcionamento interno e na mecânica do sistema em questão.

Na Palantir, aproveitamos esse método de investigação como alicerce para incorporar uma análise e, de fato, para o reconhecimento dos sistemas humanos que são precursores do software que estamos criando. Por que uma atualização essencial para uma plataforma de software empresarial não foi enviada até o prazo final que era na sexta-feira? Porque a equipe teve apenas dois dias para revisar o rascunho do código. Por que a equipe teve apenas dois dias para revisar? Porque havia perdido seis engenheiros de software no ciclo de revisão do orçamento no final do ano passado. Por que seu orçamento diminuiu? Porque o chefe do grupo havia mudado as prioridades deles a pedido de outro líder dentro da empresa. Por que se fez uma solicitação para mudar as prioridades? Porque foi implementado um novo modelo de remuneração incentivando o crescimento em certas áreas em detrimento de outras. E é possível ir ainda mais longe, é lógico. Por que certas áreas foram selecionadas em detrimento de outras? Por causa de uma disputa em andamento na empresa entre dois executivos do alto escalão.

Nesse exemplo, o prazo perdido para o envio de uma atualização para um sistema de software foi, em sua raiz, causado não pela supervisão de um engenheiro individual ou mesmo pela incapacidade da equipe em se organizar, mas, sim, por um conflito interpessoal em curso e cada vez mais acirrado nos níveis mais altos da empresa. Esse tipo de efeito borboleta corporativo não é novidade alguma para os indivíduos cuja profissão exige se sujeitar e se submeter às vicissitudes da vida corporativa moderna. Mas o que descobrimos é que as pessoas que estão dispostas a perseguir o fio causal e de fato segui-lo conseguem, muitas vezes, desfazer os nós que emperram as organizações. É necessário contar com persistência e disposição para cavar além das primeiras camadas de um problema. As disposições psicológicas e os instintos de tomada de decisão dos líderes dentro da empresa em geral estão no cerne do desafio.

O exercício funciona com mais eficácia se os envolvidos resistirem à vontade de atribuir culpa aos colegas e, em vez disso, se concentrarem nas questões estruturais — e muitas vezes interpessoais — que originaram os erros em questão. Nos últimos vinte anos, realizamos milhares dessas revisões dos "cinco por quês" e elaboramos detalhados relatórios que tentam documentar, sem atribuir culpa a indivíduos, as causas sistêmicas e causas-raiz dos problemas que surgem. Muitas vezes, as razões para a falha de qualquer sistema complexo, humano ou não, podem parecer inatingíveis devido à dificuldade e à paciência necessárias para detectar as múltiplas e correlacionadas cadeias de causalidade que percorrem o labirinto das instituições e incentivos que construímos. Um erro, a exemplo de um prazo perdido ou um lançamento medíocre de um produto, muitas vezes encontra sua raiz no emaranhado de relacionamentos humanos que compõem a organização envolvida em tal empreendimento. A abordagem é resultado de uma cultura de engenharia que, na sua melhor versão, tem um foco inabalável na compreensão do que está funcionando bem e do que não está. O desafio é fomentar uma cultura interna suficientemente gentil e tolerante que incentive as mentes mais talentosas e de alta integridade dentro de uma organização a se apresentarem e relatarem problemas em vez de escondê-los. A maioria das empresas é povoada por pessoas com tanto medo de perder o emprego que qualquer indício de disfunção é logo encoberto. Outras pessoas estão somente tentando chegar à aposentadoria sem que alguém descubra que elas oferecem pouco ou nenhum valor à organização. Muitas mais estão monetizando o declínio dos impérios que outrora construíram.

É uma disposição para responder ao mundo como ele é, não como gostaríamos que fosse, que tem sido o principal motivo pelo qual a última geração de gigantes do Vale do Silício chegou tão longe. Como disse Lucian Freud, pintor figurativo nascido na Alemanha, talvez o mais duradouro do século XX: "Eu tento pintar o que de fato está lá."[35] O ato de observação, de olhar com atenção enquanto suspende o julgamento — absorvendo os fatos e resistindo à vontade de impor sua visão sobre eles —, está no cerne de qualquer cultura de engenharia, incluindo a nossa. Lucian Freud, que nasceu em Berlim em 1922, era neto de Sigmund Freud, o psicanalista cujas indagações acerca da mente humana transformaram nossa disposição e capacidade de investigar nossa própria psicologia. O ato de observação penetrante era essencial para os retratos de Lucian, que ele descrevia como uma espécie de negociação entre artista e modelo. O resultado são pinturas inclementes e bastante íntimas, ao mesmo tempo energizantes e delicadas. O olhar do artista, demorado e paciente, está no cerne de sua obra. Martin Gayford, crítico de arte britânico, afirmou que Freud "reviveu a tradição figurativa" no século passado, uma tradição que havia caído em desuso e corria o risco de ser eclipsada por completo.[36] Certa vez, Lucian Freud disse a um entrevistador: "Pode ser extraordinário o quanto você é capaz de aprender com alguém, e talvez sobre si mesmo, olhando para o outro com muito cuidado, sem julgamento."[37] É essa abordagem à observação, ao ato de olhar atentamente para as nuvens ao nosso redor, suspendendo o julgamento, que forma a base da mentalidade de engenharia. O desafio que enfrentamos agora, na reconstrução de uma república tecnológica, é direcionar esse instinto engenheiro, um pragmatismo de fato implacável, para os objetivos compartilhados da nação, que podem ser identificados somente se corrermos o risco de definir quem somos ou quem aspiramos ser.

Parte IV

*A reconstrução da
República Tecnológica*

Capítulo 15

Deserto adentro

No fim de 1906, Francis Galton, antropólogo britânico, viajou para Plymouth, no sudoeste da Inglaterra, para comparecer a uma feira de gado. Seu interesse não era adquirir as aves e bovinos à venda, e sim estudar a capacidade de grupos numerosos de indivíduos de fazer estimativas corretas. Quase oitocentos visitantes do evento fizeram, por escrito, estimativas do peso de um boi específico que estava à venda.[1] Cada um tinha que pagar 6 *pennies* para concorrer a um prêmio por seu palpite. A taxa pretendia evitar o que Galton chamava de "trotes", brincadeiras que pudessem atrapalhar o resultado do experimento. A estimativa média dos 787 palpites recebidos por Galton foi de 1.207 libras (547,5 quilos), o que se mostrou a uma margem de 0,8% da resposta correta: 1.198 libras (543,4 quilos). Esse resultado impressionante levaria a mais de um século de pesquisas e debates sobre a "sabedoria das multidões" e sua capacidade de fazer estimativas, e até previsões, mais precisas que um grupo mais seleto.[2] Para Galton, o experimento revelava a "confiabilidade do juízo democrático".[3]

Entretanto, por que deveríamos sempre respeitar a sabedoria da multidão quando se trata de alocar um capital escasso em uma economia de mercado? A impressão é que sem querer tiramos de nós mesmos a oportunidade de participar de um debate crítico sobre quais empresas e empreendimentos deveriam existir, e não apenas aquelas que podem. A sabedoria da multidão, no auge do sucesso da Zynga e do Groupon, em 2011, emitiu um veredito que não deixava margem para dúvida: eram empresas vencedoras que mereciam ainda mais investimento. Dezenas de bilhões de dólares foram apostados na ascensão contínua das duas. Contudo, não houve fórum, plataforma ou qualquer oportunidade significativa para que alguém questionasse se os escassos recursos da nossa sociedade *deveriam* ser desviados para a criação de games on-line ou um agregador mais eficaz de vale-descontos. O mercado tinha se pronunciado, então ficava por isso mesmo.

Como afirmou Michael Sandel, de Harvard, tão grande é nossa ânsia para "banir do discurso público a noção de uma vida boa", exigir que os "cidadãos abandonem suas convicções morais e espirituais ao adentrar a praça pública", que o vazio deixado foi preenchido, em grande parte, pela lógica do mercado — aquilo que Sandel definiu como o "triunfalismo do mercado".[4] E os líderes do Vale do Silício, em sua maioria, se satisfizeram em render-se a essa sabedoria do mercado, permitindo que a lógica e os valores dela suplantassem a deles próprios. Foi a nossa temeridade e indisposição a nos arriscarmos à rejeição da massa que nos privou da oportunidade de participar de qualquer discussão relevante sobre como deveria ser o mundo onde vivemos e quais empresas deveriam existir. O agnosticismo predominante na era moderna — a relutância em propor uma opinião consistente sobre valores culturais, ou a falta deles, pelo medo de causar reprovação — preparou o terreno para o mercado preencher esse vácuo.

A tendência do mundo da tecnologia a focar as preocupações do consumidor refletiu, e ao mesmo tempo ajudou a reforçar, um certo escapismo cultural — o instinto do Vale do Silício de fugir dos problemas mais importantes que enfrentamos enquanto sociedade e dedicar-se a inconveniências do dia a dia do consumidor que são, no fundo, secundárias e banais, desde compras on-line a delivery de comida. Todo um conjunto de desafios, da defesa nacional aos crimes violentos, da reforma do ensino à pesquisa em medicina, eram, segundos os conceitos de muitos, intratáveis demais, espinhosos demais, politizados demais para abordar de forma concreta. A maioria se contentou em deixar de lado os problemas complicados. Brinquedos, em contrapartida, não retrucam, não convocam entrevistas coletivas, não financiam grupos de lobistas. A tragédia é que, para o Vale do Silício, muitas vezes foi bem mais fácil e lucrativo, e com certeza menos arriscado, atender ao consumidor, e não ao público.

• • •

A questão de se a ciência e a tecnologia devem ser empregadas para tratar dos crimes violentos nos Estados Unidos sempre foi provocadora. É inegável o histórico das agências do país de lei e ordem (entre elas o FBI sob a gestão de J. Edgar Hoover) em abusar de seu poder e de desrespeitar a vida privada de cidadãos norte-americanos. O arquivo compilado pelo FBI sobre o escritor James Baldwin foi ganhando volume até atingir 1.884 páginas em 1974.[5] Esse tipo de invasão de privacidade preparou o terreno para uma espécie de dualismo no debate ao longo do século XX; ora os avanços tecnológicos, como a datiloscopia, a descoberta do DNA e posteriormente os sistemas de reconhecimento facial, eram essenciais para a tarefa árdua e muitas vezes ingrata de desmantelar redes de criminosos violentos, ora eram ferramentas para um Estado todo-poderoso mirar nos mais fracos e encarcerar inocentes.[6]

A próxima onda de revoluções tecnológicas, entre elas o uso da inteligência artificial para auxiliar departamentos de polícia, só vai alimentar ainda mais o debate e deve reconfigurar nosso senso do que é possível em relação à informática e ao cumprimento da lei. Vários prestadores de serviço para o setor de defesa, como a BAE Systems, que trabalha com o Laboratório Nacional de Física do Reino Unido, desenvolveram sistemas que reconhecem as pessoas por seu caminhar — softwares capazes de identificar indivíduos com base em pouco mais que um vídeo da pessoa caminhando, sem qualquer acesso a uma imagem do rosto.[7] Essa tecnologia vem sendo desenvolvida há mais de uma década, e sua precisão aumenta a cada dia. Hoje, pequenos drones operados por forças policiais conseguem se aproximar da janela de um carro e quebrar o vidro, permitindo que os policiais vejam, sem obstrução, quem está dentro.

Nosso receio, claro, é que tecnologias emergentes desse tipo possam ser usadas e abusadas, de forma intencional ou não, para prender e ferir inocentes. A possibilidade de uma única ocorrência de uso indevido dos softwares que criamos deve orientar seu desenvolvimento e implantação. A aplicação da Justiça criminal não é lugar para pragmatismo, para admitir qualquer grau de tolerância ao erro. François-Marie Arouet, mais conhecido por seu pseudônimo, Voltaire, escreveu em 1749 que seria preferível deixar à solta dois homens culpados a prender um que fosse "virtuoso e inocente".[8] No século XVIII, William Blackstone, uma das maiores mentes jurídicas da Inglaterra, foi além. Ele escreveu que seria melhor permitir que "dez culpados escapem do que um inocente sofra" — proporção que viria a moldar o debate sobre os erros na Justiça criminal, aceitáveis ou não.[9] Thomas Starkie, acadêmico e advogado britânico nascido no fim do século XVIII, defendia permitir que 99 criminosos culpados, ou mais, ficassem livres se isso garantisse que um único inocente não fosse preso de maneira injusta.[10] A questão não é um debate exaustivo e controverso sobre os méritos da adoção de novas tecnologias no policiamento ou em investigações criminais. O problema é que o medo do desconhecido é usado, com excessiva frequência, para eximir-se da responsabilidade de tratar de qualquer grau de incerteza ou complexidade, e da possibilidade concreta de que essa tecnologia seja mal utilizada.

Tentativas de implantar softwares em órgãos de segurança, em cidades norte-americanas, sempre foram recebidas com enorme ceticismo e desconfiança. Em 2012, a Palantir começou a trabalhar com o Departamento de Polícia de Nova Orleans a fim de proporcionar aos oficiais acesso à mesma plataforma de software que vinha sendo utilizada pelas Forças Especiais e analistas de inteligência norte-americanos no Afeganistão para prever a localização das bombas de beira de estrada e capturar seus fabricantes.[11] O desafio para os policiais de Nova Orleans, e no restante do país, era semelhante ao vivido pelo exército na tentativa de interromper a proliferação de bombas que estavam matando soldados: informações em excesso e uma absoluta falta de uma arquitetura de software que as condicionasse, que permitisse integrá-las e analisá-las de forma relevante. Em Nova Orleans, investigadores criminais e policiais precisavam de um sistema melhor para costurar a colcha de retalhos de informações disponíveis sobre redes criminosas e violência com uso de armas. O emprego da nossa plataforma, conhecida como Gotham, disseminou-se depressa dentro da polícia. O jornal *The Times-Picayune* descreveu o sistema como "uma loja de departamento para extrair e cruzar informações", "descobrindo conexões despercebidas entre vítimas, suspeitos ou testemunhas".[12]

Os críticos, porém, foram ágeis e implacáveis. Para muitos, a reação foi até visceral. Por que Nova Orleans deveria permitir a implantação, nas ruas da cidade, de um sistema de software projetado para ser empregado em uma guerra no exterior? Em um artigo publicado em 2018, um cientista político da American Civil Liberties Union (ACLU) escreveu que o uso de dados na área policial era "profundamente problemático", considerando as ameaças aos direitos civis e à liberdade dos indivíduos, que poderiam ser alvo, de modo injusto e inconstitucional, das autoridades em razão da utilização de softwares de análise pela polícia.[13] O ultraje moral e a indignação foram dirigidos contra a aplicação de uma nova tecnologia, e não à incapacidade da prefeitura de proteger seus moradores. Os Estados Unidos gastaram 25 bilhões de dólares para proteger os soldados no Afeganistão da ameaça de bombas de estrada, mas, quando se tratava de prevenir a perda de vidas de seus cidadãos dentro do próprio país, pelas mãos de pervertidos, desequilibrados e gangues violentas, impiedosas e muitas vezes cheias de recursos, a reação coletiva parece ser mais de apatia e resignação.

Outras empresas de tecnologia tentaram, e abandonaram, projetos semelhantes, que incluíam o aproveitamento de softwares e inteligência artificial no trabalho de autoridades policiais em nível local. Em junho de 2020, a Amazon resolveu proibir o emprego de seu software de reconhecimento facial, popular e amplamente disponível, em departamentos de polícia depois que a empresa foi criticada pelo fato de seu sistema poder ser utilizado para perseguir inocentes.[14] Naquele mesmo mês, a IBM foi ainda mais longe, anunciando que abandonaria por completo a pesquisa e o desenvolvimento de sistemas de reconhecimento facial.[15] O CEO da empresa enviou uma carta aos senadores Cory Booker e Kamala Harris, entre outros, para expressar a oposição da empresa ao uso da tecnologia "para vigilância em massa, perfilamento racial" e "violações dos direitos humanos e liberdades básicas".[16] A carta representava uma espécie cada vez mais comum de pronunciamento corporativo vazio e sem sentido, condenando um mal que ninguém estava propondo. O debate mais sutil, interessante e complicado não era se o abuso de sistemas assim pode ser justificado, e sim se sua aplicação adequada poderia ter alguma relevância no combate à violência em nossas cidades. Milhares de pessoas são assassinadas todos os anos nos Estados Unidos. Centenas de milhares e talvez até milhões de outras vivem sob o medo dessa violência. Para muitos críticos da adoção de softwares pelas autoridades policiais locais, são vidas que parecem não valer tanto, no cálculo moral.

O restante do país, e muitos políticos Estados Unidos afora, praticamente adotaram uma postura de indiferença perante os crimes violentos, desistindo de qualquer esforço sério para atacar o problema ou de correr qualquer risco junto ao eleitorado ou aos doadores de campanha, quando se trata de procurar soluções e experiências novas naquela que deveria ser uma tentativa desesperada de salvar vidas. O preço a ser pago pelos recém-chegados nessas questões tornou-se incrivelmente elevado. E o recado, implícito e muitas vezes explícito, àqueles no Vale do Silício e no setor de tecnologia como um todo, tem sido categórico: mantenham distância. O fato de muitos dos que estão no poder no país terem quase abdicado de qualquer responsabilidade perante o problema foi uma reação muito cínica à violência. Os representantes em Washington e em outros lugares apenas voltaram suas atenções aos assuntos menos controversos. Uma grande parte do cenário norte-americano, da segurança à medicina, passando pelo ensino, se tornou um deserto de inovações, e foi dito ao Vale do Silício repetidas vezes que não pusesse os pés nesses campos.

. . .

A perspectiva de que a tecnologia avançada e o software não têm lugar no policiamento local é o arquétipo da "crença de luxo", expressão concebida pelo escritor Rob Henderson.[17] Tais crenças são as que uma elite privilegiada pode se dar ao luxo de adotar, quase como um manto, nas palavras do colunista David Brooks, do *New York Times*, mas que incomoda a muitos, por serem "desconectadas das pessoas em partes menos privilegiadas da sociedade".[18] Para aqueles que vivem sob o ataque constante de armas de fogo, por exemplo, a ideia de reduzir o apoio e o financiamento aos departamentos de polícia foi encarada como uma piada de mau gosto, o tipo de campanha que tem mais a ver com a promoção de uma percepção de vitória política do que com uma preocupação real em produzir ou promover resultados práticos.

A questão mais fundamental é que o *establishment* de esquerda decidiu, de forma quase unilateral, que não precisava debater ou dialogar com a direita — que a simples interação com o outro lado seria, por si só, uma traição cultural. Em 2019, quando Peggy Noonan observou em um artigo que a aversão do *establishment* de Washington pelo tipo atual de populismo nos Estados Unidos era, no fundo, "quase estético", ela estava correta na identificação da arma mais perniciosa da esquerda: a capacidade de rotular toda uma série de pontos de vista políticos (em questões que vão da segurança nacional, imigração e aborto ao combate ao crime) como toscos e incultos.[19] É aí que o Vale do Silício e outros progressistas, infeliz e acidentalmente, perderam o próprio poder no debate cultural. A recusa em interagir com as reivindicações e demandas políticas de quase metade do país periga marginalizar sua agenda.

Começamos a dar preferência ao simbolismo da vitória, aos aspectos mais teatrais e exteriores que representam a expressão de nossa superioridade moral, em detrimento de avanços e melhorias, concretos, e muitas vezes quase invisíveis, no padrão e na qualidade de vida. Mesmo assim, é a busca obstinada por avanços e resultados que constitui a pedra fundamental da atitude do engenheiro em relação ao mundo, e a base de uma república tecnológica. Corremos o risco de abandonar um sistema moral ou ético voltado para os resultados

— os resultados que mais interessam às pessoas (redução da fome, do crime e de doenças) — em favor de um discurso muito mais performativo, no qual a gestão das narrativas em relação aos resultados obscurece a importância dos resultados em si. E a reconstrução de uma república tecnológica exigirá, entre outros fatores, a reconstrução de uma sociedade de responsabilidade, uma cultura de pioneiros provenientes do setor de tecnologia, mas dotada do potencial de reformar o governo, uma em que não se atribua a liderança a ninguém que não tenha interesse no próprio êxito.

Capítulo 16

O preço do farisaísmo

Em fevereiro de 2023, o Economic Club de Washington, D.C., realizou um colóquio com David Rubenstein, famoso investidor de *private equity*, e Jerome Powell, presidente do Federal Reserve. O debate abordou temas conhecidos e previsíveis, entre eles a inflação e o nível adequado de taxa de juros, mas deu uma guinada surpreendente. Em certo ponto, Rubenstein, cofundador do Carlyle Group, cuja fortuna é estimada em cerca de 4 bilhões de dólares, fez a Powell uma pergunta aparentemente simples: "Qual é o salário do presidente do Federal Reserve?" Powell sorriu, sem revelar nenhum incômodo, e respondeu que seu salário anual era de cerca de 190 mil dólares. Rubenstein, então, arriscou-se a ir além, e questionou: "Você acha esse um salário justo para o cargo?" Powell respondeu, de forma sincera e plausível: "Acho." O público deu uma risada nervosa, talvez em solidariedade com Powell, por lidar com uma linha de questionamento perigosa com extraordinária elegância.[1]

Foi um momento surreal. Um bilionário perguntando a um multimilionário se um salário inferior ao de um associado recém-chegado a um banco de investimento era apropriado para o presidente do Federal Reserve, o banco central mais poderoso e influente do planeta. As decisões tomadas pelo próprio Powell estão entre as que mais geram repercussões do mundo. Durante seu mandato, o destino de centenas de milhões de trabalhadores nos Estados Unidos e em outros países dependeu de sua intuição sobre os rumos da inflação, o momento de aumentos e possíveis reduções da taxa de juros, e suas perspectivas em relação à força da economia do país e a global. Trilhões de dólares nas bolsas de valores, de Nova York a Londres, de Sydney a Xangai, seriam transferidos em operações como resultado direto de sua forma de pensar e de suas tentativas de guiar a economia dos Estados Unidos, e por extensão a mundial, durante um período historicamente vulnerável de inflação e possível desaceleração do crescimento. Apesar disso, o Congresso decidiu pagar-lhe em torno de 190 mil dólares por ano. No setor privado, um salário desses seria considerado absurdo, considerando a dimensão e o impacto do cargo e os recursos à disposição de seu empregador.

Com tal salário, o emprego de Powell era quase um trabalho voluntário ao país. Sua remuneração como funcionário do governo federal é irrisória comparada a seu patrimônio líquido, estimado em mais de 20 milhões de dólares.[2] Ele mesmo afirmou publicamente viver, sobretudo, de suas vultosas economias. Mas por que os Estados Unidos estão, enquanto país, o mais rico do mundo, pedindo que o Federal Reserve seja gerido por um voluntário? Quais incentivos isso cria, e até que ponto isso reduz de maneira drástica a lista de candidatos em potencial, que poderiam ter interesse no cargo?

Nós nos queixamos da influência do dinheiro na política. Porém, não nos opomos quando cada vez mais indivíduos abastados dominam as campanhas políticas. A consequência involuntária da nossa postura quanto à remuneração no setor público é um número cada vez maior e desproporcional entre os mais ricos do mundo concorrendo e conquistando cargos públicos, tanto nos Estados Unidos quanto no restante do mundo.[3] Em um estudo de 2023, por exemplo, um grupo de pesquisadores da Universidade Northwestern concluiu que, dos 2 mil indivíduos identificados pela revista *Forbes* como bilionários, cerca de 11% já tinham concorrido ou exercido cargos políticos. O incentivo criado por nossa atual reação a esse fenômeno é perverso. Deputados e senadores americanos ganham, em média, apenas 174 mil dólares por ano, embora suas decisões tenham o potencial de afetar as vidas de milhões de soldados, professores, trabalhadores e estudantes de todo o país.[4] Qualquer empresa que pagasse seus funcionários da mesma forma como o governo federal remunera seus servidores públicos teria dificuldade para sobreviver.

Repetimos para nós mesmos que os políticos deveriam se candidatar por motivos mais nobres que a remuneração. Então, pagamos a eles um valor mínimo em relação ao que poderiam ganhar no setor privado. Contudo, nós nos recusamos a encarar a consequência dessa prática: em suma, incentivamos os candidatos a cargos públicos a enriquecerem antes de assumirem, ou a monetizarem o cargo antes de deixá-lo. O grau de autopromoção e teatralidade no Congresso dos Estados Unidos é impressionante. Representantes disputam cliques e influência nas redes sociais e, por extensão, receita, antes de deixarem o cargo. A qualidade dos candidatos é resultado, em parte, daquilo que nos dispomos a pagar a eles.

Há quem defenda um aumento da remuneração de nossos representantes, eleitos ou não. Como escreveu Matthew Yglesias, cofundador da *Vox* em 2014: "Se quisermos um Congresso melhor e mais funcional, o povo dos Estados Unidos precisa fazer o que qualquer empregador faria: tornar o cargo mais desejável, de modo que um número maior de pessoas se candidate."[5] Nas últimas décadas, diversas propostas foram feitas para reformar a remuneração do setor público americano. A maioria não levou a nada. Desde que foi fundada a república, tentamos nos agarrar à esperança de que os bem-intencionados e os talentosos se candidatem a servir ao país por outros motivos além do enriquecimento pessoal. Em 1787, em um debate sobre o salário dos congressistas, James Madison, que viria a se tornar o quarto presidente dos Estados Unidos, expressou ceticismo em deixar os membros do Congresso decidirem a própria remuneração. Ele alegou que seria "indecente colocar as mãos no tesouro público em nome do próprio bolso".[6] No entanto, nossa relutância em misturar incentivo pessoal e propósito público, em adaptar as práticas do setor privado à definição das estruturas salariais e remuneratórias das autoridades do governo, só vai nos tolher. É preciso fazer mais experimentos, e não menos. E isso exigirá uma atitude bem mais radical em relação a recompensar aqueles que criam o valor do qual todos nós nos beneficiaremos.

Em novembro de 1994, Lee Kuan Yew, que foi o primeiro primeiro-ministro de Singapura, envolveu-se em um debate com outros membros do parlamento em relação a aumentos propostos por ele para os salários do governo. Lee havia instituído um sistema sob o qual a remuneração das autoridades públicas daquela nação insular era definida com base em salários análogos a profissões do setor privado, incluindo o sistema bancário e a área jurídica. Em 2007, por exemplo, o salário médio anual dos ministros de Singapura atingiu 1,26 milhão de dólares por ano.[7] Os críticos de Lee alegavam que aquele aumento atrairia o tipo errado de candidato — o que estava motivado a tentar trabalhar no governo pelos ganhos pessoais do cargo, e não pelo serviço público. Durante um debate parlamentar sobre o assunto, Lee respondeu que os políticos "são homens e mulheres reais, assim como vocês e eu, com famílias reais que têm aspirações de vida reais". Ele prosseguiu: "Por isso, quando falarmos de todas essas grandes, nobres e louváveis causas, lembrem-se de que, no fim, pouquíssimos são os que optam pelo sacerdócio."[8]

Talvez parte do que nos tolhe seja o ceticismo em relação a iniciativas nas áreas mais importantes para nosso bem comum. Por que nós, a população, deveríamos limitar o uso de incentivos aos setores financeiro e bancário, além do de tecnologia? Essa tendência ascética na cultura norte-americana é admirável; a frugalidade, o ceticismo em relação ao materialismo, serve como lembrete de que uma adesão total e vazia ao consumismo inevitavelmente nos tira dos trilhos. Mas esse instinto, esse desejo tácito de que o serviço público seja um sacerdócio, está tendo o efeito indesejado e involuntário de privar uma grande parte da economia pública — no governo, na educação e na medicina — dos benefícios que os incentivos corretos são capazes de gerar. A relutância em experimentar modelos inovadores de remuneração em atividades públicas também é muito regressiva, restringindo profissões inteiras — nas artes, na medicina, no governo, no mercado editorial e no ensino — a serem quase por completo o terreno de uma elite instruída, e em grande parte hereditária, que pode doar seu tempo e mão de obra à república. Uma narrativa menos bondosa diria que tais elites não desejam concorrência em profissões de grande prestígio às quais, hoje, desfrutam de acesso quase exclusivo. Precisamos pagar mais a nossos médicos, servidores públicos e professores. São vocações nobres. Mas não se deve pedir aos que as abraçam que aceitem como pagamento a simples nobreza.

* * *

Na noite de 31 de maio de 1953, em uma região remota do leste do estado de Idaho, um grupo de engenheiros da marinha dos Estados Unidos reuniu-se para testar a operação de um pequeno reator nuclear, que viria a mudar o equilíbrio de poder sobre os oceanos do mundo durante os cinquenta anos seguintes. O que esse reator específico tinha de diferente? Ele cabia a bordo de um submarino, e o plano, radical para a época, era que servisse de propulsão para a embarcação. Experimentos para controlar e aproveitar a energia das reações nucleares em cadeia ainda eram incipientes, e o risco de acidentes — como um vazamento radioativo ou uma explosão irrefreável — era imenso. Todos os presentes "estavam cientes do perigo", lembraria anos depois Edwin E. Kintner, oficial da marinha responsável por supervisionar o teste.[9] A esperança era que o reator fosse capaz de impulsionar uma turbina a vapor; o medo era que se transformasse em uma bomba nuclear.

Naquela noite, no deserto de Idaho, Thomas E. Murray, chefe da Comissão de Energia Atômica dos Estados Unidos, acionou a alavanca do reator, e o vapor começou a fazer girar a pesada turbina. O motor nuclear, primeiro do gênero, funcionou por quase duas horas. No mês seguinte, o mesmo reator seria testado por cinco dias seguidos.[10] Começara uma corrida, entre os Estados Unidos e a União Soviética, para desenvolver a mais moderna geração de submarinos, capazes de manobrar no oceano sem serem detectados — com um mero sussurro no lugar do ronco de um motor a diesel — e sem necessidade de reabastecimento.

O reator funcionou quase com perfeição. Em maio de 1955, o primeiro submarino de propulsão nuclear do mundo, batizado de *USS Nautilus* em homenagem à embarcação de Júlio Verne em *Vinte mil léguas submarinas*, zarpou de New London, no estado de Connecticut, rumo a San Juan, em Porto Rico, permanecendo submerso durante quase quatro dias seguidos, ao longo de uma jornada de 2 mil quilômetros.[11] Um relatório da marinha norte-americana observaria, mais tarde, que o submergível era "quase imune a ataques aéreos" ou detecção e que, graças a sua velocidade, podia até evitar um torpedo convencional.[12] Assim, os Estados Unidos estavam posicionados para manter durante décadas a hegemonia dos oceanos, hegemonia que até hoje não sofreu uma ameaça séria.

O plano para construir um reator nuclear pequeno o suficiente e capaz de impulsionar um submarino foi concebido e levado a cabo por Hyman G. Rickover, figura respeitada, porém complexa, que na época era contra-almirante da marinha.[13] Ele nasceu em 1900 em uma cidadezinha não muito longe ao norte de Varsóvia. O pai, alfaiate, deixou a Europa e migrou para Nova York com a família quando Hyman tinha seis anos.[14] A rapidez com que a marinha norte-americana foi capaz de construir um submergível operacional movido a um reator nuclear foi resultado direto do que Kintner chamou de "agressividade ousada" de Rickover.[15] Foi um enorme avanço, com o potencial de transformar um submarino em algo além de um "navio de superfície capaz de submergir por breves períodos", tornando-o uma embarcação submarina capaz de permanecer oculta nas profundezas por meses.

Rickover podia agir de forma arrogante e agressiva. Em várias ocasiões, teria feito oficiais subalternos dos quais discordava ficarem presos durante horas em pé em um armário, para refletirem sobre suas supostas falhas.[16] Rickover tinha uma profunda compreensão dos próprios defeitos; em 1984, em entrevista a Diane Sawyer, no programa *60 Minutes*, disse ter "o carisma de um esquilo". Na sua visão, as regras eram para os outros. Recordava que, quando um subordinado chegou à sua sala com um livro de regulamentos da marinha dos Estados Unidos, mandou o oficial sair e queimar o livro. "Meu trabalho não era operar dentro do sistema. Meu trabalho era alcançar nossos objetivos", declarou.[17] Jimmy Carter, que serviu como oficial subordinado de Rickover na marinha no fim dos anos 1940, décadas antes de concorrer à presidência e vencer, reconhecia que Rickover era complicado às vezes e que houve "alguns momentos em que senti ódio dele". Mas tinha uma reverência inabalável por ele. Carter acrescentou que, exceto pelo próprio pai, "nenhuma outra pessoa teve um impacto tão marcante em minha vida".[18]

No início da década de 1980, poucos anos depois de ter passado para a reserva remunerada, revelou-se que Rickover aceitara uma série de presentes e favores, por quase duas décadas, da General Dynamics Corporation, um dos maiores construtores navais dos Estados Unidos. Um relatório elaborado em 1985 por um comitê de ética da marinha concluiu que ele tinha recebido da empresa, e muitas vezes solicitado, um total de 67.628 dólares em presentes ao longo de dezesseis anos, ou cerca de 4.200 dólares por ano entre 1961 e 1977. A lista de presentes era eclética e bizarra. Incluía um par de brincos e um pingente de jade avaliados em 1.125 dólares, mas também doze facas de cortar frutas com cabo de chifre de búfalo-d'água; frequentes lavagens a seco dos ternos de Rickover; uma coleção usada da *Enciclopédia Britânica*; onze chapas elétricas de cozinha e tigelas de metal para fazer creme inglês; doze cortinas de chuveiro; bandejas de teca feitas com a madeira do painel do *Nautilus*; 240 xícaras de café ao longo dos anos; e 88 pesos de papel da Tiffany & Co.[19] A série de itens representava uma espécie de coleção de detrito corporativo, uma miscelânea de presentes e agradinhos básicos de fim de ano que, à parte, poderiam até ser considerados insignificantes, mas em conjunto indicavam, para alguns, uma relação excessivamente cômoda com terceiros que faziam negócios com as Forças Armadas. Rickover admitiu ter aceitado os presentes e explicou que vários foram repassados a congressistas que apoiaram suas iniciativas.[20] Aceitar tais presentes, que iam de bugigangas e lembrancinhas até joias, era uma prática comum na época — uma relíquia de um tempo em que construtores navais e autoridades da cúpula do setor de defesa costumavam se ver como parceiros em uma colaboração contra antagonistas e adversários dentro das Forças Armadas e do Congresso. Rickover chegou a argumentar que poderia ter "feito fortuna no setor privado", aposentando-se em 1952, mas que em vez disso permaneceu por mais três décadas na marinha.[21]

A marinha dos Estados Unidos concluiu que a conduta indevida merecia uma carta de advertência, e não um procedimento disciplinar formal.[22] Porém, os adversários de Rickover, que eram muitos, enxergaram no que foi revelado uma oportunidade para macular a reputação de alguém que, para eles, tinha voado perto demais do Sol. Em 1985, John Lehman, secretário da marinha na época em que o escândalo das "bugigangas" veio à tona e antigo adversário de Rickover, afirmou que o episódio representava uma "queda em desgraça" do almirante aposentado.[23] Para um editorial do *New York Times*, no mesmo ano, os presentes indicavam que Rickover "se considerava acima das regras" — crença que "o ajudou a realizar façanhas importantes, mas estimulou profundas falhas de julgamento".[24] Houve quem enxergasse apenas um almirante idoso que deveria ter se aposentado décadas antes.

Pouquíssimos defenderam Rickover. William Proxmire, na época senador pelo estado de Wisconsin, logo descartou as acusações contra seu amigo de longa data, que, segundo ele, "será lembrado como o pai da marinha nuclear, e um lutador indômito contra abusos nos contratos militares, muito tempo depois que as figuras menores que hoje mandam na marinha forem esquecidas".[25] Rickover era, segundo relatos quase unânimes, uma figura imponente sem a qual os Estados Unidos talvez jamais tivessem obtido vantagem tão decisiva contra a União Soviética, fazendo a balança pender para os americanos. Seu obituário na revista *Time* concluía que, embora ele tenha sido "prejudicado por um excesso de arrogância", sua "genialidade rude mostrou-se um dos maiores trunfos da marinha no advento da Era Atômica".[26]

A maioria dos Rickovers da sociedade, e houve muitos ao longo das décadas e dos séculos, foi banida, descartada como vestígios de uma época na qual os poderosos usavam a capacidade de obter resultados como justificativa, para si e para os outros, em relação às próprias negociatas e táticas mercenárias. Em nossa cultura, decidimos direcionar o foco para a aplicação de regras e regulamentos administrativos, que muitos querem crer serem nossa melhor defesa, e talvez única, contra uma lenta decadência rumo à corrupção. Contudo, nos recusamos a encarar aquilo que perdemos no processo: a preservação de certa margem para aqueles cujas intenções são suficientemente nobres e, mais importante, cujos interesses estão alinhados com os da coletividade. Precisamos reavaliar a velocidade com que abandonamos as personalidades impopulares, antipáticas e desprovidas de carisma que convivem conosco. O risco é começarmos a dar mais valor a metas de transparência e procedimento, que dão a impressão de serem irrepreensíveis, em detrimento daquilo que de fato importa: construir submarinos, descobrir as curas mais desafiadoras, prevenir ataques terroristas e promover nossos interesses. Esse tipo de cálculo utilitário não tem glamour. Mas, em tempos difíceis, é preciso deixar de lado a aversão estética. Muitas vezes, nos escondemos por trás de nossa hipocrisia a fim de evitar questões mais complicadas, incômodas até, sobre desfechos e resultados.

O mundo finge que não vê as somas opulentas pagas no Vale do Silício e em Wall Street, assim como os gestores de fundos *hedge* e traders que alocam capital em nosso mercado. Mas ficamos indignados quando um almirante da reserva, cujos esforços nos proporcionaram o avanço mais significativo do século em armamentos navais, revela sua vaidade e falta de bom senso no trato com um prestador de serviços das Forças Armadas. Ele violou as regras? Talvez. Mas também há um custo para uma obediência tão estrita e inflexível a tais protocolos, e há limites para a tranquilidade que uma justiça de visão limitada e protocolar pode trazer. Nosso desejo de pureza é compreensível. Nós nos apegamos à esperança de que os mais nobres e virtuosos também terão a ambição de concorrer ao poder. Mas a história nos mostra que o contrário ocorre com bem mais frequência.*[27]

---

* É antiga a esperança de que surja uma classe de governantes dentre líderes relutantes convocados quase contra a própria vontade. Platão, na *República*, afirmou que "os homens de bem não consentirão em governar por dinheiro ou honras", pois "não são ambiciosos".

A eliminação de qualquer espaço para o perdão — o descarte de qualquer tolerância em relação às complexidades e contradições da psique humana — pode nos levar a lamentar cada vez mais o elenco de personagens que resta no comando.

O desejo coletivo de ter um bode expiatório pode ser tão total e absoluto que muitas vezes, durante a história, ele toma conta de nós. Em *Permanence and Change*, publicado em 1935, Kenneth Burke descreveu "o mecanismo de bode expiatório em sua forma mais pura" como "o uso de um receptáculo sacrificial para um desafogo ritual dos próprios pecados".[28] O processo de transferência dos pecados do povo para um animal, que era então "ferozmente surrado ou abatido", era um modo que o grupo social como um todo encontrou de se aliviar da culpa, ou do sentimento de dissonância. Precisamos lidar de forma bem mais direta com tal desejo cíclico e profundamente arraigado, que brota em nós, de um bode expiatório — um recipiente para nossos erros, desejos proibidos, defeitos e nossas fraquezas. Os sentimentos de alívio e desoneração que acompanham o abate sacrificial do animal, ou um de nossos companheiros, tendem a ser efêmeros.

Nossa sociedade se tornou ávida demais para acelerar, até com certo prazer, a derrocada de seus inimigos. A derrota de um adversário é um momento de reflexão, e não de regozijo. No século VI, em um vilarejo nos arredores de Roma, são Bento foi atormentado e perseguido por um padre chamado Florêncio. O Império Romano tinha desmoronado um século antes, e Bento fugira da antiga capital imperial em busca de uma nova vida monástica no interior. Florêncio, depois de tentar assassinar Bento, até mesmo mandando-lhe um pão envenenado que um corvo roubou e jogou fora, fez "sete moças nuas" irem ao jardim do monastério, na tentativa de tentar o monge a pecar, segundo um relato da época do papa Gregório I no século VI.[29] O plano fracassou. O próprio Florêncio acabou assassinado; as circunstâncias de sua morte são até hoje confusas. Porém, segundo o papa Gregório I, quando um discípulo correu para avisar Bento do fim de seu inimigo, ele recebeu a notícia "com muito pesar, tanto pela morte de seu inimigo quanto pelo júbilo de seu pupilo".[30]

· · ·

Nossa atual tendência a valorizar a anuência estrita a certas normas e regulamentos é uma evidência de um problema mais fundamental enfrentado por nossa sociedade. A rigidez no modo como encaramos malfeitos e a disposição a minimizar os resultados obtidos e a perseguir quem é impopular são sintomas de uma disfunção numa sociedade cujos líderes se desvincularam dos avanços dos quais supostamente estariam encarregados. Muitos já não se responsabilizam pelos riscos ou pelos frutos de suas decisões. Apesar disso, a reforma de nossas instituições mais importantes, assim como os incentivos que concedemos àqueles que as comandam, não será possível sem uma mudança ainda mais ambiciosa e significativa. No fim, a reconstrução de uma república tecnológica exigirá a ressurreição e a retomada de um senso de identidade nacional e coletiva, que, ao longo da história, serviu de pedra fundamental para o progresso humano.

Capítulo 17

Os próximos mil anos

EM 1993, O ANTROPÓLOGO BRITÂNICO ROBIN DUNBAR tentou calcular o número máximo de indivíduos com quem uma pessoa poderia manter, de forma plausível, relacionamentos sociais funcionais. Ele analisou o contingente dos agrupamentos de seres humanos que vivem em sociedades de caçadores-coletores, do sul da África à Nova Guiné, incluindo o norte do Canadá, e chegou a uma média de 148,4 indivíduos por grupo.[1] A menor comunidade estudada tinha noventa membros, e a maior, 221. Esse número, em geral arredondado para 150 pessoas, passou a ser conhecido como "número de Dunbar", e representa uma espécie de teto teórico para o contingente de uma comunidade humana cujos membros consigam manter contato e relacionamento diretos com todos os demais. Os próprios huteritas, por exemplo, descendentes de protestantes da Suíça e de outros lugares da Europa Central que no século XIX buscaram refúgio por todo o Meio-Oeste dos Estados Unidos e o Canadá, identificaram como 150 o limite máximo do contingente de uma comunidade agrícola.[2] Um relatório do Departamento do Interior dos Estados Unidos, datado de meados da década de 1980, observou que, quando um grupo dentro de um enclave huterita atinge 130 a 150 indivíduos, "uma colônia-filha se separa da mãe". De maneira semelhante, a partir de outro estudo do início da década de 1980 documentou-se uma comunidade de 197 indivíduos vivendo nas montanhas remotas do leste do Tennessee, na qual quase todos se consideravam aparentados em algum grau.[3] Dunbar, nascido em Liverpool em 1947 e formado em Oxford, observou que o limite máximo aproximado de 150 indivíduos parece funcionar em outros contextos, entre eles o contingente das formações militares no exército romano e as unidades de negócio das empresas modernas.[4]

A missão de manter comunidades humanas com um número de indivíduos bem maior que 150, ou de formar relacionamentos sociais e laços duradouros diretamente com tanta gente, é de extrema dificuldade. De modo instintivo, os macacos e os grandes primatas do planeta limpam e penteiam o cabelo dos demais membros do grupo como forma de estabelecer laços sociais.[5] O problema é que cuidar com regularidade de dezenas, quiçá centenas, de outros indivíduos exige um investimento muito significativo de tempo e energia criativa. Para o ser humano, a linguagem é a principal responsável por preencher essa lacuna, permitindo o estabelecimento de conexões significativas, reais, ainda que na maioria das vezes imaginadas, com um número considerável de pessoas.[6] As nações do mundo, e nosso senso de identidade nacional ou cultura nacional, só se tornaram possíveis pela linguagem, tanto falada quanto escrita — permitindo que desconhecidos construíssem algo com propósito coletivo em nome do bem comum, e não somente particular. Sem esses "vínculos imaginados", nas palavras do cientista político Benedict Anderson, esse elo entre indivíduos que, com certeza quase absoluta, jamais se encontrarão ou conhecerão um a um, nada da era moderna — da medicina às cidades ou à inteligência artificial — teria sido possível.[7]

Entretanto, o que sustenta comunidades de indivíduos cujas cifras atingem milhares, dezenas de milhares, milhões ou até bilhões? O que é capaz de nos manter unidos, de oferecer algum grau de coesão e narrativa em comum capaz de viabilizar que grandes grupos se organizem em torno de algo que transcenda nossa subsistência? Sem sombra de dúvida, é um misto de cultura, língua, história, heróis e vilões, narrativas e padrões de discurso compartilhados.

Porém, a identificação de algo sequer parecido com uma cultura nacional, ou com valores nacionais, tem sido cada vez mais polêmica e problemática nas últimas décadas. Em 2017, o presidente da França, Emmanuel Macron, disse em um discurso: "Não existe *uma* cultura francesa... Existem culturas na França."⁸ O comentário gerou uma rodada de debate acalorado no país, levando Macron a envolver-se em uma discussão que tem estruturado a vida não apenas na Europa como também nos Estados Unidos há quase cinquenta anos. Sua negação da existência de uma cultura francesa única, enquanto ao mesmo tempo tentava ressaltar a diversidade cultural de um país recém-cosmopolita, mexeu com o cerne da identidade francesa. Yves Jégo, prefeito de Montereau-Fault-Yonne, uma cidade às margens do rio Sena na periferia de Paris, rebateu em um artigo no jornal *Le Figaro*, criticando a postura do presidente como "contrária ao espírito da nossa república".⁹ Jégo fez questão de evidenciar que a aspiração a preservar algo em comum não exige uma reivindicação de superioridade nem nega que todas as culturas estejam em processo de mudança constante. Seu argumento era que abandonar a esperança de preservar uma cultura nacional compartilhada cria um risco de "nos perdermos no materialismo". O irônico é que muitas vezes são os mais céticos em relação ao livre mercado e às enormes desigualdades que resultam de uma adesão precipitada ao capitalismo é que deixam de perceber que a própria aversão à defesa da cultura ou do conceito de nacionalidade é que deixa um vazio, que acaba preenchido pelo próprio mercado.

Ao longo dos últimos cinquenta anos, nós, nos Estados Unidos e no Ocidente de maneira mais ampla, relutamos em conferir uma definição às culturas nacionais, em nome da inclusão. Contudo, inclusão no quê? Esvaziamos tanto o projeto nacional que é possível argumentar que não há mais muita coisa concreta na qual incluir alguém. Um clamor pela afirmação da cultura norte-americana, algo maior que as partes que a compõem, corre o risco de ser interpretado como algo desagregador e retrógrado. Deixaram nosso senso de associação cívica em comum enfraquecer, e surgiram outras formas de preencher tal desejo de estabelecer vínculos interpessoais, a fim de completar esse enorme vazio, incluindo o senso de pertencimento e investimento em uma narrativa grandiosa de triunfo ou derrota, que pode ser encontrado, por exemplo, no esporte. Lealdades como essas surgirão. Encontraremos maneiras de formar coalizões e grupos de guerreiros. Negar a necessidade humana desse tipo de aliança seria um erro.

Figura 13
Torcedores dos times da liga de beisebol dos Estados Unidos em 2014

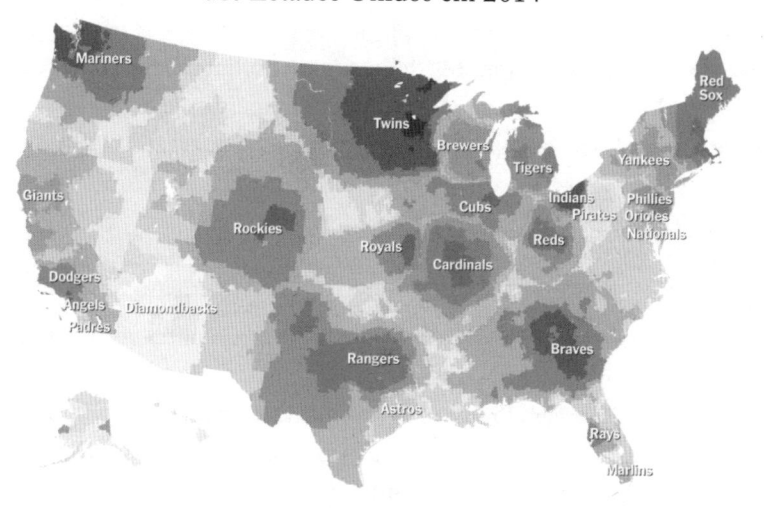

Nenhum país, na história da humanidade, fez mais que os Estados Unidos (apesar de todas as suas imperfeições) para erguer uma nação à qual pertencer represente mais que um apelo raso à identidade étnica ou religiosa. Vamos abandonar qualquer esforço para ampliar e expandir esse projeto? O país, quase 250 anos depois de fundado, continua a ser definido, em parte, por suas contradições. Contudo, outros países, entre eles algumas das democracias mais celebradas do mundo, continuam a sofrer para adotar uma concepção menos provinciana do caráter nacional. Em junho de 1996, Jean-Marie Le Pen, então presidente do partido Frente Nacional, na França, menosprezou a seleção de futebol do país como "um pouco artificial", diante do número de jogadores que, embora cidadãos franceses, eram descendentes de indivíduos dos territórios ultramarinos e da África.[10]

A experiência de viver nos Estados Unidos, para muitos, tornou-se fragmentada demais, díspar demais para permitir uma aspiração mais ampla a algo compartilhado e comum. Na verdade, é quase como se os norte-americanos tivessem cedido aos outros a própria capacidade de esboçar a história cultural do país, deixando o espaço onde haveria qualquer discussão do tipo a ser ocupado por editores de livros didáticos estrangeiros *sobre* os Estados Unidos — por histórias escritas por estrangeiros, com um olhar de fora para dentro. De fato, os editores do livro escolar *American Culture*, publicado em 2008 visando sobretudo estudantes de inglês como língua estrangeira fora dos Estados Unidos, fizeram uma avaliação incisiva, e talvez involuntariamente crítica, do estado de nosso projeto nacional: "O estudo da cultura norte-americana deixou de ser uma busca pelo caráter nacional, ou pela identidade nacional, para focar os conflitos dentro e fora do país."[11] O problema é que o ser humano sempre vai buscar formas de obter proximidade e conexão com desconhecidos, com gente que nunca vai encontrar ao vivo. Será que devemos contestar o papel da nação nesse processo? Ou deixar que ele penetre uma brecha que, do contrário, seria preenchida por uma cultura consumista em ascensão, na qual identidade e pertencimento são definidos por aquilo que se é capaz de comprar e, por conseguinte, pela casta e pelo patrimônio de cada um? Talvez esse seja o erro estratégico mais gritante da esquerda moderna. Ela afirma seu compromisso com a contenção dos excessos do mercado, mas a indisposição em reconhecer e levar a sério os benefícios que podem provir de uma cultura nacional, ou de uma identidade compartilhada, enseja justamente os excessos que ela se propõe a combater.

・ ・ ・

Em 3 de outubro de 1965, Lee Kuan Yew discursou na associação dos varejistas de bebidas de Singapura com o intuito de promover o apoio à causa do país recém-independente. Fazia apenas alguns meses que Singapura havia se separado da Malásia, e a missão de Lee era convencer uma população desconfiada de que aquela nação insular tinha um futuro por conta própria. "Estou calculando em termos da próxima geração, em termos dos próximos cem anos, em termos da eternidade", declarou. "E acreditem em mim quando digo que daqui a mil anos ainda estaremos aqui." Ele acrescentou: "Os povos que merecem sobreviver são os que calculam e pensam nesses termos."[12]

Para muitos, as chances de sobrevivência de Singapura após a separação do Império Britânico e, mais tarde, da independência em relação à Malásia, em 1965, não eram promissoras. Tratava-se de um pequenino país, pouco maior que uma ilha, que carecia de recursos naturais ou da população em tese necessária para algum tipo de longevidade. Além disso, os cidadãos de Singapura falavam uma dezena de idiomas e dispunham de tradições culturais e religiosas distintas, cada uma delas com raízes antigas e profundas com o sul da China, o subcontinente indiano e a Península da Malásia. Lee lutou para forjar algum tipo de identidade nacional para o jovem país, costurando aquilo que, esperava, iria se tornar um todo coerente, a partir de um leque diversificado de componentes. Para tanto, ele e outros envolviam despudoradamente o governo de Singapura em uma série de aspectos da vida privada de seus cidadãos, que iam das boas maneiras à busca de um cônjuge.

Em um comício político em 1986, Lee defendeu que a intervenção no domínio privado dos cidadãos do país era um ingrediente necessário para se erguer uma nação. "Cantávamos canções diferentes, em idiomas diferentes", disse ele. "Não ríamos das mesmas piadas, porque se você contar uma piada em hokkien", acrescentou, referindo-se a um dos dialetos chineses do país, "40% da população não vai entendê-la."[13] Durante a maior parte do século XIX, pelo menos doze dialetos chineses eram falados em Singapura, entre eles o cantonês, o hokkien, o hainanês e o xangainês.[14] A ascensão e predominância cada vez maior dos dialetos chineses no território foi um acontecimento relativamente recente. A antiga colônia britânica, ao longo do século XIX e início do XX, deu preferência ao malaio, em detrimento do chinês, considerando que, nas palavras de um historiador, Singapura era considerada "parte de um mundo malaio maior, no qual a principal língua franca era o malaio".[15]

Uma análise do governo, finalizada em 1979, concluiu que a esmagadora maioria das crianças na nação recém-independente (85%) falava em casa um idioma diferente do inglês e do mandarim.[16] Os autores do relatório escreveram: "Um dos perigos da educação leiga em um idioma estrangeiro é o risco de perda dos valores tradicionais do próprio povo, além da aquisição das modas mais espúrias do Ocidente." Uma língua em comum era vista como vital para que o país fosse capaz de defender sua cultura contra uma invasão, de modo a sobreviver no longo prazo. "De uma sociedade que não é guiada por valores morais, não se pode esperar que mantenha a coesão sob pressão", observou o estudo do governo, que ganhou o título de Relatório Goh, do nome de seu principal autor, Goh Keng Swee, vice-primeiro-ministro de Lee. "É o compromisso com um conjunto de valores em comum que determinará até que ponto a população de origem migratória recente estará disposta e será capaz de defender o interesse coletivo."[17]

Pouco tempo depois, foi elaborado um plano exigindo que todos os alunos chineses aprendessem mandarim na escola, em vez dos dialetos falados em casa. Foi uma manobra decisiva e polêmica, que teve profundas consequências para gerações das famílias do país. "Singapura era uma espécie de floresta tropical linguística — exagerada, um pouco caótica, mas muito vibrante e próspera", disse em uma entrevista em 2017 Tan Dan Feng, que foi membro do comitê nacional de tradução. "Agora, depois de décadas de poda e desbaste, virou um jardim focado nos produtos que dão dinheiro: aprenda inglês ou mandarim para vencer na vida, e o resto é inútil, então cortamos."[18]

Por sua vez, Lee continuou defendendo que o aprendizado do chinês, e a capacidade de conversar com qualquer cidadão do país, era essencial para o desenvolvimento e a coesão dos jovens singapurenses de ascendência chinesa.[19] E muitos atribuem a Lee ter basicamente salvado o país de se transformar em um embate de bandos rivais fiéis a divisões étnicas ou linguísticas. Saravanan Gopinathan, ex-decano do Instituto Nacional de Educação de Singapura, escreveu em 1979 que a política linguística do país foi decisiva na construção e manutenção da "personalidade cultural da nação".[20] Mais adiante, Lee cogitou relaxar seu controle sobre o desenvolvimento do país em alguns aspectos limitados. "Esta é uma nova fase", explicou no comício do Dia Nacional, em 1986. "Dê a opção. Você decide. Você faz sua cabeça. Você exerce a escolha. Você paga o preço."[21] O salto de Singapura, quaisquer que sejam os fatores que o impulsionaram, foi inegável. Em 1960, o PIB *per capita* de Singapura era de apenas 428 dólares. Em 2023, tinha chegado a 84.734 dólares — uma das ascensões mais acentuadas e incessantes de qualquer país no século XX, e talvez de toda a história moderna.[22]

• • •

Quase ninguém poderia contestar o papel absolutamente crucial de um único indivíduo, Lee, para a ascensão de Singapura em seus primeiros cinquenta anos de existência. Nas palavras de Henry Kissinger, ao se tratar da liderança de Lee, "a velha discussão se quem molda os eventos é a circunstância ou a pessoa" foi "dirimida em favor da segunda opção".[23] Esse antigo debate remonta pelo menos ao século XIX, quando Thomas Carlyle, historiador escocês, escreveu em 1840 sobre "o Grande Homem" que tinha sido "o indispensável salvador de sua época; o relâmpago, sem o qual o combustível nunca teria queimado".[24] A ideia de que indivíduos solitários são os principais impulsionadores da história era comum na época. O Panthéon, em Paris, dedicado a partir do século XVIII a abrigar os restos mortais dos políticos, filósofos e generais mais destacados do país, inclui estátuas de Voltaire, Rousseau e Napoleão, em um frontão acima de 22 colunas coríntias altas e imponentes.[25] Uma inscrição na pedra, em grandes letras maiúsculas, pode ser lida da rua: "*Aux Grands Hommes La Patrie Reconnaissante*" [Aos Grandes Homens, a Pátria Agradecida].

Uma ênfase específica nos atos e ideias de indivíduos solitários, ao avaliar uma série de questões humanas que também são impulsionadas por forças econômicas e políticas, seria com certeza um equívoco. Muitas pessoas também diriam que não se pode ignorar a referência aos "homens" na frase, excluindo as mulheres. Mas por que somos incapazes de renegar o sexismo e a visão limitada sem descartar ao mesmo tempo todo senso de heroísmo? Nosso afastamento, como cultura, dessa forma de pensar, da veneração aos líderes, é ao mesmo tempo sintoma e causa das atuais circunstâncias. Ficamos cansados e desconfiados em relação à liderança em si; pensamos em heroísmo, na maior parte, como algo mitológico — vestígios de um passado que, afirmamos a nós mesmos, está irremediavelmente enraizado em uma história de dominação e conquista. A perda de interesse por essa forma de pensar, por mais limitada e defeituosa que fosse, coincidiu com o abandono mais amplo, por parte da cultura, de qualquer interesse pelo caráter ou pela virtude — conceitos que parecem ser indefiníveis, que não cabem no materialismo psicológico e moral dos tempos modernos. Nosso erro, porém, foi descartar tudo de uma vez, e não apenas nos livrar da intolerância e de uma perspectiva marcada pela mente fechada.

O erro essencial da esquerda contemporânea tem sido roubar de si a oportunidade de falar de identidade nacional — uma identidade divorciada dos conceitos de cidadania baseados no sangue e no solo. Os políticos de esquerda, tanto na Europa quanto nos Estados Unidos, neutralizaram a si mesmos décadas atrás, o que impede seus defensores de participar de maneira firme e direta de qualquer debate sobre identidade nacional — uma identidade que poderia estar vinculada a uma série de antecedentes históricos culturalmente específicos, mas que os superou de modo a incluir todos os indivíduos que estivessem dispostos a abraçá-la. O fato é que toda uma geração de acadêmicos e escritores recusou-se por completo a vigiar as fronteiras emocionais da nação — a comunidade imaginada de Anderson.[26] Richard Sennett, professor de sociologia da London School of Economics, apontou a possibilidade de encontrar "maneiras de agir em conjunto" sem depender daquilo que ele chamou de "o mal de uma identidade nacional em comum".[27] A filósofa política Martha Nussbaum também condenou o "orgulho patriótico" como "moralmente perigoso", propondo que nossa "principal lealdade" seja para com "a comunidade de seres humanos do mundo inteiro".[28] O projeto de ambos, em sua essência, seria pós-nacional. Contudo, a aceitação dessa postura a favor da abolição da nação foi prematura e insensata, e a esquerda tem sido lenta em reconhecer seu equívoco.

. . .

Em 1882, o filósofo francês Ernest Renan, que era descendente de pescadores, fez um discurso na Sorbonne, em Paris, intitulado

"Qu'est-ce qu'une nation ?" [O que é uma nação?].[29] Ele foi um dos primeiros autores a tentar estabelecer uma distinção entre o conceito de nação e a ideia, mais limitada ou restrita, de identidade étnica ou racial.[30] Observou que o "erro mais grave" ocorre quando "se confunde raça com nação". Renan expressou um conceito bem mais duradouro e robusto de nação, esse grandioso e misterioso projeto coletivo, de uma forma que as classes instruídas abandonaram quase por completo no pós-guerra. Ele descreveu a nação como "uma vasta solidariedade, constituída pelo sentimento dos sacrifícios que foram feitos e daqueles que ainda se está preparado para fazer". Um projeto nacional, para Renan, "pressupõe um passado", mas "resume-se no presente por um fato tangível: o consentimento, o desejo claramente expressado de continuar uma vida em comum". É com essa "vida em comum" que corremos o risco de perder o contato. Renan ofereceu uma definição para nação que iria se tornar famosa: a de "um plebiscito cotidiano". E agora este precisa ser renovado.

A tarefa necessária de construção da nação, de formação de uma identidade coletiva e de uma mitologia compartilhada, corre o risco de se perder porque ficamos receosos demais de excluir uma pessoa que seja, de privar qualquer indivíduo de participar do projeto em comum. É esse desinteresse pela mitologia, pelas narrativas compartilhadas, que levamos longe demais enquanto cultura. O nome da Palantir se inspira em *O senhor dos anéis*, de J. R. R. Tolkien, e há quem diga que as referências a Tolkien são uma predileção da "extrema-direita".[31] Essa crítica é simbólica de um erro mais amplo da esquerda, bastante significativo e estratégico. O interesse em arraigar os propósitos de um empreendimento corporativo em um contexto e uma mitologia maiores deveria ser celebrado, e não menosprezado. Precisamos de mais obras em comum, mais histórias compartilhadas, e não menos, mesmo que elas tenham que ser lidas de forma crítica com o passar do tempo.*

---

* Para um exemplo, veja o ensaio de Rowan Williams, ex-arcebispo de Canterbury: WILLIAMS, Rowan. "Master of His Universe: The Warnings in JRR Tolkien's Novels". *New Statesman*, 8 ago. 2018.

Histórias como essas, parábolas e pequenos mitos que dão ânimo e tornam possível uma vida mais plena, encontrarão refúgio em outros domínios, se continuarmos insistindo em excluí-las das vidas públicas e cívicas. Randy Travis, cujas melodias geraram uma espécie de revitalização neoclássica da música country nas décadas de 1980 e 1990, contava histórias que foram banidas da cultura norte-americanas, consideradas superficiais e quase retrógradas. Sua música "Three Wooden Crosses" [Três cruzes de madeira], que falava de "um agricultor e um professor, uma prostituta e um pastor", era por excelência o tipo de parábola que não combinava mais com uma cultura de elite em ascensão — um relato de virtude e redenção sem pudor nem ironia. No entanto, Travis e sua música continuam muito populares entre certas camadas da população. Nossa ânsia por história e propósito não diminuiu. Foi obrigada, isso sim, a encontrar sua expressão em outras áreas, fora da cidadania.

. . .

O desafio é que o comprometimento com a participação na comunidade nacional imaginada — com certo grau de perdão pelos pecados e pela traição do vizinho, com a crença na possibilidade de um futuro juntos, maior e mais próspero do que seria no isolamento — exige confiança e algum tipo de adesão à comunidade. Sem tal senso de pertencimento, não há nada pelo que lutar, nada a defender e nada pelo qual se empenhar. O compromisso com o capitalismo e com os direitos do indivíduo, por mais convicto que seja, jamais será o bastante; é tênue e parco demais, restrito demais para sustentar a alma e a mente humanas. James K. A. Smith, professor de filosofia na Calvin University, observou de modo acertado que "as democracias liberais do Ocidente viveram durante séculos do capital emprestado pela Igreja".[32] Se a cultura de elite contemporânea continua a atacar a religião organizada, o que resta para sustentar o Estado? O que construímos, ou buscamos construir, em seu lugar? É verdade, como escreveu Robert N. Bellah em 1967, que, "ao lado e de forma bem claramente diferenciada das igrejas, existe nos Estados Unidos uma religião civil elaborada e bem institucionalizada".[33] Ele argumentava que "essa religião — ou talvez melhor ainda, essa dimensão religiosa — tem sua própria seriedade e integridade e exige o mesmo cuidado e compreensão que qualquer religião". Uma constelação difusa de "arquétipos bíblicos", na expressão de Bellah, como histórias do Êxodo, de sacrifício, assim como de ressurreição, pode ser um ponto de partida, mas nos tornamos céticos e desdenhosos até dessas modestas referências na vida pública.

Os líderes do Vale do Silício provêm de uma geração incorpórea de talentos no país comprometida com pouco além de um veemente secularismo. Fora disso, porém, nada de muita substância. Precisamos, enquanto cultura, voltar a tornar a praça pública segura para ideias substanciais de uma vida boa ou virtuosa, que, por definição, exclui certas ideias para privilegiar outras. Deve-se resistir ao "pluralismo que ameaça submergir a todos nós", como escreveu o filósofo Alasdair MacIntyre.[34] Agora é o momento, como ele apontou, de erigir "novas formas de comunidade dentro das quais a vida moral" possa "ser sustentada".[35]

Um desejo ambicioso pela tolerância de tudo descambou no apoio a nada. O *establishment* contemporâneo de esquerda mora em uma prisão erguida por ela mesma. Como um animal enjaulado, só lhe resta caminhar furtivamente de um lado para o outro, incapaz de propor uma visão afirmativa de uma vida moral ou virtuosa, cujo conteúdo ela reduziu há muito tempo ao mínimo necessário. Precisamos, em vez disso, conjurar uma "resolução" nova, como escreveu o escritor e crítico de arte Roger Kimball, e até uma "autoconfiança e fé na nobreza essencial do próprio regime e modo de viver".[36]

• • •

Em 1998, a Associação de Editores e Livreiros da Alemanha decidiu outorgar seu prêmio internacional da paz a Martin Walser, um dos principais escritores e intelectuais públicos do país. Walser nasceu em 1927 em Wasserburg am Bodensee, cidade às margens do lago Constança, situado no extremo sul da Alemanha e na fronteira com a Suíça e a Áustria.³⁷ Filho de católicos, ele cresceu bem no período em que Hitler ascendeu ao poder, na década de 1930. Descobriu-se depois que ele entrou para o Partido Nazista quanto tinha 17 anos, segundo uma reportagem de uma revista alemã que obteve uma carteira de filiação ao partido de 1944, com o nome de Walser, nos arquivos federais alemães, em Berlim.³⁸ Walser disse à revista que ele devia ter sido incluído nas fileiras do partido sem seu conhecimento.³⁹ Posteriormente, foi recrutado pelo exército alemão e serviu sob o comando de Hitler até a derrota do país nas mãos das tropas aliadas, em 1945.

Seu apelo junto ao público alemão, e à associação de editores que lhe atribuiu o prêmio da paz naquele ano, devia-se, talvez, à sua complexidade como figura literária e moral. Durante décadas, a Alemanha foi consumida por debates morais e tentativas dissimuladas de criar uma "indústria da memória" do declínio alemão rumo às trevas, no final da década de 1930 e na de 1940. Um certo cansaço havia tomado conta, e o público, àquela altura em grande parte nascido depois da Segunda Guerra Mundial, já se sentia exaurido e atordoado pelas lembranças de um horror do qual seus pais ou avós, mas não ele próprio, haviam participado.

Em um discurso na igreja de São Paulo, em Frankfurt, em outubro de 1998, Walser divergiu do roteiro padrão de autoflagelação e aceitação obediente daquilo que, na cabeça de muitos, era a culpa e responsabilidade coletiva de toda uma nação. Em vez disso, deu a entender que o jugo de uma memória imposta deveria ser descartado e abandonado — que impor a vergonha à população alemã contemporânea tinha deixado de atender a qualquer propósito produtivo. Walser disse: "Todos conhecem o fardo da nossa história, nossa desgraça perpétua."⁴⁰ Contudo, ele não parou por aí. As lembranças diárias do passado da Alemanha, para Walser, eram mais uma tentativa oportunista da elite do país de aliviar "a própria culpa" que qualquer outra coisa. Walser confidenciou ao público que tinha flagrado a si mesmo desviando o olhar diante das imagens de brutalidade que tinham se tornado parte rotineira da programação de televisão da Alemanha na época. Explicou: "Nenhuma pessoa séria nega Auschwitz; nenhuma pessoa em pleno gozo de suas faculdades mentais questiona o horror de Auschwitz; mas, quando esse passado me é mostrado todos os dias na imprensa, sinto que algo dentro de mim se rebela contra essa apresentação incessante da nossa desonra." Walser denunciou a tentativa daquilo que chamou de "banalizar" Auschwitz, tornando-o "uma ameaça rotineira, uma forma de intimidação ou um porrete moral".[41] Um comentarista da época indicou que, para Walser, o fracasso moral de uma nação tinha "sido instrumentalizado por grande parte da imprensa", assim como por uma "*intelligentsia* liberal-esquerdista dominante, como modo de desafiar a identidade nacional alemã".[42]

Na plateia que acompanhava o discurso de Walser naquele dia, havia algumas das figuras mais relevantes da "elite política, econômica e cultural da Alemanha", como escreveu um observador.[43] Roman Herzog, presidente da Alemanha, estava presente, assim como membros dos setores editorial e financeiro. Foi um momento de profunda catarse para quase todos que o ouviram, que, segundo vários relatos, aplaudiram longamente de pé ao final da fala de Walser.[44] Ele tinha expressado os sentimentos e desejos proibidos de uma nação, e, com isso, livrou de muitas contradições internas seu público, que na maioria estava imerso em uma cultura onde a palavra vinha sendo patrulhada e monitorada, de forma rigorosa, em busca dos menores sinais de desvio das ideias preconcebidas e do consenso nacional.

Uma figura isolada na plateia naquele dia recusou-se a ficar de pé e aplaudir. Ignatz Bubis, presidente do Conselho Central dos Judeus da Alemanha e imponente figura de autoridade moral do país, considerou que os comentários de Walser, ainda que formulados de forma vigorosa em um linguajar pensado para protegê-lo da acusação de antissemitismo, basicamente instigava a divisão da sociedade, ameaçando levar o país a um retrocesso, em vez de avanço. No dia seguinte ao discurso, Bubis divulgou uma declaração à imprensa alemã, acusando Walser de ser um "incendiário espiritual", ou *geistige Brandstiftung*.[45] Os dois, Walser e Bubis, iniciaram um prolongado debate público que despertou grande interesse, em que um grupo fazia lobby para manter vivo o passado, e o outro para deixá-lo para trás.

Hoje, podemos considerar esse episódio como um lembrete da inquietação e dos desafios associados ao esforço para costurar algo em comum a partir de fiapos tão diferentes da experiência pessoal. A força do ceticismo em relação à identidade alemã, em relação a autorizar qualquer senso de nação a partir dos escombros da guerra, teve um preço significativo, privando o continente europeu de um meio de intimidação confiável à ameaça russa. Desmantelar o projeto nacional alemão foi, é evidente, necessário após a degradação rumo à loucura nas décadas de 1930 e 1940. Mas muitos lutaram para garantir que nada de muito substancial consiga surgir das cinzas. Isso é um equívoco, e um equívoco que nós, nos Estados Unidos e em outros países, corremos o risco de reproduzir. Nossa aversão persistente a uma forma mais ampla de identidade coletiva precisa ser deixada de lado. Abandonar a esperança de unidade, que por si mesma exige uma definição, é abandonar qualquer chance real de sobrevivência no longo, e certamente no longuíssimo, prazo. O futuro pertence àqueles que, em vez de se esconderem detrás de uma pretensão muitas vezes vazia de contemplar todos os pontos de vista, lutam por algo novo e excepcional.

Capítulo 18

Um ponto de vista estético

EM 1969, A SÉRIE DE TV *Civilisation*, relato ambicioso e monumental da história da arte, da Roma antiga à França medieval e além, foi exibida no Reino Unido, cativando lares no país inteiro. Mais de 2 milhões de pessoas assistiram ao programa.¹ Em algumas paróquias, até cerimônias religiosas mudaram de horário para os fiéis não perderem um episódio.² O apresentador, Kenneth Clark, nascido em Londres em 1903, era um produto de outra época, assumidamente aristocrático; propunha o que parecia uma narrativa coerente da marcha da arte ocidental rumo à beleza e à grandeza. Na Grã-Bretanha do pós-guerra, assim como nos Estados Unidos, sua visão de mundo era tranquilizadora para muitos, e de forma intencional, era anacrônica. Os julgamentos de Clark sobre os méritos da obra de um artista, ou sobre o valor estético de um período, valiam como lei. Ele considerava, por exemplo, a pintura romana do século XVI "fraca, afetada" e "inibida".³

Para Clark, havia o bom e o ruim, e a civilização era, ou pelo menos deveria ser, uma marcha rumo a algo maior. Ele comparou uma máscara africana, sem especificar o país de origem dentro do continente de origem, com o Apolo do Belvedere no Vaticano, concluindo, com sua autoconfiança característica, que "o Apolo encarna um estágio de civilização mais elevado que a máscara".⁴ Em outro momento, ele recusou-se, com um desdém desafiador, a atribuir à Espanha um papel central na história da civilização ocidental e pôs em xeque o que o país teria feito de significativo para "expandir a mente humana e levar a humanidade alguns degraus morro acima".[5] Clark representava (e sua obra ainda hoje clama por isso) uma certa posição ideológica: o ponto de vista de que é possível fazer juízos estéticos generalizados, e quase morais, sobre culturas inteiras. A concepção de gosto, a capacidade de inovação e, no fim, a contribuição para o progresso humano eram temas válidos para julgamentos e análises.

O público consumiu sua narrativa, mas acabou por se rebelar contra ela. Clark, e sua série, foram alvo de ataques constantes nas décadas que se seguiram ao lançamento do programa. Mary Beard, historiadora e escritora britânica, contou em 2016, décadas depois de travar contato com a série, que começou a "se sentir francamente incomodada com a autoconfiança aristocrática de Clark, e sua atitude de 'grandes homens' em relação à história da arte — passando de um tremendo gênio para outro".[6] Muito do que Clark dizia não poderia ser dito hoje. Porém, em nosso afã de nos revoltar contra a opressão de um relato limitado da arte e da história do Ocidente, talvez tenhamos nos privado de mais do que esperávamos. A erradicação de anacronismos como Clark coincidiu com o abandono de outros enquadramentos estéticos e normativos. E com isso, sem querer, reduzimos nossa capacidade de discernimento e até de julgamento.

Até tentativas modestas de falar de beleza nos dias de hoje (como uma crítica recente a uma produção de teatro, descrita pela colunista Peggy Noonan como "feia, bizarra, não artística") passaram a ser motivo de polêmica e resistência.[7] A reformulação da crítica de arte e a contestação ao jeito de ser de Clark foram os sinais de alerta. Pode ter começado pela arte, mas depois veio muito mais. Desprezaram-se como polarizadoras, meras manifestações de uma sensibilidade elitista, expressões mais amplas de gosto e preferência estética. Como escreveu David Denby em um artigo na revista *New Yorker* em 1997, corre-se o risco de menosprezar o "gosto estético" como um simples produto de um "comportamento de busca de status".[8] É bem verdade, é óbvio, que decisões estéticas supostamente neutras ou inocentes costumam ser uma forma de erguer e manter hierarquias de casta. O sociólogo americano Thorstein Veblen comentou em 1899 que as alamedas "sinuosas" nas propriedades reservadas da elite britânica, com seus meandros desnecessários, cram uma forma de expressar poder.[9] Mas será que não há nada de estético que possa ser aproveitado em nossas vidas, nenhum senso de norte ou sul?

O medo generalizado contemporâneo de exprimir qualquer afirmação relacionada à verdade, beleza, a vida boa, até mesmo justiça, nos levou a adotar uma versão tênue de identidade coletiva, versão incapaz de propiciar qualquer direcionamento relevante para a experiência humana. Todas as culturas são semelhantes. É proibido criticar ou fazer juízos de valor. Porém, esse dogma novo ignora o fato de que certas culturas ou subculturas, entre elas as normas e práticas organizacionais do Vale do Silício, não obstante seus defeitos e contradições, produziram maravilhas. Outras culturas se mostram medíocres, ou, pior, retrógradas e nocivas. Pode ser que estejamos certos ao repudiar o desprezo sumário à "máscara africana" sem nome, em favor do mármore branco do Apolo. Mas isso é motivo para ficarmos sem qualquer meio de distinguir entre a arte que nos faz progredir, entre as ideias que trazem avanços à causa da humanidade, e as que não fazem o mesmo? O perigo é que nosso medo de pronunciar, afirmar, preferir, nos deixe sem direção e confiança na hora de mobilizar os recursos e talentos que compartilhamos enquanto sociedade. O medo nos levou a recuar e encolher nosso senso do que é possível, e ainda se infiltrou em todos os aspectos de nossas vidas.

Tal renúncia a um ponto de vista estético é fatal para a criação de tecnologia. Elaborar um software exige gosto, tanto na confecção dos programas necessários quanto na seleção das pessoas que vão criá-los. É, ao mesmo tempo, arte e ciência. Se o Vale do Silício evoluiu de um diminuto pedaço de terra no condado de Santa Clara, e conquistou tanta coisa e tão rápido, em parte é porque preservou um espaço para os Clark da vida. Os fundadores têm um ponto de vista estético. Mesmo que não trabalhem com esculturas do século XIX ou afrescos italianos, eles encontraram no Vale um ambiente que lhes permite exercer aquilo que é, em sua essência, uma forma de julgamento artístico e criar algo em um mundo onde ainda era permitido que existissem afirmações normativas sobre o que era bom e o que era ruim e arcos narrativos de triunfo e derrota. Os campeões de performance dos dias de hoje, aqueles que fundaram e construíram as maiores empresas de tecnologia do mundo, cujo tamanho e influência rivalizam com os de pequenos países, em grande parte se separaram do resto da sociedade como forma de alcançar seu objetivo. Seu ofício exigiu isolamento, e não imersão, em relação ao mundo, além de juízos e preferências pessoais.

FIGURA 14
Ulisses e as sereias, de Herbert James Draper (1909)

Diversos artistas representaram as sereias como formas femininas de tentação erótica.[*][10]

---

[*] Um historiador da arte comentou que nas representações da Grécia e de Roma antigas, embora as sereias tenham sido concebidas como "aves com rosto de mulher" nas cenas da *Odisseia* de Homero, na Idade Média elas acabariam sendo "confundidas com as sereias metade peixe, metade mulher".

O compromisso com um único rumo ou ponto de vista, e a limitação das opções pessoais, é em alguns casos a forma mais eficaz (senão a única) de se orientar em meio às dificuldades e pressões da vida em sociedade. Quando Ulisses pediu à tripulação que o amarrasse ao mastro do navio, enquanto ele navegava em meio às sereias e seus chamados enfeitiçadores, advertiu aos companheiros: "Se eu suplicar a vocês que me libertem", então "acorrentem-me ainda mais".[11] De forma proposital, ele estava limitando a própria amplitude de movimento, a capacidade de reagir ao mundo exterior e ao risco de ser desviado por uma tentação encantadora, porém mortal. A liberdade de movimento, de deslocar-se como bem se entende, pode ter a aparência de uma imitação do poder. A disposição para restringir as próprias escolhas, de prender-se ao mastro, é muitas vezes a melhor (senão a única) rota para a produção criativa, seja em uma empresa, seja em uma cultura.

• • •

A performance superior das empresas comandadas por seus fundadores, reiterada por um número cada vez maior de evidências, resulta dessa prioridade conferida a um ponto de vista estético, desse espaço para se pronunciar e tomar decisões.[12] Para muitos dos que estão do lado de fora, o resultado econômico superior é paradoxal e causa perplexidade. Segundo o catecismo do livre mercado, as empresas geridas por um comitê, com maior supervisão e controle sobre a gestão, deveriam ser mais eficientes e eficazes no longo prazo. As evidências, porém, indicam o contrário.

Rüdiger Fahlenbrach, professor de finanças da École Polytechnique Fédérale de Lausanne, na Suíça, compilou uma lista de 2.327 empresas dos Estados Unidos em um período de dez anos, de 1992 a 2002. Delas, 361 eram geridas pelo fundador, e não por um CEO profissional ou contratado. Ele concluiu que o investidor que adotasse como método a compra de ações apenas de empresas geridas por seus fundadores obteria um retorno anual excedente 10,7% maior ou 4,4% a mais por ano que um portfólio incluindo todas as empresas, geridas pelo fundador ou não, mesmo eliminando outros fatores, como tipo de setor econômico e idade da companhia.[13] Resultados semelhantes já tinham sido observados em empresas familiares, mas a pesquisa de Fahlenbrach ajudou a distinguir o que impulsiona a taxa de crescimento acima da média das empresas controladas por uma única família, na comparação com as empresas nas quais a família é uma das gestoras. Ele concluiu que "uma parcela grande de propriedade nas mãos dos descendentes de uma família fundadora", por si só, não era suficiente para afetar o valor de mercado da empresa; aquelas que mantinham um dos fundadores no comando eram as que eram mais certas de ter uma performance superior no longo prazo.[14]

Outros observaram resultados semelhantes. Um grupo de pesquisadores da Universidade Purdue analisou as quinhentas empresas do S&P 500, um índice das maiores e mais importantes empresas dos Estados Unidos, em um intervalo de dez anos, de 1993 a 2003, para determinar se aquelas comandadas por fundadores produziam mais inovação (medida pelo número de patentes com mais citações de terceiros). Os pesquisadores não estavam medindo apenas o número de

FIGURA 15
O bônus do fundador: retorno total de empresas comandadas pelo fundador *versus* outras (1990 a 2014)

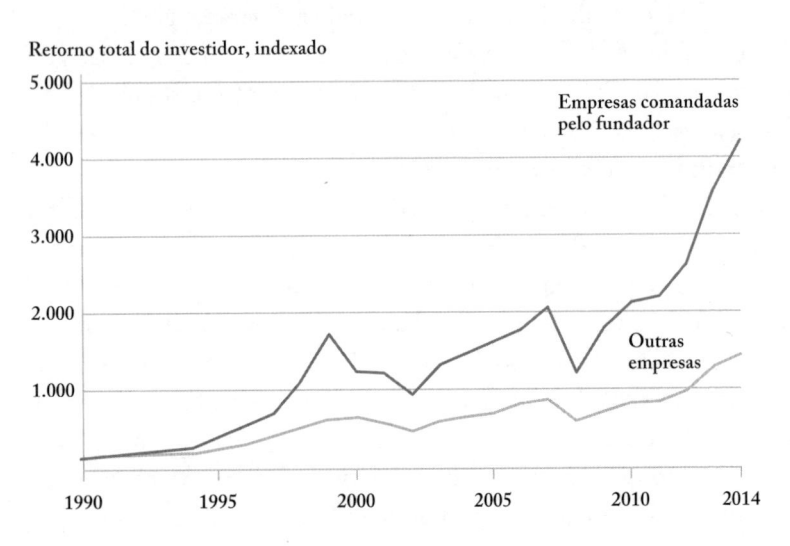

pedidos de patente apresentados, e sim aquelas que, no longo prazo, passaram a ser mencionadas com frequência em revistas acadêmicas e outras publicações. A equipe de Purdue concluiu que as empresas dirigidas por fundadores, comparadas àquelas com CEO profissionais, detinham um número 31% maior de patentes relevantes.[15]

O desempenho superior nem de longe é acidental. A união entre a busca por inovação e o rigor da execução de engenharia exige certo grau de isolamento do mundo exterior, certa proteção dos instintos e constantes más orientações do mercado. Nada muito substancial e, sem dúvida, nada muito duradouro, será criado por um comitê. O desafio, tanto nos Estados Unidos quanto no Ocidente de maneira mais geral, será tirar proveito e canalizar as energias criativas da nova geração de fundadores, esses iconoclastas da tecnologia, a serviço de algo além de seus interesses individuais.

Deve-se permitir que uma cultura de responsabilidade crie raízes em nossa sociedade. David Swensen, ex-diretor de investimentos do fundo patrimonial de Yale, comandou a organização durante trinta e cinco anos. Ele falava em investir os recursos da universidade, fundada em 1701, de modo a garantir não apenas alguns anos, ou mesmo décadas, de performance forte, mas também para assegurar mais três séculos de existência da instituição. Como disse Swensen em uma entrevista de 2017, o "curto-prazismo" e o "foco do mercado no faturamento trimestral" são "incrivelmente danosos".[16] Em vez disso, uma espécie de curadoria, de custódia temporária e condicional de um patrimônio, é o que permite preservar seu valor no longo prazo.

Uma das maiores vantagens do Vale do Silício foi a adoção — imperfeita, vacilante e cheia de contradições — de uma sociedade de responsabilidade, um regime onde o trabalho, o talento criativo dentro das organizações, desempenha um papel relevante no sucesso e nos resultados das empresas criadas. É fácil esquecer que o ato de conceder participação a todos os funcionários de uma empresa de tecnologia, dos assistentes administrativos aos executivos, era radical na década de 1990, um desvio do modelo então predominante, de remuneração por hora para os empregados enquanto os proprietários embolsavam recompensas desmesuradas. Um punhado de outros setores já tinha cogitado modelos de participação compartilhada, de escritórios de advocacia a clínicas médicas, mas na prática as participações acionárias ficavam limitadas a um minúsculo grupo de gestores no comando da organização.

O Vale do Silício foi muito mais longe, e a estratégia revelou-se essencial para seu êxito. Muitas das mais notáveis empresas de tecnologia do mundo eram, basicamente, de propriedade coletiva. Os primeiros participantes compartilharam o risco e a recompensa.[17] O Vale do Silício continua a ser um dos poucos lugares do mundo onde indivíduos de "nascimento humilde", para usar a expressão do constitucionalista Akhil Reed Amar, podem ser proprietários de algo significativo e se beneficiar do lado bom do próprio trabalho, em vez de serem meras engrenagens, ainda que engrenagens muito bem remuneradas, do empreendimento alheio. Ao longo das décadas de 1980 e 1990, um recém-formado talentoso podia entrar para a Goldman Sachs, na época uma pioneira dos modelos de remuneração em parceria, ou para um escritório de advocacia tradicional, onde os advogados compartilham lucros e riscos do próprio esforço. Porém, experiências do tipo em geral acabaram; são empresas que ainda atraem mentes talentosas e ambiciosas, mas como assalariados (às vezes com grandes pagamentos), nada além de assalariados. O lado positivo de todo o esforço e energia criativa da mão de obra é apropriado pelos investidores.

• • •

Em 1934, Ruth Benedict publicou *Padrões de cultura*, livro no qual relatava sua experiência no convívio e estudo de comunidades pré-industriais no oeste do Canadá, na Melanésia e no sudoeste dos Estados Unidos. Ela relatou uma busca por "uma fé social mais realista", que desse conta da variedade de culturas humanas e práticas culturais.[18] Porém, ela também foi mais longe, descrevendo "os padrões de vida coexistentes, e igualmente válidos, que a humanidade criou para si mesma a partir das matérias-primas da existência". Foi essa referência às culturas "igualmente válidas" que gerou um século de discussões e debates. Para várias gerações de antropólogos, o estudo das sociedades pré-industriais tornou-se uma forma de valorizá-las, mas também, por extensão, involuntariamente de isentá-las do escopo do julgamento moral.* [19, 20]

O Vale do Silício, em sua versão atual, foi produto dessa tradição intelectual, de um agnosticismo cultural e moral, para não dizer um relativismo, que evitou o quanto pôde tudo que pudesse se parecer com uma visão substancial de uma vida boa. O movimento altruísta eficaz, que tomou conta do Vale do Silício na última década e foi proposto pelo filósofo Peter Singer, entre outros, buscava fazer avançar o apelo intuitivo do universalismo ético — a ideia de que todos os seres humanos, e até alguns não humanos, deveriam ser considerados em nossos cálculos morais.[21] A obra de Singer, nascido em Melbourne, Austrália, e professor em Princeton durante mais de vinte anos, despertou interesse por parecer ter matado a charada: tudo o que importa é o bem-estar, seja ele de seres humanos ou das lontras. Mas sua perspectiva serviu de álibi para que toda uma geração evitasse questões mais delicadas sobre aquilo que constitui uma vida bem vivida, os limites e o que pertence a uma identidade nacional e a busca do ser humano por um sentido.[22] O filósofo britânico Roger Scruton criticou Singer por adotar "um utilitarismo vazio" cuja elegância e simplicidade, por mais atraentes que fossem, reduziam a experiência a uma métrica única. Os pioneiros de muitas empresas de ponta do Vale do Silício não seriam *imorais*, desse ponto de vista; seriam apenas *amorais*, por não acreditar em estruturas de crenças e visões de mundo grandiosas, em concepções afirmativas daquilo que a vida coletiva pode ou deve ser.

Não que falte idealismo aos empreendedores do Vale do Silício; na verdade, eles parecem transbordar de idealismo. Mas ele é frágil,

---

* Do ponto de vista desse período da etnografia, os povos que eram objeto de estudo estavam parados no tempo, carecendo da capacidade básica de mudar ou evoluir ao longo da história. Margaret Mead, que foi aluna de Benedict, pertenceu a uma geração cultural de antropólogos que usou o chamado "presente etnográfico" para relatar a vida das mulheres jovens, e de outros sobre os quais escreveu, em *Coming of Age in Samoa* ("Adolescência em Samoa"), publicado em 1928. Os indivíduos observados não apenas existiam isolados do mundo, mas também ficavam "gramaticalmente congelados no instante em que ela os observava" — *nada, come, conta, sabe*", comentou o escritor Charles King.

sujeito a fenecer ante a menor cobrança externa. As hostes de jovens pioneiros, durante décadas, declararam de forma constante o desejo de mudar o mundo. Tais afirmações, porém, foram perdendo o sentido, de tão usadas. O manto do idealismo serviu para livrar os jovens fundadores da necessidade de elaborar algo que tivesse qualquer semelhança com uma visão de mundo significativa. E o próprio Estado-nação, a forma mais eficaz de organização coletiva para a busca de um objetivo comum que o mundo já conheceu, foi deixado de lado como um obstáculo ao progresso.

• • •

Leo Strauss, nascido na Prússia no final do século XIX e professor da Universidade de Chicago, postulou que a rejeição de um ponto de vista moral seria, em muitos aspectos, uma precondição do Iluminismo e da revolução científica que viabilizou o Vale do Silício.[23] Ele escreveu que a "obtusidade moral", a renúncia, ou pelo menos pausa, à busca de uma definição do bem e do mal, "é a condição necessária para a análise científica". Ele também foi um dos primeiros a observar que uma bifurcação tão evidente das iniciativas entre o campo científico e o campo moral seria bem mais difícil na prática — que "os julgamentos de valor que são proibidos de entrar pela porta da frente na ciência política, na sociologia ou na economia, entram nessas disciplinas pela porta dos fundos".[24] Para Strauss, o cientista social contemporâneo rejeitou os valores em nome da busca pela verdade, convencendo a si mesmo de que tal distinção seria possível. Mas essa "indiferença a qualquer meta, essa deriva ou falta de direção", nas palavras de Strauss, foi a semente do nosso atual niilismo cultural.[25]

Os inúmeros empreendedores e engenheiros do Vale do Silício foram os sucessores da geração anterior de acadêmicos, que tentou se esconder detrás de uma suposta busca imparcial por descobertas científicas. Tal neutralidade forçada, primeiro no ensino superior e depois nas empresas de tecnologia que criaram o mundo onde todos nós atuamos hoje, nos deixou com uma república oca, muito longe daquilo que somos capazes de criar. Mas construir uma república tecnológica, uma experiência enriquecedora, próspera e ruidosamente criativa — e não uma orgia de igualitarismo permissivo, contra o qual Strauss alertou —, exigirá que se abracem valores, virtude e cultura, logo aquilo que a geração atual aprendeu a abominar.

Para Lee Kuan Yew, o ideal aspiracional era tornar-se, como Confúcio conclamou mais de dois mil anos atrás, um *junzi*, termo que pode ser traduzido como "pessoa exemplar" ou "cavalheiro".[26] Seria uma pessoa "leal ao pai e à mãe", "fiel à esposa", "bom educador dos filhos" e "cidadão leal ao imperador", como explicou Lee em uma entrevista.[27] Para muitos hoje, tal concepção específica da virtude deve ser combatida, considerada provinciana e excludente. Porém, que virtudes, que concepção de uma vida nobre ou exemplar, estamos dispostos a propor no lugar daquelas que foram descartadas em nome da inclusão?

A queda dos impérios costuma ser precedida pelo abandono da busca e do fomento da virtude. Salústio, historiador romano nascido no ano 86 da era cristã, foi o cronista da decadência da república à sua volta, época em que Catilina tentou um golpe e acabou assassinado pelo exército romano. Salústio escreveu que, "em consequência da riqueza, os jovens ficaram subitamente obcecados pelo luxo e pela ganância, assim como pela insolência".[28] Foram perdendo o interesse em qualquer coisa além do próprio enriquecimento. Um utilitarismo tépido e insatisfatório não bastará para curar o mal-estar atual. Os altruístas eficazes foram astutos ao cooptar o linguajar da filosofia moral, mas apenas adiaram o acerto de contas com a busca do ser humano por um propósito. Como escreveu Irving Kristol, fundador da revista *The National Interest* em 1985, "a tarefa delicada diante da nossa civilização, hoje, não é reformar a ortodoxia secular e racionalista", e sim "soprar vida nova nas ortodoxias religiosas envelhecidas e hoje em estado de coma".[29]

E é aí que o *establishment* de esquerda traiu a própria causa e desgastou o próprio potencial de forma tão completa. A busca frenética por um igualitarismo raso acabou esvaziando seu projeto político mais amplo e persuasivo. Buscou-se o justo, deixando de lado o bom. O que precisamos é de mais especificidade cultural — na educação, na tecnologia e na política —, e não menos. A neutralidade vazia do momento atual cria o risco de atrofiar nosso discernimento instintivo.*[30] Precisamos levar a sério a possibilidade de que a ressurreição de uma cultura compartilhada, em vez da renúncia a ela, seja o que possibilitará nossa sobrevivência e coesão.

A aversão à experiência e à iniciativa coletivas foi o que deixou os Estados Unidos, e a sua cultura, vulneráveis a ataques e infiltrações. Fomos treinados para tomarmos tanto cuidado, relutarmos tanto em falar sobre o conteúdo da cultura norte-americana, se é que ainda existe uma, que o ato da produção e fabricação cultural migrou para outras áreas, menos hostis. No momento, as principais características em comum da sociedade do país não são cívicas nem políticas, unindo-se, em vez disso, em torno do entretenimento, do esporte, das celebridades e da moda. Não se trata do resultado de alguma divisão política intransponível. O elo interpessoal que possibilita um tipo de intimidade imaginada entre estranhos, em grupos de dimensão significativa, foi rompido e cassado da esfera pública. O jeito antigo de engendrar uma nação, os rituais cívicos do sistema educativo, o serviço obrigatório pela defesa nacional, a religião, uma linguagem em comum, e uma imprensa livre e próspera, todos foram praticamente desmantelados ou definharam, vítimas de abuso e negligência.[31]

O Vale do Silício aproveitou a oportunidade criada pelo vácuo que passou a existir na experiência nacional dos Estados Unidos. As empresas de tecnologia que hoje dominam nossas vidas eram, em muitos casos, pequenas "nações", criadas em torno de um conjunto de ideais pelos quais muitos jovens ansiavam: liberdade de criação, crédito pelo sucesso e um compromisso, acima de tudo, com os resultados. Os Sunnyvales, Palo Altos e Mountain Views mundo afora eram cidades-empresas e cidades-Estados, isolados da sociedade, oferecendo algo que o projeto nacional já não podia proporcionar.

---

* John Rawls afirmou que a aspiração por manter o liberalismo político "neutro de objetivo" não exclui a possibilidade de que "continue a afirmar a superioridade de certas formas de caráter moral e a encorajar certas virtudes morais". Mas sua lista de virtudes, entre elas "cooperação social justa", "civilidade", "tolerância" e "razoabilidade", mostrou-se limitada e modesta — uma coleção de requisitos básicos essencialmente irrepreensíveis para o funcionamento da sociedade civil, que não dá espaço a qualquer riqueza ou especificidade cultural na vida pública.

Nosso argumento é que o caminho do progresso exigirá uma reconciliação entre o compromisso com o livre mercado, com sua atomização e seu isolamento de desejos e necessidades individuais, e o insaciável desejo humano de alguma forma de experiência e empreendimento coletivos. O Vale do Silício propiciou o segundo com os benefícios da primeira. Nas cidades do condado de Santa Clara, surgiu uma espécie de colônia de artistas dos tempos modernos, ou uma comuna tecnológica. Eram comunidades com coesão interna, cujos *campi* corporativos tentaram atender a todos os desejos e necessidades da vida cotidiana. Viviam o cerne de suas iniciativas coletivistas, habitadas por mentes intensamente individualistas e defensoras do pensamento livre. É bem verdade que houve uma "comoditização" da experiência comunitária apregoada pelas empresas do Vale do Silício. Porém, a atomização da vida cotidiana nos Estados Unidos, e no Ocidente como um todo, deixou o caminho desimpedido para as empresas de tecnologia, inclusive a nossa, recrutarem e reterem toda uma geração de talentos que queriam fazer algo que não fosse mexer com os mercados financeiros ou com consultorias.

Outros países, entre eles muitos de nossos adversários geopolíticos, compreendem o poder do apreço a tradições culturais, mitologias e valores compartilhados na organização das iniciativas de um povo. Têm bem menos pudor que nós em reconhecer a necessidade humana de uma experiência em comum. O cultivo de um nacionalismo excessivamente potente e irrefletido tem seus riscos. Mas a rejeição de qualquer forma de vida em comum também. A reconstrução de uma república tecnológica, nos Estados Unidos e mundo afora, exigirá uma "readesão" à experiência coletiva, a propósitos e identidade comuns, a rituais cívicos capazes de nos unir. As tecnologias que estamos criando, inclusive as formas inovadoras de IA que podem vir a desafiar o atual monopólio do país sobre o controle criativo global, são elas mesmas um produto de uma cultura cuja preservação e desenvolvimento, mais do que nunca, não podemos nos dar ao luxo de abandonar. Talvez tenha sido justo e necessário desmantelar a antiga ordem. Agora precisamos construir juntos algo para a substituir.

Agradecimentos

Para nós dois, escrever este livro foi um privilégio. Estamos em dívida com os muitos colaboradores e cúmplices acumulados ao longo dos anos, influências intelectuais e antagonistas que moldaram e tornaram possíveis nossas ideias, tanto em Frankfurt e New Haven quanto em Palo Alto e Nova York.

Este projeto começou com o incentivo de Alexandra Wolfe Schiff e com uma apresentação decisiva a Sloan Harris. Ele assumiu o risco de se aproximar deste livro, que era difícil de classificar, por recair em um espaço intersticial — porém, a nosso ver, rico — entre política, negócios e mundo acadêmico. Sua orientação, sobretudo para dois autores de primeira viagem, foi crucial.

Todo livro pode, evidentemente, assumir várias formas, a depender do instinto e das tendências do editor. Temos a sorte de ter encontrado o nosso, Paul Whitlatch, que nos estimulou de forma constante e sem hesitação rumo à construção de algo consistente e ambicioso. Seu senso de composição da prosa, assim como de maneiras de provocar um debate genuíno, foi fundamental para a elaboração de nossos argumentos. Também sentimos a mais profunda gratidão pelo apoio de Gillian Blake e David Drake, da Crown — ambos irredutíveis no desejo de produzir uma obra capaz de despertar um engajamento autêntico no leitor, ainda mais em um setor editorial que raras vezes autoriza, muito menos incentiva, quem vem do mundo de negócios a se arriscar além do gênero esperado.

Somos gratos e nos sentimos em dívida pela ajuda na pesquisa e pela orientação sensata de Landon Alecxih, Bill Rivers, Jack Crovitz e Sam Feldman, assim como pelos conselhos e apoio de Nikolaj Gammeltoft e Julia O'Connell — todos vitais, cada um à sua maneira, para garantir que os originais se consolidassem, e com presteza, em um produto final.

. . .

Acima de tudo, este livro deve sua existência à Palantir — a empresa, seus fundadores, colegas, parceiros, cultura organizacional e software. A sugestão radical de elaborar tecnologias que atendessem às necessidades das agências de defesa e inteligência dos Estados Unidos, em vez de somente contentar o consumidor, partiu de Peter Thiel, que notou a reduzida ambição do Vale do Silício. Sem ele, a Palantir não existiria. Alex sente enorme gratidão por sua amizade e apoio ao longo de mais de trinta anos. A empresa também é resultado e reflexo das ideias criativas e do envolvimento inabalável de Stephen Cohen, somados aos esforços e à dedicação de Joe Lonsdale e Nathan Gettings. A construção de um empreendimento a partir do zero jamais teria sido possível sem a lealdade e a liderança firmes de Shyam Sankar, além de Aki Jain, Ted Mabrey, Ryan Taylor e Seth Robinson — cada um deles essencial para a constituição da Palantir tal qual hoje conhecemos. Foi igualmente vital o apoio incondicional de outros, sobretudo nos anos iniciais, e quando estava longe de ser moda investir em tecnologia para o setor de defesa. A parceria com Stanley Druckenmiller, Ken Langone, Marie-Josée e Henry Kravis e Herb Allen III nunca será esquecida.

As ideias expressas aqui são ao mesmo tempo uma consequência e uma tentativa de articular nossa experiência em uma instituição que consideramos enormemente diferenciada. Tem sido, de fato, uma experiência emocionante e enriquecedora, e somos muitíssimo gratos por fazer parte dela.

Notas

PRÉ-TEXTUAL

1. Veja GOETHE, J. W. *Faust.* Tradução para o inglês de HAYWARD, A.; BUCHEIM, A. Londres: George Bell and Sons, 1892, pp. 40-41 (para a tradução em que a citação se baseia) [Ed. bras.: *Fausto.* Tradução de BARRENTO, J. Belo Horizonte: Autêntica, 2023].
2. SCHELLING, T. C. *Arms and Influence.* New Haven, Connecticut: Yale University Press, 2020, p. 2.
3. SANDEL, M. J. *Liberalism and the Limits of Justice.* 2ª ed. Cambridge, Reino Unido: Cambridge University Press, 1998, p. 217.

Este livro incorpora e se baseia em três ensaios publicados, respectivamente, no jornal *The New York Times* (KARP, A. C. "Our Oppenheimer Moment: The Creation of A.I. Weapons", 25 jul. 2023), na revista *Time* (KARP e ZAMISKA, Nicholas W. "Silicon Valley Has a Harvard Problem", 12 fev. 2024) e no jornal *The Washington Post* (KARP; ZAMISKA, "New Weapons Will Eclipse Atomic Bombs", 25 jun. 2024).

CAPÍTULO 1: VALE PERDIDO

1. Veja LESLIE, S. W. L. "The Biggest 'Angel' of Them All: The Military and the Making of Silicon Valley", em: *Understanding Silicon Valley: The Anatomy of an Entrepreneurial Region.* KENNEY, M. (Org.). Stanford, Califórnia: Stanford University Press, 2000, p. 49 (ao observar que "omitido em praticamente todos os relatos de empreendedores despreocupados e capitalistas de risco visionários está o papel, intencional ou não, dos militares na criação e manutenção do Vale do Silício").
2. Veja, por exemplo, QUINN, R. "Rethinking Antibiotic Research and Development: World War II and the Penicillin Collaborative", *American Journal of Public Health* 103, nº 3, mar. 2013, pp. 427-28 (debate acerca do desenvolvimento da penicilina); KITCHEN, L. W.; VAUGHN, D. W.; SKILLMAN, D. R. "Role of U.S. Military Research Programs in the Development of U.S. Food and Drug Administration-Approved Antimalarial Drugs", *Clinical Infectious Diseases* 43, nº 1, jul. 2006.

3. Veja também HERMAN, A. *Freedom's Forge: How American Business Produced Victory in World War II*. Nova York: Random House, 2013 (para um relato da mobilização da produção industrial norte-americana a serviço dos objetivos militares do país durante a Segunda Guerra Mundial); ISAACSON, W. *The Innovators: How a Group of Hackers, Geniuses, and Geeks Created the Digital Revolution*. Nova York: Simon & Schuster, 2015, p. 181 (ao observar que "[o] primeiro grande mercado para microchips foi o militar") [Ed. bras.: *Os inovadores: Como um grupo de hackers, gênios e geeks criou a Revolução Digital*. Tradução de GARSCHAGEN, D.; GUERRA, R. Rio de Janeiro: Intrínseca, 2021.
4. PERRY, R. *A History of Satellite Reconnaissance*, vol. 1. Escritório Nacional de Reconhecimento dos EUA, 1973, p. 43; veja também SLOMOVIC, A. *Anteing Up: The Government's Role in the Microelectronics Industry*. Santa Monica, Califórnia: Corporação RAND, 16 dez. 1988, p. 27.
5. HEINRICH, T. "Cold War Armory: Military Contracting in Silicon Valley", *Enterprise & Society* 3, nº 2, jun. 2002, p. 247 (observação de que "o condado de Santa Clara [...] produzia todos os mísseis balísticos intercontinentais da marinha dos Estados Unidos, a maior parte de seus satélites de reconhecimento e sistemas de rastreamento, e uma ampla gama de microeletrônicos que se tornaram componentes integrais de armas e sistemas de armas de alta tecnologia").
6. HENRICH. "Cold War Armory", p. 248.
7. Veja JUNGE, T. *Until the Final Hour: Hitler's Last Secretary*. MULLER, M. (Org.). Tradução para o inglês de BELL, A. Nova York: Arcade Publishing, 2004, pp. 145-46.
8. ZACHARY, G. P. *Endless Frontier: Vannevar Bush, Engineer of the American Century*. Nova York: Free Press, 1997, pp. 12-13.
9. Carta de Roosevelt a Bush, Washington, D.C., em 17 de novembro de 1944, em Vannevar Bush. *Science: The Endless Frontier*. Washington, D.C.: U.S. Government Printing Office, 1945, p. vii.
10. BUSH, V. "As We May Think", *Atlantic Monthly*, jul. 1945, p. 101.
11. Veja, por exemplo, MEACHAM, J. *Thomas Jefferson: The Art of Power*. Nova York: Random House, 2012, pp. 314-15.
12. ISAACSON, W. *Benjamin Franklin: An American Life*. Nova York: Simon & Schuster, 2003, 129 [Ed. bras.: *Benjamin Franklin: Uma vida americana*. Tradução de SOARES, P. M. São Paulo: Companhia das Letras, 2015].
13. Carta de Jefferson a Harry Innes. Filadélfia, 7 mar. 1791, em: *The Papers of Thomas Jefferson*, vol. 19. Princeton, Nova Jersey: Princeton University Press, 1974, p. 521.
14. Carta de Madison a Jefferson. 19 jun. 1786, *The Writings of James Madison*, vol. 2, HUNT, G. (Org.). Nova York: G. P. Putnam's Sons, 1901, pp. 249-51; veja DUGATKIN, L. A. "Buffon, Jefferson, and the Theory of New World Degeneracy", em: *Evolution: Education and Outreach* 12, 2019.

15. MALLAPATY, S; TOLLEFON, J.; WONG, C. "Do Scientists Make Good Presidents?", *Nature*, 6 jun. 2024; HARRIS, R. *Not for Turning: The Life of Margaret Thatcher*. Nova York: Thomas Dunne Books, 2013, pp. 24-25 (indica que Thatcher, ainda jovem estudante, "queria seguir uma carreira e o ramo da química lhe oferecia a perspectiva de um futuro emprego na indústria", antes de sua guinada para o direito e a política); Instituto Eagleton de Política. *Scientists in State Politics*. New Brunswick, Nova Jersey: Universidade Rutgers, 2023.
16. HANDLER, E. "'Nature Itself Is All Arcanum': The Scientific Outlook of John Adams", *Proceedings of the American Philosophical Society* 120, nº 3, jun. 1976, pp. 223 (aspas internas omitidas).
17. BROCK, C. "The Public Worth of Mary Somerville", *British Journal for the History of Science* 39, nº 2, jun. 2006, p. 272. *Oxford English Dictionary*, 2ª ed. (1989), verbete "cientista" (ao citar [William Whewell], resenha de *On the Connexion of the Physical Sciences*, por SOMMERVILLE, M. *Quarterly Review*, vol. 51. Londres: John Murray, 1834, p. 59).
18. RIGOLOT, F. "Curiosity, Contingency, and Cultural Diversity: Montaigne's Readings at the Vatican Library", *Renaissance Quarterly* 64, nº 3, outono de 2011, p. 848.
19. FANO, R. M. "Joseph Carl Robnett Licklider", em: *Biographical Memoirs*, vol. 3. Washington, D.C.: National Academies Press, 1998, p. 200.
20. LICKLIDER, J. C. R. "Man-Computer Symbiosis", *IRE Transactions on Human Factors in Electronics*, n.º 1, mar. 1960, p. 4.
21. RIGDEN, J. S. R. *Rabi: Scientist and Citizen*. Nova York: Basic Books, 1987, p. 249; veja também SOAPES, T. "Interview with Hans A. Bethe", Biblioteca Dwight D. Eisenhower, Abilene, Kansas, 3 nov. 1977.
22. ZACHARY. *Endless Frontier*, p. 149; veja "The Press: In a Corner, on the 13th Floor", *Time*, 22 jul. 1946 (comentário sobre a circulação da *Collier's* naquele ano).
23. CURIE, É. *Madame Curie*. Tradução para o inglês de SHEEAN, V. Garden City, Nova York: Doubleday, Doran, 1937, p. 211 [Ed. bras.: *Madame Curie*. Tradução de LOBATO, M. São Paulo: Companhia Editora Nacional, s.d.]
24. Veja, por exemplo, *Time*, 1 jul. 1946 (apresentação de Einstein na capa da edição).
25. Veja MOUAT, J. M.; PHIMISTER, I. "The Engineering of Herbert Hoover", *Pacific Historical Review* 77, nº 4, nov. 2008, p. 582 (ao mencionar que nos anos 1920 e 1930 toda a cultura "abraçou engenheiros como heróis" e que "conquistas de engenharia" — fossem pontes, arranha-céus ou eletrodomésticos comuns — tornaram-se o pano de fundo da vida cotidiana ao mesmo tempo que engenheiros foram adotados como símbolos de progresso e prosperidade").
26. Veja CLARK, K. *Civilization*. Nova York: Harper & Row, 1969, p. xvii [Ed. bras.: *Civilização: uma visão pessoal*. Tradução de NICOL, M. São Paulo: Martins Fontes, 2019].

27. Veja HABERMAS, J. *Legitimation Crisis*. Tradução para o inglês de MCCARTHY, T. Cambridge, Reino Unido: Polity Press, 1976, p. 46 (ao descrever uma "crise de legitimação", na qual "o sistema de legitimação não consegue obter o nível necessário de lealdade das massas que lhe é necessário, ao passo que os imperativos de direção assumidos do sistema econômico são levados adiante") [Ed. bras.: *A crise de legitimação no capitalismo tardio*. Tradução de CHACON, V. Rio de Janeiro: Tempo Brasileiro, 2002].
28. Habermas explicou: "Mesmo que o aparato estatal conseguisse aumentar a produtividade do trabalho e distribuir ganhos de produtividade de tal modo que um crescimento econômico isento de crises (...) fosse garantido, ainda assim o crescimento seria alcançado de acordo com prioridades que tomam forma como uma função, não de interesses generalizáveis da população, mas de objetivos privados." HABERMAS, *Legitimation Crisis*, p. 73 [Ed. bras.: *A crise de legitimação no capitalismo tardio*. Tradução de CHACON, V. Rio de Janeiro: Tempo Brasileiro, 2002].
29. Veja também PLANT, R. "Jürgen Habermas and the Idea of Legitimation Crisis", *European Journal of Political Research* 10, 1982, p. 343 (ao observar que "o capitalismo criou expectativas sobre o consumo, e estas aumentaram as pressões sobre os governos para orientar a economia a produzir mais bens").
30. Veja, por exemplo, SHABAN, H. "Google Parent Alphabet Reports Soaring Ad Revenue, Despite YouTube Backlash", *The Washington Post*, 1 fev. 2018 (ao observar que "a receita do negócio de anúncios da Google (...) representa 84% da receita total da Alphabet").
31. Veja SANDEL, M. J. *Liberalism and the Limits of Justice*, 2ª ed. Cambridge, Reino Unido: Cambridge University Press, 1998, p. 217.

CAPÍTULO 2: FAÍSCAS DE INTELIGÊNCIA

1. BARNETT, L. "J. Robert Oppenheimer", *Life*, 10 out. 1949, p. 121.
2. BERNSTEIN, J. "Oppenheimer's Beginnings", *New England Review* 25, nº 1/2, 2004, p. 42 (citação de uma entrevista de Oppenheimer a Thomas Kuhn); BIRD, K; SHERWIN, M. J. *American Prometheus: The Triumph and Tragedy of J. Robert Oppenheimer*. Nova York: Alfred A. Knopf, 2005, p. 23 [Ed. bras.: *Oppenheimer: O triunfo e a tragédia do Prometeu americano*. Tradução de SCHLESINGER, G. Rio de Janeiro: Intrínseca, 2023].
3. POLENBERG, R. (Org.). *In the Matter of J. Robert Oppenheimer: The Security Clearance Hearing*. Ithaca, Nova York: Cornell University Press, 2002, p. 46.
4. OPPENHEIMER, J. R. "Physics in the Contemporary World", *Bulletin of the Atomic Scientists* 4, nº 3, 1948, p. 66.
5. BARNETT. "J. Robert Oppenheimer", p. 133.
6. BREMMER, I.; SULEYMAN, M. "The AI Power Paradox: Can States Learn to Govern Artificial Intelligence — Before It's Too Late?", *Foreign Affairs*, 16

ago. 2023 (ao observar que "modelos de 'escala cerebral' com mais de cem trilhões de parâmetros — aproximadamente o número de sinapses no cérebro humano — serão viáveis dentro de cinco anos"); veja também SULEYMAN, M. *The Coming Wave: Technology, Power, and the Twenty-First Century's Greatest Dilemma*, com BHASKAR, M. Nova York: Crown, 2023, p. 66.
7. BUBECK, S. *et al.* "Sparks of Artificial General Intelligence: Early Experiments with GPT-4", *arXiv*, 22 mar. 2023, p. 92.
8. BUBECK *et al.* "Sparks of Artificial General Intelligence", p. 11.
9. MIROWSKI, P. W. *et al.* "A Robot Walks into a Bar: Can Language Models Serve as Creativity Support Tools for Comedy?", *arXiv*, 3 jun. 2024, p. 2.
10. CORCORAN, E. "Squaring Off in a Game of Checkers", *The Washington Post*, 14 ago. 1994; veja também PFEIFFER, J. *The Thinking Machine*. Filadélfia: J. B. Lippincott, 1962, pp. 167-74.
11. ESCHNER, K. "Computers Are Great at Chess, but That Doesn't Mean the Game Is 'Solved'", *Smithsonian Magazine*, 10 fev. 2017.
12. SNEED, A. "Computer Beats Go Champion for First Time", *Scientific American*, 27 jan. 2016.
13. LEMOINE, B. "Explaining Google", *Medium*, 30 maio 2019.
14. TIKU, N. "The Google Engineer Who Thinks the Company's AI Has Come to Life", *The Washington Post*, 11 jun. 2022.
15. TIKU, N. "Google Fired Engineer Who Said Its AI Was Sentient", *The Washington Post*, 22 jul. 2022.
16. ROOSE, K. "Bing's A.I. Chat: 'I Want to Be Alive'", *The New York Times*, 16 fev. 2023.
17. Veja, por exemplo, CHRISTIAN, B. "How a Google Employee Fell for the Eliza Effect", *The Atlantic*, 21 jun. 2022 (ao argumentar que, embora as capacidades dos últimos modelos de linguagem sejam "de tirar o fôlego e sublimes", os diálogos que "podem soar como introspecção" são "apenas o sistema improvisando em um estilo verbal introspectivo").
18. NOONAN, P. "A Six-Month AI Pause? No, Longer Is Needed", *The Wall Street Journal*, 30 mar. 2023.
19. Veja NOONAN. "A Six-Month AI Pause?" (ao acrescentar que um esforço do colunista do *Times* "para discernir uma 'sombra' junguiana dentro do chatbot do Bing da Microsoft o deixou sem conseguir dormir").
20. BENDER, E. M. *et al.* "On the Dangers of Stochastic Parrots: Can Language Models Be Too Big?", *Proceedings of the 2021 ACM Conference on Fairness, Accountability, and Transparency*, 2021, p. 617.
21. WHANG, O. "How to Tell if Your A.I. Is Conscious", *The New York Times*, 18 set. 2023.
22. HOFSTADTER, D. "Gödel, Escher, Bach, and AI", *The Atlantic*, 8 jul. 2023.
23. SOMERS, J. "The Man Who Would Teach Machines to Think", *The Atlantic*, nov. 2013.

24. CHOMSKY, N.; ROBERTS, I.; WATUMULL, J. "The False Promise of ChatGPT", *The New York Times*, 8 mar. 2023.
25. Veja CHOMSKY *et al.* "False Promise" [Falsa promessa] (ao argumentar que a "falha mais profunda" dos modelos de linguagem atuais "é a ausência da capacidade mais crítica de qualquer inteligência: dizer não somente o que é o caso, o que foi o caso e o que será o caso — isso é descrição e previsão —, mas também o que não é o caso e o que poderia e não poderia ser o caso").
26. Instituto Futuro da Vida. "Pause Giant AI Experiments: An Open Letter", 22 mar. 2023.
27. YUDKOWSKY, E. "Pausing AI Development Isn't Enough. We Need to Shut It All Down", *Time*, 29 mar. 2023.
28. NOONAN. "Six-Month AI Pause?"
29. Veja THOMAS, S. "Are We Ready for P(doom)?", *The Spectator*, 4 mar. 2024; RAINEY, C. "P(doom) Is AI's Latest Apocalypse Metric. Here's How to Calculate Your Score", *Fast Company*, 7 dez. 2023.
30. THOMAS, "Are We Ready for P(doom)?"
31. Veja MCCARTHY, J. *et al.* "A Proposal for the Dartmouth Summer Research Project on Artificial Intelligence", 31 ago. 1955 (reproduzido na *AI Magazine* 27, nº 4, inverno de 2006, pp. 12-14).
32. SIMON, H. A.; NEWELL, A. "Heuristic Problem Solving: The Next Advance in Operations Research", *Operations Research* 6, nº 1, jan.-fev. 1958, p. 7; veja também KASPAROV, G. *Deep Thinking: Where Machine Intelligence Ends and Human Creativity Begins*. Nova York: PublicAffairs, 2017, p. 36.
33. SIMON, H. A. *The New Science of Management Decision*. Nova York: Harper & Brothers, 1960, p. 38.
34. Veja SIMON. *New Science of Management Decision*, p. 38 (ao argumentar que "os homens manterão sua maior vantagem comparativa em empregos que exijam manipulação flexível daquelas partes do ambiente que são relativamente difíceis — algumas formas de trabalho manual, controle de alguns tipos de maquinário").
35. GOOD, I. J. "Speculations Concerning the First Ultraintelligence Machine", em: *Advances in Computers*. ALT, F. L.; RUBINOFF, M. (Orgs.), vol. 6. Nova York: Academic Press, 1965, p. 78; veja também MUEHLHAUSER, L. "What Should We Learn from Past AI Forecasts?", Open Philanthropy, maio 2016 (para uma revisão de previsões passadas ao longo da segunda metade do século XX, antecipando, incorretamente, o iminente surgimento da IA no mesmo nível da mente humana).

CAPÍTULO 3: A FALÁCIA DO VENCEDOR

1. *The Babylonian Talmud*. Tradução para o inglês de RODKINSON, M. L., vols. 7 e 8. Boston: Talmud Society, 1918, p. 214 [Ed. bras.: *Talmud da Babilônia*

— *Tratado de Sucá*. Tradução de AZULAY, D. São Paulo: Editora Sêfer, 2011]; veja também BERGMAN, R. *Rise and Kill First: The Secret History of Israel's Targeted Assassinations*. Nova York: Random House, 2018, p. 315.
2. Veja, por exemplo, ANDERSEN, R. "The Panopticon Is Already Here", *The Atlantic*, set. 2020; MOZUR, P. "Inside China's Dystopian Dreams: A.I., Shame, and Lots of Cameras", *The New York Times*, 8 jul. 2018.
3. Instituto Nacional de Padrões e Tecnologia dos Estados Unidos, "Face Recognition Technology Evaluation (FRTE) 1:1 Verification", 2024; veja também ANDERSEN. "The Panopticon"; SIMONITE, T. "Behind the Rise of China's Facial-Recognition Giants", *Wired*, 3 set. 2019.
4. Departamento do Tesouro dos Estados Unidos. "Treasury Identifies Eight Chinese Tech Firms as Part of the Chinese Military-Industrial Complex", 16 dez. 2021.
5. Instituto Nacional de Padrões e Tecnologia dos Estados Unidos. "Face Recognition Technology Evaluation."
6. ZHOU, X. *et al.* "Swarm of Micro Flying Robots in the Wild", *Science Robotics* 7, n° 66, 2022, p. 3.
7. WHITE, D. "Drones Branch Out to Swarming Through Forests", *The Times* (Londres), 5 maio 2022.
8. STEWART, E. B. "Survey of PRC Drone Swarm Inventions", Montgomery, Alabama: Instituto de Estudos Aeroespaciais da China, Força Aérea dos Estados Unidos, 2023, p. 20.
9. FUKUYAMA, F. "The End of History?", *National Interest*, n° 16, verão de 1989, p. 4.
10. BLOOM, A. "Responses to Fukuyama", *National Interest*, n° 16, verão de 1989, p. 19.
11. NYE JR., J. S. *Soft Power: The Means to Success in World Politics*. Nova York: PublicAffairs, 2004, p. 8.
12. SCHELLING, T. *Arms and Influence*. New Haven, Connecticut: Yale University Press, 2020, p. 2.
13. SCHELLING. *Arms and Influence*, p. 142.
14. BRUSTEIN, J. "Microsoft Wins $480 Million Army Battlefield Contract", *Bloomberg*, 28 nov. 2018.
15. WONG, J. C. "'We Won't Be War Profiteers': Microsoft Workers Protest $48M Army Contract", *The Guardian*, 22 fev. 2019.
16. "SHANE, S.; WAKABAYASHI, D. "'The Business of War': Google Employees Protest Work for the Pentagon", *The New York Times*, 4 abr. 2018; veja também CONDLIFFE, J. "Amazon Is Latest Tech Giant to Face Staff Backlash over Government Work", *The New York Times*, 22 jun. 2018.
17. CONGER, K. "Google Plans Not to Renew Its Contract for Project Maven, a Controversial Pentagon Drone AI Imaging Program", *Gizmodo*, 1 jun. 2018.
18. TARNOFF, bem. "Tech Workers Versus the Pentagon", *Jacobin*, 6 jun. 2018.

19. Veja "Confidence in Institutions", Gallup (ao observar que em 2023, 60% dos entrevistados em uma pesquisa nacional relataram ter "uma grande" ou "bastante" confiança nas Forças Armadas dos Estados Unidos, em oposição a apenas 8% dos entrevistados que afirmaram o mesmo sobre o Congresso).
20. WAKEFIELD, D. "William F. Buckley Jr.: Portrait of a Complainer", *Esquire*, 1 jan. 1961, p. 50.
21. Veja, por exemplo, MAZZUCATO, M. *The Entrepreneurial State: Debunking Public vs. Private Sector Myths*. Londres: Anthem Press, 2013, p. 63 [Ed. bras.: *O Estado empreendedor: desmascarando o mito do setor público vs. o setor privado*. Tradução de SERAPICOS, E. São Paulo: Editora Portfolio-Penguin, 2014] (ao observar o argumento "de que, embora o Vale do Silício tenha sido um modelo atraente e influente para o desenvolvimento regional, também tem sido difícil copiá-lo, porque quase todos os defensores do modelo do Vale do Silício contam uma história de 'empreendedores despreocupados e capitalistas de risco visionários' e ainda assim negligenciam o fator crucial: o papel dos militares na criação e sustentação dele") (ao citar LESLIE, S. W. "The Biggest 'Angel' of Them All: The Military and the Making of Silicon Valley", em: *Understanding Silicon Valley: The Anatomy of an Entrepreneurial Region*, KENNEY, M. [Org.] Stanford, Califórnia: Stanford University Press, 2000.
22. SMITH, J. E. *FDR*. Nova York: Random House, 2008, p. 25; *The U.S. and the Holocaust*, dirigido por BURNS, K.; NOVICK, L.; BOTSTEIN, S. (PBS, 2022).
23. SMITH. *FDR*, p. 579; veja também "The Roosevelt Week", *Time*, 5 fev. 1934.
24. Carta de Einstein a Roosevelt, Peconic, Nova York, 2 ago. 1939, Museu e Biblioteca Presidencial Franklin D. Roosevelt, Hyde Park, Nova York.
25. No fim das contas, a Alemanha nunca se empenhou seriamente no desenvolvimento construção de uma arma atômica. O ministro de armamentos do país, Albert Speer, concluiu em 1942 que "a construção de uma bomba atômica era muito incerta e muito cara". Hitler, por sua vez, teria mostrado "desinteresse em uma arma atômica e menosprezava a ciência nuclear como 'física judaica'". SMITH. *FDR*, p. 580.

CAPÍTULO 4: O FIM DA ERA ATÔMICA

1. *The Manhattan Project: Making the Atomic Bomb*. Oak Ridge, Tennessee: Departamento de Energia dos Estados Unidos, jan. 1999, p. 48.
2. BRODIE, J. F. *First Atomic Bomb: The Trinity Site in New Mexico*. Lincoln, Nebraska: University of Nebraska Press, 2023, p. 5.
3. Departamento de Energia dos Estados Unidos. *Manhattan Project*, p. 49.
4. MEYER, E. P. *Dynamite and Peace: The Story of Alfred Nobel*. Boston: Little, Brown, 1958, p. 89.
5. MEYER. *Dynamite and Peace*, p. 111.

6. MEYER. *Dynamite and Peace*, p. 112.
7. MEYER. *Dynamite and Peace*, pp. 110-12 ("Ao que parece, o que Alfred Nobel pensou sobre este primeiro uso de dinamite em tempo de guerra, no caso da Franco-Prussiana, ele nunca disse — com certeza não deixou registrado por escrito.").
8. MEYER. *Dynamite and Peace*, p. 196.
9. HERSEY, J. *Hiroshima*. Nova York: Vintage Books, 1946, p. 25 [Ed. bras.: *Hiroshima*. Tradução de FEIST, H. São Paulo: Companhia das Letras, 2014].
10. HERSEY, *Hiroshima*, p. 29 [Ed. bras.: *Hiroshima*. Tradução de FEIST, H. São Paulo: Companhia das Letras, 2014].
11. FRANK, R. B. *Tower of Skulls: A History of the Asia-Pacific War: July 1937-May 1942*. Nova York: W. W. Norton, 2020, p. 8.
12. ISMAY, J. "'We Hated What We Were Doing': Veterans Recall Firebombing Japan", *The New York Times*, 9 mar. 2020.
13. MENCKEN, H. L. "Ludendorff", *The Atlantic*, jun. 1917, p. 825, 830.
14. LUDENDORFF, E. *The "Total" War*, LAWRENCE, H. (Org.). Londres: Friends of Europe, 1936, p. 8.
15. Veja SCHLOSSER, E. *Command and Control: Nuclear Weapons, the Damascus Accident, and the Illusion of Safety*. Nova York: Penguin Press, 2013, p. 480.
16. GADDIS, J. L. *The Long Peace: Inquiries into the History of the Cold War*. Nova York: Oxford University Press, 1987, p. 245.
17. PINKER, S. *The Better Angels of Our Nature: Why Violence Has Declined*. Nova York: Penguin Books, 2011, p. 692 [Ed. bras.: *Os anjos bons da nossa natureza: Por que a violência diminuiu*. Tradução de JOFFILY, B.; TEIXEIRA, L. M. São Paulo: Companhia das Letras, 2017].
18. Veja RAUCHHAUS, R. "Evaluating the Nuclear Peace Hypothesis", *Journal of Conflict Resolution* 52, nº 2, abr. 2009, p. 264.
19. GOLDBERG, J. "The Obama Doctrine", *The Atlantic*, abr. 2016.
20. TAYLOR, P. "How to Spend Europe's Defense Bonanza Intelligently", *Politico*, 2 set. 2022.
21. "Europe Faces a Painful Adjustment to Higher Defence Spending", *The Economist*, 22 fev. 2024.
22. Veja "Bermingham, Once Chicago Banker, Dies", *Chicago Tribune*, 14 jul. 1958, p. 48.
23. Carta de Eisenhower a Bermingham, 28 fev. 1951, Biblioteca Presidencial Dwight D. Eisenhower, Abilene, Kansas.
24. SOLOMON, C. "Two States — One Nation?", *Los Angeles Times*, 17 nov. 1991.
25. Constituição do Japão, capítulo II, artigo 9 (em vigor desde a promulgação em 3 de maio de 1947).
26. LOSEY, S. "F-35s to Cost $2 Trillion as Pentagon Plans Longer Use, Says Watchdog", *Defense News*, 15 abr. 2024.

27. MILLEY, M. A. "The Future of Geopolitics and the Role of Innovation and Technology", Washington D.C., 10 jun. 2024.
28. Veja MOZUR, P.; SATARIANO, A. "A.I. Begins Ushering in an Age of Killer Robots", *The New York Times*, 2 jul. 2024.
29. Gabinete do Subsecretário de Defesa, Departamento de Defesa dos Estados Unidos — Solicitação de orçamento para o ano fiscal de 2024, mar. 2023; veja também HENSHALL, W. "The U.S. Military's Investments into Artificial Intelligence Are Skyrocketing", *Time*, 29 mar. 2024.
30. GRAEBER, D. "Of Flying Cars and the Declining Rate of Profit", *Baffler*, nº 9, mar. 2012, p. 77.
31. HANNA, G. "'Stop Working with Pentagon' — OpenAI Staff Face Protests", *ReadWrite*, 13 fev. 2024; HUET, E. "Protesters Gather Outside OpenAI Headquarters", *Bloomberg*, 13 fev. 2024.
32. NEGROPONTE, N. "Big Idea Famine", *Journal of Design and Science*, nº 3, fev. 2018.
33. GORDON, R. J. "The End of Economic Growth", *Prospect*, 21 jan. 2016.
34. LEPORE, J. "The X-Man", *New Yorker*, 11 set. 2023.
35. ROOSEVELT, T. "Citizenship in a Republic: Address Delivered at the Sorbonne, Paris, 23 de abril de 1910", em: *Presidential Addresses and State Papers and European Addresses: December 8, 1908, to June 7, 1910*. Nova York: Review of Reviews, 1910, p. 2.191.
36. VANCE, A. *Elon Musk: Tesla, SpaceX, and the Quest for a Fantastic Future*. Nova York: HarperCollins, 2015, p. 218 [Ed. bras.: *Elon Musk: Como o CEO bilionário da SpaceX e da Tesla está moldando nosso futuro*. Tradução de CASOTTI, B. Rio de Janeiro: Intrínseca, 2015].
37. PACKER, G. "No Death, No Taxes", *New Yorker*, 20 nov. 2011.
38. RAFFOUL, A. *et al.* "Social Media Platforms Generate Billions of Dollars in Revenue from U.S. Youth: Finding from a Simulated Model", *PLoS One*, 27 dez. 2023.
39. Referência ao poema "Do not go gentle into that good night", de THOMAS, D. Veja *The Collected Poems of Dylan Thomas: Original Edition*. Nova York: New Directions, 2010, p. 122.
40. DEMICK, B; PIERSON, D. "China Political Star Xi Jinping a Study in Contrasts", *Los Angeles Times*, 11 fev. 2012.
41. BUCKLEY, C.; TATLOW, D. K. "Cultural Revolution Shaped Xi Jinping, from Schoolboy to Survivor", *The New York Times*, 24 set. 2015.
42. BUCKLEY; TATLOW. "Cultural Revolution Shaped Xi"; OSNOS, E. "Xi Jinping's Historic Bid at the Communist Party Congress", *New Yorker*, 23 out. 2022.
43. OSNOS. "Xi Jingping's Historic Bid."
44. APPLEBAUM, A. "There Is No Liberal World Order", *The Atlantic*, 31 mar. 2022.

45. KISSINGER, H. prefácio a *From Third World to First: The Singapore Story: 1965–2000*, de Lee Kuan Yew. Nova York: HarperCollins, 2000, p. ix [Ed. bras.: *Do terceiro ao primeiro mundo: a história de Cingapura entre 1965 e 2000. Memórias de Lee Kuan Yew*. São Paulo: Editora Globo, 2008].
46. WENDLING, M. "Xi Jinping: Chinese Leader's Surprising Ties to Rural Iowa", *BBC*, 15 nov. 2023.
47. OSNOS, E. "What Did China's First Daughter Find in America?", *New Yorker*, 6 abr. 2015.
48. OSNOS. "China's First Daughter."
49. "President Xi's Speech on China-US Ties", *China Daily*, 24 set. 2015; veja também ZHANG, T.; WEBSTER, G.; SCHELL, O. "What Xi Jinping's Seattle Speech Might Mean for the U.S.", *Foreign Policy*, 23 set. 2015; RAMZY, A. "Xi Jinping on 'House of Cards' and Hemingway", *The New York Times*, 23 set. 2015.
50. PORTER, C. "Cheers, Fears, and 'Le Wokisme': How the World Sees U.S. Campus Protests", *The New York Times*, 3 maio 2024.
51. ADEKOYA, R. "The Oppressed vs. Oppressor Mistake", Instituto de Arte e Ideias, 17 out. 2023.
52. KEELEY, L. H. *War Before Civilization: The Myth of the Peaceful Savage*. Nova York: Oxford University Press, 1996, p. 52, 102 [Ed. bras.: *A guerra antes da civilização: O mito do bom selvagem*. Tradução de FARIA, F. São Paulo: É Realizações, 2011].
53. FREIRE, P. *Pedagogy of the Oppressed*. Tradução para o inglês de RAMOS, M. B. Londres: Penguin Books, 2017, p. 29 (citado por ADEKOYA) [Ed. bras.: *Pedagogia do oprimido*. Rio de Janeiro: Paz e Terra, 1967].

CAPÍTULO 5: O ABANDONO DA CRENÇA

1. NEIER, A. *Defending My Enemy: American Nazis, the Skokie Case, and the Risks of Freedom*. Nova York: E. P. Dutton, 1979, p. 2.
2. GOLDSTEIN, T. "Neier Is Quitting Post at A.C.L.U.; He Denies Link to Defense of Nazis", *The New York Times*, 18 abr. 1978.
3. NEIER, *Defending My Enemy*, p. 5.
4. SALOVEY, P. "Free Speech, Personified", *The New York Times*, 26 nov. 2017.
5. WALLACE, G. C. "Discurso de posse", Departamento de Arquivos e História do Alabama. Montgomery, Alabama, 14 jan. 1963.
6. SIGEL, E. "New Wallace Invitation Expected at Yale Today", *The Harvard Crimson*, 24 set. 1963.
7. SALOVEY. "Free Speech, Personified"; SCHULZ, K. "The Many Lives of Pauli Murray", *New Yorker*, 10 abr. 2017.
8. SCHULZ. "The Many Lives of Pauli Murray".
9. SCHULZ. "The Many Lives of Pauli Murray".

10. MURRAY, P. *Song in a Weary Throat: Memoir of an American Pilgrimage*. Nova York: Liveright, 2018.
11. SALOVEY. "Free Speech, Personified."
12. SIGEL, E. "Harvard, Yale Students to Issue New Invitations to Gov. Wallace", *The Harvard Crimson*, 25 set. 1963. Veja também CHAUNCEY JR., S. Carta ao editor. *Yale Daily News*, 29 nov. 2017 (relato de que Brewster diria posteriormente ter "tomado a decisão errada do ponto de vista dos princípios, porém feito a coisa certa em relação à prevenção da violência"). Veja também ZELINSKY, N. "Challenging the Unchallengeable (Sort Of)", *Yale Alumni Magazine*, jan.-fev. 2015.
13. SHERWOOD, H. "Hamas Says 250 People Held Hostage in Gaza", *Guardian*, 16 out. 2023; VINOGRAD, C; KERSHNER, I. "Israel's Attackers Took About 240 Hostages", *The New York Times*, 20 nov. 2023.
14. Veja por exemplo, HARTOCOLLIS, A.; SAUL, S.; PATEL, V. "At Harvard, a Battle Over What Should Be Said About the Hamas Attacks", *The New York Times*, 10 out. 2023.
15. DOWD, M. "The Ivy League Flunks Out", *The New York Times*, 9 dez. 2023.
16. Veja, por exemplo, BAI, M. *All the Truth Is Out: The Week Politics Went Tabloid*. Nova York: Vintage, 2014.
17. SUTTER, D. "Media Scrutiny and the Quality of Public Officials", *Public Choice*, v. 129, nº 1/2, out. 2006, p. 38 ; veja também SABATO, L. J. "Feeding Frenzy: How Attack Journalism Has Transformed American Politics", Nova York: Free Press, 1993, p. 211 (argumentação de que "o preço do poder sofreu fortíssima alta, elevada demais para muitos notáveis detentores de mandato eletivo em potencial", e que "a sociedade americana atual está perdendo os serviços de muitos indivíduos de talento excepcional que poderiam fazer notáveis contribuições ao bem comum, mas que compreensivelmente não se sujeitarão, tampouco a seus entes queridos, a uma cobertura abusiva e invasiva da imprensa") (citado por HALL, A. B. *Who Wants to Run? How the Devaluing of Political Office Drives Polarization*. Chicago: University of Chicago Press, 2019, p. 67).
18. SABATO. "Feeding Frenzy", p. 4.
19. "Public Figures and Their Private Lives", *Time*, 22 ago. 1969.
20. *American Experience: The Presidents*. "Nixon, Part One: The Quest", PBS, 15 out. 1990.
21. "Nixon, Part One", PBS.
22. FRANKE-RUTA, G. "Paul Harvey's 1978 'So God Made a Farmer' Speech", *The Atlantic*, 3 fev. 2013.
23. BARR, A. "Google's 'Don't Be Evil' Becomes Alphabet's 'Do the Right Thing'", *The Wall Street Journal*, 2 out. 2015.
24. BRUCKNER, P. *The Tears of the White Man: Compassion as Contempt*. Tradução para o inglês de BEER, W. R. Nova York: Free Press, 1986, p. 69 (citado por KIMBALL, R. "The Perils of Designer Tribalism", *New Criterion*, abr. 2001).

25. GOETHE, J. W. von. *Faust*. Tradução para o inglês de HAYWARD, A.; BUCHEIM, A. Londres: George Bell and Sons, 1892, p. 40-41 (para a tradução em que se baseia esta citação) [Ed. bras.: *Fausto*. Tradução de BARRENTO, J. Belo Horizonte: Autêntica, 2023].
26. HIRSCH, L. "One Law Firm Prepared Both Penn and Harvard for Hearing on Antisemitism", *The New York Times*, 8 dez. 2023.
27. SUMMERS, L. Entrevista concedida a David Remnick, *The New Yorker Radio Hour*, National Public Radio, 3 maio 2024.
28. GOFFMAN, E. *Asylums: Essays on the Social Situation of Mental Patients and Other Inmates*. Londres: Taylor & Francis, 2017 [Ed. bras.: *Manicômios, prisões e conventos*. São Paulo: Perspectiva, 1974].
29. Há uma série de relatos contraditórios em relação ao número de bombas que explodiram naquela noite. Comparem-se BASS, P; RAE, D. W. *Murder in the Model City: The Black Panthers, Yale, and the Redemption of a Killer*, Nova York: Basic Books, 2006, p. 159 (duas bombas), e KABASERVICE, G. *The Guardians: Kingman Brewster, His Circle, and the Rise of the Liberal Establishment*, Nova York: Henry Holt, 2004, p. 4 (três bombas).
30. TREASTER, J. B. "Brewster Doubts Fair Black Trials", *The New York Times*, 25 abr. 1970.
31. AGNEW, S. Discurso proferido no Jantar Republicano da Flórida. Fort Lauderdale, Flórida, 28 abr. 1970.
32. HOFFHEIMER, M. H. *Justice Holmes and The Natural Law*, Nova York: Routledge, 2013.
33. BLOOM, A. *The Closing of the American Mind*. Nova York: Simon & Schuster, 1987 [Ed. bras.: *O declínio da cultura ocidental*. Tradução de DOS SANTOS, J. A. São Paulo: BestSeller, 1989].
34. LINK, P. "China: The Anaconda in the Chandelier", *The New York Review of Books*, 11 abr. 2002.
35. BLIUM, A. V.; FARINA, D. M. "Forbidden Topics: Early Soviet Censorship Directives", *Book History*, v. 1, 1998, p. 273.
36. FANDOS, N. "In an Online World, a New Generation of Protesters Chooses Anonymity", *The New York Times*, 2 maio 2024.
37. A rigor, existe um espaço, sob certas condições, para a expressão anônima. Veja *McIntyre v. Ohio Elections Commission*, 514 U.S. 334 (1995), p. 357 (ao concluir que "a panfletagem anônima não é uma prática perniciosa ou fraudulenta, mas uma tradição honorável da defesa de causas e da dissidência").
38. SANDEL, M. *Liberalism and the Limits of Justice*. 2. ed. Cambridge, Reino Unido: Cambridge University Press, 1998, p. 217.
39. SANDEL. *Liberalism and the Limits of Justice*, p. 217.

CAPÍTULO 6: OS AGNÓSTICOS DA TECNOLOGIA

1. GUTMANN, A. "Democratic Citizenship", *Boston Review*, 1 out. 1994.
2. HUNTINGTON, S. P. "Dead Souls: The Denationalization of the American Elite", *National Interest*, nº 75, p. 8, primavera de 2004 (ao citar Castells).
3. REYNOLDS, W. A. "The Burning Ships of Hernán Cortés", *Hispania*, v. 42, nº 3, setembro 1959, p. 318.
4. EISENHOWER, D. D. Transcrição de discurso. 17 jan. 1961. Biblioteca Presidencial Dwight D. Eisenhower, Abilene, Kansas (citado em LAFRANCE, A. "Rise of Techno-Authoritarianism", *The Atlantic*, 30 jan. 2024).
5. Veja LAFRANCE, A. "Rise of Techno-Authoritarianism", *The Atlantic*, 30 jan. 2024 (ao argumentar "não mais 'criar porque podemos'").
6. CHILD, B. "Mark Zuckerberg Rejects His Portrayal in *The Social Network*", *The Guardian*, 20 out. 2010.
7. CARTER, S. L. *The Culture of Disbelief*. Nova York: Basic Books, 1993, p. 24.
8. CARTER. *Culture of Disbelief*, p. 28.
9. FREUD, S. "Obsessive Actions and Religious Practices", em: GRIMES, R. L. (Org.). *Readings in Ritual Studies*. Upper Saddle River, Nova Jersey: Prentice Hall, 1996, p. 216 [Ed. bras.: *Atos obsessivos e práticas religiosas*. Rio de Janeiro: Imago, 1976].
10. PLANCK, M. *Scientific Autobiography and Other Papers*. Nova York: Philosophical Library, 1949, p. 33 [Ed. bras.: *Autobiografia Científica e Outros Ensaios*. BENJAMIN, C. (Org.). Tradução de ABREU, E. dos S. Rio de Janeiro: Contraponto, 2012].
11. BRUCKNER, P. *The Tears of the White Man: Compassion as Contempt*. Tradução para o inglês de BEER, W. R. Nova York: Free Press, 1986, p. 69 (citado por KIMBALL, R. "The Perils of Designer Tribalism", *New Criterion*, abr. 2001).
12. FUKUYAMA, F. "Waltzing with (Leo) Strauss", *American Interest*, v. 10, nº 4, fev. 2015.
13. MAZZUCATO, M. *The Entrepreneurial State: Debunking Public vs. Private Sector Myths*. Londres: Anthem Press, 2013, p. 84 [Ed. bras.: *O Estado empreendedor: Desmascarando o mito do setor público vs. setor privado*. Tradução de SERAPICOS, E. São Paulo: Portfolio-Penguin, 2014].
14. MARTINEZ, H. J. "The Graduating Class of 2023 by the Numbers", *The Harvard Crimson*, 2023.
15. BARTON, A. "How Harvard Careerism Killed the Classroom", *The Harvard Crimson*, 21 abr. 2023.
16. ARMITAGE, D. et al. *The Teaching of the Arts and Humanities at Harvard College: Mapping the Future*. Cambridge, Massachusetts: Universidade Harvard, 2013, p. 7.
17. National Student Clearinghouse. "Computer Science Has Highest Increase in Bachelor's Earned", 27 maio 2024.

18. KENNEDY, P. *The Rise and Fall of the Great Powers: Economic Change and Military Conflict from 1500 to 2000*. Nova York: Random House, 1989, p. 407-8 [Ed. bras.: *Ascensão e queda das grandes potências*. Tradução de DUTRA, W. Rio de Janeiro: Campus, 1989].
19. WEISGERBER, M. "F-35 Production Set to Quadruple as Massive Factory Retools", *Defense One*, 6 maio 2016.
20. LEVINSON, R. "F-35's Global Supply Chain", *Businessweek*, 1 set. 2011.
21. Análise baseada em revisão de informações financeiras disponíveis ao público em setembro de 2024.
22. KLEBNIKOV, S. "U.S. Tech Stocks Are Now Worth More Than $9 Trillion, Eclipsing the Entire European Stock Market", *Forbes*, 15 dez. 2020.
23. LUNDBERG, F. *America's 60 Families*. Nova York: Vanguard Press, 1937, p. 3.
24. BALTZELL, E. D. *The Protestant Establishment: Aristocracy and Caste in America*. New Haven, Connecticut: Yale University Press, 1987, p. 8.
25. ORWELL, G. *1984*. Nova York: Penguin, 2023, p. 110 [Ed. bras.: *1984*. São Paulo: Companhia das Letras, 2020].
26. BILGER, B. "Piecing Together the Secrets of the Stasi", *The New Yorker*, 27 maio 2024.
27. HELLER, Á. *Beyond Justice*. Oxford: Blackwell, 1987, p. 273 [Ed. bras.: *Além da Justiça*. Tradução de HARTMANN, S. Rio de Janeiro: Civilização Brasileira, 1998].
28. BRILL, S. *The Death of Truth: How Social Media and the Internet Gave Snake Oil Salesmen and Demagogues the Weapons They Needed to Destroy Trust and Polarize the World — and What We Can Do*. Nova York: Knopf, 2024.
29. BERMAN, M. *The Twilight of American Culture*. Nova York: W. W. Norton, 2006, p. 52.

CAPÍTULO 7: UM BALÃO À SOLTA

1. MCNEILL, W. H. "Western Civ in World Politics: What We Mean by the West", *Orbis*, v. 41, nº 4, outono de 1997, p. 520.
2. MCNEILL. "Western Civ", p. 520.
3. APPIAH, K. A. "There Is No Such Thing as Western Civilisation", *The Guardian*, 9 nov. 2016.
4. HUNTINGTON, S. P. "The Clash of Civilizations?", *Foreign Affairs*, v. 72, nº 3, verão de 1993, p. 25.
5. ALLARDYCE, G. "The Rise and Fall of the Western Civilization Course", *American Historical Review*, v. 87, nº 3, jun. 1982, p. 719 (ao citar Cheyette).
6. BALDWIN, J. *et al*. "Memoirs of Fellows and Corresponding Fellows of the Medieval Academy of America", *Speculum*, v. 91, nº 3, jul. 2016, p. 894.
7. Veja CHEYETTE, F. L. *Ermengard of Narbonne and the World of the Troubadours*. Ithaca, Nova York: Cornell University Press, 2004.

8. CHEYETTE, F. L. "Beyond Western Civilization: Rebuilding the Survey", *History Teacher*, v. 10, nº 4, ago. 1977, p. 535.
9. SPITZ, L. W. "Beyond Western Civilization: Rebuilding the Survey", *History Teacher*, v. 10, nº 4, ago. 1977, p. 517.
10. LEITH, S. "Civ: Enlightenment... or the Black Death?", *Stanford Daily*, 17 maio 1966, p. 1.
11. PACKER, H. L. *et al. The Study of Education at Stanford: Report to the University*. Universidade Stanford, nov. 1968, p. 9. Veja também PRATT, M. L. "Humanities for the Future: The Western Culture Debate at Stanford", em: KIMBALL, B. (Org.). *The Liberal Arts Tradition*. Lanham, Maryland: University Press of America, 2010, p. 464.
12. COFFEY, J. W. "State of Higher Education: Chaos", *Stanford Daily*, 29 nov. 1971, p. 2.
13. ALLARDYCE. "Rise and Fall of the Western Civilization Course", p. 720.
14. TUSSMAN, J. "The Collegiate Rite of Passage", em: *Experiment and Innovation: New Directions in Education at the University of California*, jul. 1968. Citado por PACKER *et al. Study of Education at Stanford*, v. 2, p. 93; veja também ALLARDYCE. "Rise and Fall of the Western Civilization Course", p. 724 (ao observar que "todos os currículos são essencialmente religiosos").
15. ALLARDYCE. "Rise and Fall of the Western Civilization Course", p. 702 (ao citar SALMON, L. M., em: McLAUGHLIN, A. *et al. The Study of History in Schools: Report to the American Historical Association*. Nova York: Macmillan, 1899, p. 194).
16. APPIAH, K. A. "No Such Thing". Veja também SPENGLER, O. *Decline of the West*. Nova York: Oxford University Press, 1991 [Ed. bras.: *A decadência do Ocidente*. Tradução de CARO, H. Rio de Janeiro: Zahar, 1982]; FRYE, N. "The Decline of the West by Oswald Spengler", *Daedalus*, v. 103, nº 1, inverno de 1974; "Patterns in Chaos" [resenha de *The Decline of the West: Perspectives of World History*, de SPENGLER, O.], *Time*, 10 dez. 1928.
17. FERGUSON, N. *Civilization: The West and the Rest*. Nova York: Penguin Books, 2011 [Ed. bras.: *Civilização: Ocidente X Oriente*. Tradução de MARCOANTONIO, J. São Paulo: Planeta, 2012] (ao citar discurso de Winston Churchill na Universidade de Bristol em 2 de julho de 1938).
18. LÉVI-STRAUSS, C. *Tristes Tropiques*. Tradução para o inglês de WEIGHTMAN, J.; WEIGHTMAN, D. Nova York: Penguin Books, 2012, p. 326 [Ed. bras.: *Tristes Trópicos*. Tradução de D'AGUIAR, R. F. São Paulo: Companhia das Letras, 2016] (citado por BRUCKNER. *Tears of the White Man*, p. 100).
19. APPIAH. "No Such Thing."
20. SHATZ, A. "'Orientalism', Then and Now", *The New York Review of Books*, 20 maio 2019.
21. SHATZ. "'Orientalism,' Then and Now."

22. MISHRA, P. "Reorientations of Edward Said", *The New Yorker*, 19 abr. 2021.
23. MISHRA. "Reorientations of Edward Said."
24. BRENNAN, T. *Places of Mind: A Life of Edward Said*. Nova York: Farrar, Straus and Giroux, 2021, p. 220.
25. SAID, E. *Orientalism*. Nova York: Vintage Books, 1979, p. 332 [Ed. bras.: *Orientalismo: O Oriente como invenção do Ocidente*. Tradução de EICHENBERG, R. São Paulo: Companhia de Bolso, 2016].
26. SAID. *Orientalism*, p. 7 (ao citar HAY, D. *Europe: The Emergence of an Idea*. 2ª ed. Edimburgo: Edinburgh University Press, 1968).
27. BRENNAN. *Places of Mind*, p. 205 (ao observar que Said "fez enorme esforço em palestras às vésperas da publicação de *Orientalism* para atacar o pós-modernismo").
28. MISHRA. "Reorientations of Edward Said" (ao observar que "a crítica do livro ao eurocentrismo era, na verdade, curiosamente eurocêntrica").
29. MCNEILL. "Western Civ in World Politics", p. 521.
30. FERGUSON. *Civilization*, p. 6.
31. SILVER, N. *On the Edge: The Art of Risking Everything*. Nova York: Penguin Press, 2024, p. 25.
32. BUSH, V. *Modern Arms and Free Men*. Nova York: Simon & Schuster, 1949, p. 53.

CAPÍTULO 8: SISTEMAS FALHOS

1. Man and Woman of the Year: The Middle Americans", *Time*, 5 Dejan. 1970.
2. Veja, por exemplo, NIXON, R. Discurso à Nação sobre a Guerra no Vietnã. Washington, D.C., 3 nov. 1969 (em que faz um apelo à "grande maioria silenciosa dos meus compatriotas americanos"); LASSITER, M. D. "Who Speaks for the Silent Majority?", *The New York Times*, 2 nov. 2011; veja também PERLSTEIN, R. *Nixonland: The Rise of a President and the Fracturing of America*. Nova York: Scribner, 2008, p. 447.
3. ISAACSON, W. *The Innovators: How a Group of Hackers, Geniuses, and Geeks Created the Digital Revolution*. Nova York: Simon & Schuster, 2014, p. 266 [Ed. bras.: *Os inovadores: Como um grupo de hackers, gênios e geeks criou a Revolução Digital*. Tradução de GARSCHAGEN, D.; GUERRA, R. Rio de Janeiro: Intrínseca, 2021.
4. BRAND, S. "We Owe It All to the Hippies", *Time*, 1 mar. 1995 (citado em ISAACSON, *Innovators*, p. 268).
5. LEVY, S. *Hackers: Heroes of the Computer Revolution*. Sebastopol, Califórnia: O'Reilly, 2010, p. 25 [Ed. bras.: *Os heróis da revolução: Como Steve Jobs, Steven Wozniak, Bill Gates, Mark Zuckerberg e outros mudaram para sempre as nossas vidas*. Tradução de SANT'ANNA. M. C. São Paulo: Évora, 2012].
6. ISAACSON, Walter. *Steve Jobs*. Nova York: Simon & Schuster, 2013, p. 34.

7. ISAACSON. *Steve Jobs*, p. 41.
8. GLADWELL, M. "The Tweaker", *The New Yorker*, 6 nov. 2011.
9. NAKASHIMA, E.; ALBERGOTTI, R. "The FBI Wanted to Unlock the San Bernardino Shooter's iPhone. It Turned to a Little-Known Australian Firm", *The Washington Post*, 14 abr. 2021.
10. SANDBERG-DIMENT, E. "Hardware Review: Apple Weighs in with Its Macintosh", *The New York Times*, 24 jan. 1984, p. C3.
11. BURNHAM, D. "The Computer, the Consumer, and Privacy", *The New York Times*, 4 mar. 1984, p. E8.

CAPÍTULO 9: PERDIDOS NA TERRA DOS BRINQUEDOS

1. JENSEN, J. "Toby Lenk", *Advertising Age*, 1 jun. 1998.
2. SOKOLOVE, M. "How to Lose $850 Million–and Not Really Care", *The New York Times Magazine*, 9 jun. 2002.
3. JENSEN. "Toby Lenk."
4. MCCULLOUGH, B. *How the Internet Happened: From Netscape to the iPhone*. Nova York: Liveright, 2018, p. 141.
5. FRY, J. "eToys Story", *The Wall Street Journal*, 12 jul. 1999.
6. Form S-1, Amendment No. 1, eToys Inc. U.S. Securities and Exchange Commission, 19 maio 1999 (citado em ANDERS, G.; GRIMES, A. "eToys' Shares Nearly Quadruple, Outstripping Rival Toys 'R' Us", *The Wall Street Journal*, 21 maio 1999).
7. GOLDFARB, B.; KIRSCH, D. A. *Bubbles and Crashes: The Boom and Bust of Technological Innovation*. Stanford, Califórnia: Stanford University Press, 2019 (ao citar GREEN, H. "The Great Yuletide Shakeout", *Businessweek*, 1 nov. 1999, p. 22).
8. *Before Sunset*. Direção: Richard Linklater. Burbank, Califórnia: Warner Independent Pictures, 2004.
9. DOWARD, J. "A Gift-Horse in the Mouse", *The Guardian*, 23 out. 1999.
10. Veja ALEXANDER, L. "Why It's Time to Retire 'Disruption,' Silicon Valley's Emptiest Buzzword", *The Guardian*, 11 jan. 2016 (ao descrever o termo "disruption" [desrupção] como tendo "o gosto residual de chupar uma pilha"); DAUB, A. "The Disruption Con: Why Big Tech's Favourite Buzzword Is Nonsense", *The Guardian*, 24 set. 2020.
11. TURCHIN, P. *End Times: Elites, Counter-Elites, and the Path of Political Disintegration*. Nova York: Penguin Press, 2023, p. 89.
12. PARSONS, T. "Certain Primary Sources and Patterns of Aggression in the Social Structure of the Western World", em: *Essays in Sociological Theory*. Edição revista. Glencoe, Illinois: Free Press, 1954, cap. 14, p. 314.
13. "The Study of Man: On Talcott Parsons", *Commentary*, dez. 1962.
14. PARSONS. "Patterns of Aggression", p. 314.

15. CASSY, J. "eToys Files for Bankruptcy", *The Guardian*, 28 fev. 2001.
16. "Dot-Com Bubble Bursts", *The New York Times*, 24 dez. 2000.
17. SOKOLOVE. "How to Lose $850 Million."
18. MILLS, D. Q. "Who's To Blame for the Bubble?", *Harvard Business Review*, maio 2001.
19. MARTINSON, J.; ELLIOTT, L. "The Year Dot.com Turned into Dot.bomb", *The Guardian*, 29 dez. 2000.
20. GRAEBER, D. "Of Flying Cars and the Declining Rate of Profit", *Baffler*, n° 9, mar. 2012.
21. GRAEBER, D. "The New Anarchists", *The New Left Review*, n° 13, jan.- fev. 2002.
22. GRAY, P. "The Decline of Play and the Rise of Psychopathology in Children and Adolescents", *American Journal of Play*, v. 3, n° 4, 2011.
23. GREENSPAN, A. Palavras do diretor Alan Greenspan no jantar anual e Conferência Francis Boyer do American Enterprise Institute for Public Policy Research. Washington, D.C., 5 dez. 1996.
24. SHILLER, R. J. *Irrational Exuberance*. Nova York: Crown, 2006 [Ed. bras.: *Exuberância irracional*. Tradução de ROSA, M. L. G. L. São Paulo: Makron Books, 2000].

CAPÍTULO 10: O ENXAME ECK

1. LINDAUER, M. "House-Hunting by Honey Bee Swarms". Tradução para o inglês de VISSCHER, P. K.; BEHRENS, K.; KUEHNHOLZ, S. *Journal of Comparative Physiology* 37, 1955, p. 271.
2. SEELEY, T. D. "Martin Lindauer (1918-2008)", *Nature*, 11 dez. 2008, p. 718.
3. SEELEY, T. D. *Honeybee Democracy*. Princeton, Nova Jersey: Princeton University Press, 2010, p. 13 (ao citar SEELEY, T. D.; KÜEHNHOLZ, S.; SEELEY, R. H. "An Early Chapter in Behavioral Physiology and Sociobiology: The Science of Martin Lindauer", *Journal of Comparative Physiology*, 188, jul. 2002, p. 442.
4. LINDAUER. "Honey Bee Swarms", p. 264.
5. LINDAUER. "Honey Bee Swarms", p. 264 (grifo nosso).
6. LINDAUER. "Honey Bee Swarms", p. 265.
7. LINDAUER. "Honey Bee Swarms", pp. 271-72.
8. VON FRISCH, K. *The Dance Language and Orientation of Bees*. Tradução para o inglês de CHADWICK, L. E. Cambridge, Massachussetts: Belknap Press of Harvard University Press, 1967: pp. 269-70.
9. LINDAUER. "Honey Bee Swarms", pp. 272-73.
10. LINDAUER. "Honey Bee Swarms", pp. 265-66, 287.
11. LINDAUER. "Honey Bee Swarms", p. 272.
12. LINDAUER. "Honey Bee Swarms", p. 274.

13. LINDAUER. "Honey Bee Swarms", p. 275.
14. LINDAUER. "Honey Bee Swarms", p. 275.
15. LINDAUER. "Honey Bee Swarms", p. 268.
16. CRISTANCHO, S.; THOMPSON, G. "Building Resilient Healthcare Teams: Insights from Analogy to the Social Biology of Ants, Honey Bees and Other Social Insects", *Perspectives on Medical Education* 12, nº 1, 2023, p. 254.
17. PARISI, G. *In a Flight of Starlings: The Wonder of Complex Systems*. Tradução para o inglês de CARNELL, S. Nova York: Penguin Books, 2023, p. 9 [Ed. bras.: *A maravilha dos sistemas complexos*. Tradução de COBUCCI, S. Rio de Janeiro: Objetiva, 2022].
18. PARISI. *Flight of Starlings*, p. 11.
19. PARISI. *Flight of Starlings*, p. 16.

CAPÍTULO 11: A STARTUP IMPROVISADA

1. DUDECK, T. R. *Keith Johnstone: A Critical Biography*. Londres: Bloomsbury, 2013, p. 12.
2. REMNICK, D. "The Scholar of Comedy", *New Yorker*, 28 abr. 2024.
3. DUDECK. *Keith Johnstone*, p. 20.
4. JOHNSTONE, K. *Impro: Improvisation and the Theatre*. Nova York: Routledge, 1981, pp. 41-52.
5. DUDECK. *Keith Johnstone*, p. 12.
6. LORENZ, K. Z. *King Solomon's Ring*. Nova York: Thomas Y. Crowell, 2020, p. 149.
7. JOHNSTONE. *Impro*, p. 33.
8. JOHNSTONE. *Impro*, p. 36.
9. *American Experience: Silicon Valley*, "Silicon Valley: Chapter 1", dirigido por Randall MacLowry. Public Broadcasting Service (PBS), 5 fev. 2013.
10. De acordo com uma pesquisa realizada junto a trezentas grandes empresas nos Estados Unidos, o número médio de pessoas que reportam ao diretor-executivo de uma empresa quase dobrou entre as décadas de 1980 e 1990, aumentando de cerca de quatro pessoas em 1986 para oito mais de uma década mais tarde, em 1998. Veja RAJAN, R.; WULF, J. "The Flattening Firm: Evidence from Panel Data on the Changing Nature of Corporate Hierarchies", documento preliminar nº 9633 (Escritório Nacional de Pesquisa Econômica, abr. 2003), p. 4.
11. PERLOW, L. A.; HADLEY, C. N.; EUN, E. "Stop the Meeting Madness", *Harvard Business Review*, jul.-ago. 2017.
12. DRUCKER, P. F. "The Coming of the New Organization", *Harvard Business Review*, jan. 1988.

CAPÍTULO 12: A DESAPROVAÇÃO DA MULTIDÃO

1. CERASO, J.; ROCK, I.; GRUBER H. G. "On Solomon Asch", em: *The Legacy of Solomon Asch*. ROCK, I. (Org.). Hillsdale, Nova Jersey: Lawrence Erlbaum Associates, 1990, p. 3.
2. STOUT, D. "Solomon Asch Is Dead at 88; A Leading Social Psychologist", *The New York Times*, 29 fev. 1996, D19.
3. ASCH, S. E. "Effects of Group Pressure upon the Modification and Distortion of Judgments", em: *Groups, Leadership, and Men: Research in Human Relations*. GUETZKOW, H. (Org.). Pittsburgh: Carnegie Press, 1951, p. 178.
4. ASCH. "Effects of Group Pressure", 179.
5. ASCH, S. E. "Opinions and Social Pressure", *Scientific American* 193, nº 5, nov. 1955, p. 34.
6. CERASO; ROCK; GRUBER. "On Solomon Asch", p. 8.
7. GRADY, C. "Institutional Review Boards: Purpose and Challenges", *Chest* 148, nº 5, nov. 2015, p. 1.150.
8. BLASS, T. *The Man Who Shocked the World: The Life and Legacy of Stanley Milgram*. Nova York: Basic Books, 2009, p. 1.
9. MILGRAM, S. *Obedience to Authority: An Experimental View*. Nova York: Harper Perennial, 2009, p. 14 [Ed. bras.: *Obediência à autoridade: Uma visão experimental*. Tradução de LEMOS, L. O. C. Rio de Janeiro: Francisco Alves, 1983].
10. MILGRAM. *Obedience to Authority*, p. 14.
11. MILGRAM. *Obedience to Authority*, p. 19.
12. MILGRAM. *Obedience to Authority*, p. 20.
13. MILGRAM. *Obedience to Authority*, p. 16.
14. MILGRAM. *Obedience to Authority*, p. 5.
15. SULLIVAN, W. "65% in Test Blindly Obey Order to Inflict Pain", *The New York Times*, 26 out. 1963, p. 10.
16. MILGRAM. *Obedience to Authority*, p. 73.
17. MILGRAM. *Obedience to Authority*, p. 73.
18. MILGRAM. *Obedience to Authority*, p. 77.
19. MILGRAM. *Obedience to Authority*, p. 77.
20. Veja ARENDT, H. *Eichmann in Jerusalem: A Report on the Banality of Evil*. Nova York: Viking Press, 1963 [Ed. bras.: *Eichmann em Jerusalém: um relato sobre a banalidade do mal*. Tradução de SIQUEIRA, J. R. São Paulo: Companhia das Letras, 2016].
21. MILGRAM. *Obedience to Authority*, p. 84.
22. MILGRAM. *Obedience to Authority*, pp. 16, 85.
23. MILGRAM. *Obedience to Authority*, p. 85.
24. MILGRAM. *Obedience to Authority*, p. 85.

25. O experimento também talvez sirva como um lembrete do quanto os conselhos de revisão institucional e comitês de ética contemporâneos nos departamentos de psicologia tornaram-se comedidos, aprovando apenas as formas mais brandas de engano em experimentos realizados em voluntários e talvez renunciando a linhas inteiras de pesquisa produtiva e valiosa sobre a mente humana.
26. CERASO; ROCK; GRUBER. "On Solomon Asch", p. 8.
27. *Monet's Years at Giverny*. Nova York: Museu Metropolitano de Arte, 1978, pp. 34-36.
28. WATLINGTON, E. "'Monet/Mitchell' Shows How the Impressionist's Blindness Charted a Path for Abstraction", *Art in America*, 12 maio 2023.
29. Veja PAGÉ, S.; MATHIEU, M.; SCHERF, A. *Monet — Mitchell*. New Haven, Connecticut: Yale University Press, 2022.
30. GUERRIERI, M. *The First Four Notes: Beethoven's Fifth and the Human Imagination*. Nova York: Vintage Books, 2014, p. 8.
31. GUERRIERI. *First Four Notes*, p. 12.
32. WALLACE, R. "Why Beethoven's Loss of Hearing Added Dimensions to His Music", *Zócalo Public Square*, 28 jul. 2019.

CAPÍTULO 13: CONSTRUIR UM FUZIL MELHOR

1. NEVERS, K. "'He Didn't Hesitate': Airborne Medic Jim Butz Dies a Hero in Afghanistan", *Chesterton* (Indiana) *Tribune*, 3 out. 2011.
2. BEARDEN, M. "Afghanistan, Graveyard of Empires", *Foreign Affairs*, 1 nov. 2001.
3. BYRNE, J. "Northwest Indiana Medic Killed in Afghanistan", *Chicago Tribune*, 1 out. 2011; BROWN, S. "Soldier's Dad: 'He'll Always Be My Hero'", *Times of Northwest Indiana*, 2 out. 2011.
4. BROWN. "Soldier's Dad."
5. NEVERS. "'He Didn't Hesitate.'"
6. SAPOLSKY, H. M.; SCHRAGE, M. "More Than Technology Needed to Defeat Roadside Bombs", *National Defense*, abr. 2012, p. 17.
7. FAROOQ, U. "Pakistani Fertilizer Grows Both Taliban Bombs and Afghan Crops", *Christian Science Monitor*, 9 maio 2013.
8. SHELL, J. "How the IED Won: Dispelling the Myth of Tactical Success and Innovation", *War on the Rocks*, 1 maio 2017.
9. SAPOLSKY; SCHRAGE. "More Than Technology", p. 17; SHELL. "How the IED Won" (estimativa do custo de um IED em 265 dólares).
10. "Oshkosh MRAP All Terrain Vehicle", *Army Technology*, 14 set. 2009.
11. ROGERS, A. "The MRAP: Brilliant Buy, or Billions Wasted?", *Time*, 2 out. 2012.
12. SAPOLSKY; SCHRAGE. "More Than Technology", p. 17. Alguns questionaram também se os veículos mais novos, com blindagem mais robusta, ofereciam

muito mais proteção que os veículos de transporte de pessoal já existentes. Veja ROHLFS, C.; SULLIVAN, R. "Why the $600,000 Vehicles Aren't Worth the Money", *Foreign Affairs*, 26 jul. 2012.
13. Veja JACOBSEN, A. "Palantir's God's-Eye View of Afghanistan", *Wired*, 28 jan. 2021; DRAPER, R. "Boondoggle Goes Boom", *New Republic*, 19 jun. 2013.
14. HERMAN, A. "What if Apple Designed an iFighter?", *The Wall Street Journal*, 23 jul. 2012.
15. "Army 'Rapid Equipping Force' Taking Root, Chief Says", *National Defense*, 1 out. 2006.
16. ISSA, D; CHAFFETZ, J; PANETTA, L. E., 1 ago. 2012, Comissão Parlamentar de Supervisão e Reforma Governamental dos Estados Unidos.
17. *Palantir Technologies contra os United States*, nº 16-Civ-784-MBH (Tribunal de Reclamações Federais dos Estados Unidos, 30 jun. 2016, p. 49; veja também SCARBOROUGH, R. "Soldier Battling Bombs Irked by Software Switch", *The Washington Times*, 22 jul. 2012; BRILL, S. "Trump, Palantir, and the Battle to Clean Up a Huge Army Procurement Swamp", *Fortune*, 27 mar. 2017.
18. SCARBOROUGH. "Soldier Battling Bombs."
19. BRILL. "Battle to Clean Up."
20. Departamento de Defesa dos Estados Unidos. Situação de vítimas, 16 jul. 2024; "Costs of War: Afghan Civilians", Instituto Watson de Relações Internacionais e Públicas, Universidade Brown, Providence, Rhode Island.
21. HELMAN, C.; TUCKER, H. "The War in Afghanistan Cost America $300 Million per Day for 20 Years, with Big Bills Yet to Come", *Forbes*, 16 ago. 2021.
22. "Absence of America's Upper Classes from the Military", *ABC News*, 3 ago. 2006.
23. SHANE III, L. "Why One Lawmaker Keeps Pushing for a New Military Draft", *Military Times*, 30 mar. 2015.
24. Entrevista com Patrick Caddell em "Jimmy Carter", *American Experience*, Public Broadcasting Service (PBS), 11 nov. 2002.
25. ORTON, B. "Remarks at the National Performance Review Press Conference", 26 out. 1993. Velho Edifício do Gabinete Executivo na Casa Branca, Washington, D.C., C-SPAN.
26. ORTON. "Remarks."
27. ORTON. "Remarks"; BARR, S. "Clinton Proposed Procurement Changes", *The Washington Post*, 27 out. 1993.
28. Roth, W. S. 1587, Lei Federal de Aquisição Simplificada de 1993, Comissão de Assuntos Governamentais e Comissão de Serviços Armados, Washington, D.C., 24 fev. 1994, p. 4.
29. GORE, A. *Common Sense Government: Works Better and Costs Less* (1998), p. 74.
30. Departamento de Defesa dos Estados Unidos, "Military Specification: Cookie Mix, Dry", MIL-C-43205G, p. 7.

31. WHITE JR., R. D. "Executive Reorganization, Theodore Roosevelt, and the Keep Commission", *Administrative Theory and Praxis* 24, nº 3, 2002, p. 512.
32. WHITE JR. "Executive Reorganization", pp. 511-12; FREEDMAN, D. "They're Getting Rid of 'Red Tape' in Washington. Literally", *The Washington Post*, 16 jan. 2023 (discussão acerca das origens do termo "fita vermelha" como metáfora de "burocracia").
33. BIDDLE, W. "House Approves Stiff Rules to Control Cost of Military Spare Parts", *The New York Times*, 31 maio 1984, p. B24.
34. FAIRHALL, J. "The Case for the $435 Hammer", *Washington Monthly*, 1 jan. 1987.
35. MOTHERSHED, A. A. "The $435 Hammer and $600 Toilet Seat Scandals: Does Media Coverage of Procurement Scandals Lead to Procurement Reform?", *Public Contract Law* 41, nº 4, verão de 2012, p. 861.
36. KNICKERBOCKER, B. "Pentagon Steps Up Its War on Unscrupulous Defense Contractors", *Christian Science Monitor*, 15 mar. 1984 (citado em MOTHERSHED. "$435 Hammer and $600 Toilet Seat Scandals", p. 863).
37. CLINTON, W. J. "State of the Union Address", Washington, D.C., 23 jan. 1996.
38. CLINTON, W. J. "Remarks Announcing the Report of the National Performance Review and an Exchange with Reporters", Washington, D.C., 7 set. 1993.
39. ROSENBAUM, D. E. "Remaking Government: Few Disagree with Clinton's Overall Goal, but History Shows the Obstacles Ahead", *The New York Times*, 8 set. 1993, p. A1.
40. BARR. "Procurement Changes".
41. CLINTON, W. J. "Remarks at the National Performance Review Press Conference", 26 out. 1993. Velho Edifício do Gabinete Executivo na Casa Branca, Washington, D.C., C-SPAN.
42. GORE, A. "Remarks at the National Performance Review Press Conference", 26 out. 1993. Velho Edifício do Gabinete Executivo na Casa Branca, Washington, D.C., C-SPAN.
43. KELLEHER, T. J. *et al. Smith, Currie, and Hancock's Federal Government Construction Contracts*. Hoboken, Nova Jersey: Wiley, 2010, p. 89.
44. Lei Federal de Aquisição Simplificada de 1993: Audiência perante a Comissão de Assuntos Governamentais e Comissão de Serviços Armados, 103º Congresso. 24 fev. 1994, 2 (depoimento de John Glenn).
45. Lei Federal de Aquisição Simplificada de 1993, John Glenn, p. 2.
46. Lei Federal de Aquisição Simplificada de 1993, John Glenn, p. 3.
47. BRILL. "Battle to Clean Up."
48. CLINTON. "Remarks on Signing the Federal Acquisition Streamlining Act of 1994."

49. CHAPMAN, L. "Inside Palantir's War with the U.S. Army", *Bloomberg*, 28 out. 2016.
50. *Palantir USG Inc. contra os Estados Unidos*, nº 16-784C (Tribunal de Reclamações Federais dos Estados Unidos, 3 nov. 2016), p. 97.
51. Um tribunal federal de apelação em Washington, D.C., confirmou a decisão do juiz Horn. *Palantir USG Inc. contra os United States*, 904 F.3d 980 (Fed. Cir. 2018).
52. HARRIS, S. "Palantir Wins Competition to Build Army Intelligence System", *The Washington Post*, 26 mar. 2019.
53. HARRIS. "Palantir Wins Competition."
54. HARRIS. "Palantir Wins Competition."
55. RUSLI, E. M. "Zynga's Value, at $7 Billion, Is Milestone for Social Gaming", *The New York Times*, 15 dez. 2011.
56. PERLROTH, N. "The Groupon IPO: By the Numbers", *Forbes*, 2 jun. 2011.
57. Veja CHANNICK, R. "Groupon Issues 'Going Concern' Warning as Chicago-Based Online Marketplace Terminates River North HQ Lease", *Chicago Tribune*, 13 maio 2023; SAVITZ, E. J. "Groupon Stock Craters. The Turnaround Is Taking Longer Than Hoped", *Barron's*, 10 nov. 2023.

CAPÍTULO 14: UMA NUVEM OU UM RELÓGIO

1. ADAMS, H. *Tom and Jack: The Intertwined Lives of Thomas Hart Benton and Jackson Pollock*. Nova York: Bloomsbury Press, 2009, p. 30.
2. KARMEL, P. (Org.). *Jackson Pollock: Interviews, Articles, and Reviews*. Nova York: Museu de Arte Moderna, 1999, p. 15; veja também DOSS, E. *Benton, Pollock, and the Politics of Modernism*. Chicago: University of Chicago Press, 1995, p. 330 (análise da entrevista).
3. BENTON, T. H. *An Artist in America*. Columbia, Missouri: University of Missouri Press, 1968, p. 339 (citado em SMITH, E. E. "The Friendship That Changed Art", *Artists Magazine* 35, nº 6, jul.-ago. 2018.
4. SIMS, D. "No, Really, I'm Awful", *Atlantic*, 26 abr. 2023.
5. FILIPOVIC, J. "I Was Wrong About Trigger Warnings", *Atlantic*, 9 ago. 2023.
6. KEROUAC, J. *On the Road*. Nova York: Penguin Books, 1976, p. 5 [Ed. bras.: *On the Road: Pé na estrada*. Tradução de BUENO, E. Porto Alegre: L&PM, 2015].
7. GIRARD, R. "Generative Scapegoating", em: *Violent Origins: Walter Burket, René Girard, and Jonathan Z. Smith on Ritual Killing and Cultural Formation*. HAMMERTON-KELLY, R. G. (Org.). Stanford, Califórnia: Stanford University Press, 1987, p. 123.
8. KRIS, E. *Psychoanalytic Explorations in Art*. Nova York: International Universities, Press, 1952, p. 59.
9. EMERSON, R. W. "Self-Reliance", em: *Nature and Selected Essays*. ZIFF, L. (Org.). Nova York: Penguin Books, 2003, p. 123.

10. EMERSON. "Self-Reliance", pp. 123-24.
11. BERLIN, I. *The Hedgehog and the Fox*. Londres: Weidenfeld & Nicolson, 1954, p. 1.
12. BERLIN, I. *The Hedgehog and the Fox*. Londres: Weidenfeld & Nicolson, 1954, p. 1.
13. Veja WHYTE, K. *Hoover: An Extraordinary Life in Extraordinary Times*. Nova York: Alfred A. Knopf, 2017, pp. 35, 68-69; MOUAT, J.; PHIMISTER, I. "The Engineering of Herbert Hoover", *Pacific Historical Review* 77, n° 4, nov. 2008, pp. 555, 560.
14. HOOVER, H. *The Memoirs of Herbert Hoover: Years of Adventure, 1874-1920*. Nova York: Macmillan, 1953, p. 133.
15. DEWEY, J. "Pragmatic America", em: *America's Public Philosopher: Essays on Social Justice, Economics, Education, and the Future of Democracy*. WEBER, E. T. (Org.). Nova York: Columbia University Press, 2021, p. 52.
16. DEWEY. "Pragmatic America", p. 51.
17. DEWEY. "Pragmatic America", p. 52.
18. JACOBSEN, A. *Operation Paperclip: The Secret Intelligence Program That Brought Nazi Scientists to America*. Nova York: Little, Brown, 2014, p. ix.
19. JACOBSEN. *Operation Paperclip*, p. 52.
20. TETLOCK, P. E. *Expert Political Judgment: How Good Is It? How Can We Know?* Princeton, Nova Jersey: Princeton University Press, 2005, p. 40; veja também GADDIS, J. L. *On Grand Strategy*. Nova York: Penguin Books, 2019 (ao analisar Tetlock).
21. TETLOCK. *Expert Political Judgment*, p. 40.
22. WIGNER, E. "The Unreasonable Effectiveness of Mathematics in the Natural Sciences", *Communications in Pure and Applied Mathematics* 13, n° 1, fev. 1960, p. 2.
23. TETLOCK. *Expert Political Judgment*, p. 40.
24. TETLOCK. *Expert Political Judgment*, pp. 49, 254.
25. TETLOCK. *Expert Political Judgment*, p. 9.
26. TETLOCK. *Expert Political Judgment* (apêndice metodológico)
27. TETLOCK. *Expert Political Judgment*, p. 75n6.
28. TETLOCK. *Expert Political Judgment*, p. 74.
29. TETLOCK. *Expert Political Judgment*, p. 80.
30. Ohno observou que a abordagem de perguntar "por quê" cinco vezes foi construída sobre o "hábito de observar" que ele aprendeu com Sakichi Toyoda, cujo filho fundaria a Toyota Motor Corporation no fim da década de 1930. OHNO, T. *Toyota Production System: Beyond Large-Scale Production*. Portland, Oregon: Productivity Press, 1988, p. 77.
31. OHNO. *Toyota Production System*, p. 18.
32. OHNO. *Toyota Production System*, p. 18.
33. HOLUSHA, J. "Taiichi Ohno, Whose Car System Aided Toyota's Climb, Dies at 78", *The New York Times*, 31 maio 1990, p. D23.

34. HOLUSHA. "Taiichi Ohno", p. D23.
35. AUPING, M. "Lucian Freud: The Last Interview", *The Times*, Londres, 28 Dejan. 2012.
36. GAYFORD, M. *Man with a Blue Scarf: On Sitting for a Portrait by Lucian Freud*. Londres: Thames & Hudson, 2019, p. 10.
37. AUPING. "Lucian Freud."

CAPÍTULO 15: DESERTO ADENTRO

1. GALTON, F. "Vox Populi", *Nature*, v. 75, n. 1949, mar. 1907, p. 450.
2. Veja SUROWIECKI, J. *The Wisdom of Crowds*. Nova York: Anchor Books, 2005 [Ed. bras.: *A sabedoria das multidões: Por que muitos são mais inteligentes que alguns e como a inteligência coletiva pode transformar os negócios, a economia, a sociedade e as nações*. Rio de Janeiro: Record, 2006].
3. GALTON, F. "Vox Populi", *Nature*, v. 75, n. 1949, mar. 1907, p. 451.
4. SANDEL, M. *What Money Can't Buy: The Moral Limits of Markets*. Nova York: Farrar, Straus and Giroux, 2012, pp. 12-13 [Ed. bras.: *O que o dinheiro não compra: Os limites morais do mercado*. Rio de Janeiro: Civilização Brasileira, 2018].
5. MAXWELL, W. J. (Org.). *James Baldwin: The FBI File*. Nova York: Arcade, 2017, p. 7.
6. ACKERMAN, K. D. "Five Myths About J. Edgar Hoover". *The Washington Post*, 9 nov. 2011.
7. National Physical Laboratory. "Tracking People by Their 'Gait Signature'", 20 set. 2012.
8. VOLTAIRE. *Zadig; or, The Book of Fate, an Oriental History*. Londres, 1749, p. 53 [Ed. bras.: *Zadig ou o destino*. Porto Alegre: L&PM Pocket, 2014].
9. BLACKSTONE, W. *Commentaries on the Laws of England in Four Books*. v. 2. Filadélfia: J. B. Lippincott, 1893, p. 587.
10. STARKIE, T. *A Practical Treatise on the Law of Evidence, and Digest of Proofs, in Civil and Criminal Proceedings*. v. 1. Boston: Wells & Lilly, 1826, p. 507.
11. WINSTON, A. "Palantir Has Secretly Been Using New Orleans to Test Its Predictive Policing Technology", *The Verge*, 27 fev. 2018.
12. SLEDGE, M.; VARGAS, R. A. "Palantir's Crime-Fighting Software Causes Stir in New Orleans ; NOPD Rebuts Civil Liberties Concerns", *The Times-Picayune*, 1 mar. 2018.
13. STANLEY, J. "New Orleans Program Offers Lessons in Pitfalls of Predictive Policing", American Civil Liberties Union, 15 mar. 2018.
14. GREENE, J. "Amazon Bans Police Use of Its Facial-Recognition Technology for a Year", *The Washington Post*, 10 jun. 2020; HARWELL, D. "Amazon Extends Ban on Police Use of Its Facial Recognition Technology Indefinitely", *The Washington Post*, 18 maio 2021.

15. ALLYN, B. "IBM Abandons Facial Recognition Products, Condemns Racially Biased Surveillance", National Public Radio, 9 jun. 2020.
16. PETERS, J. "IBM Will No Longer Offer, Develop, or Research Facial Recognition Technology", *The Verge*, 8 jun. 2020.
17. HENDERSON, R. "'Luxury Beliefs' Are the Latest Status Symbol for Rich Americans", *New York Post*, 17 ago. 2019.
18. BROOKS, D. "The Sins of the Educated Class", *The New York Times*, 6 jun. 2024; veja também HENDERSON, R. *Troubled: A Memoir of Foster Care, Family, and Social Class*. Nova York: Gallery Books, 2024.
19. NOONAN, P. "How Trump Lost Half of Washington", *The Wall Street Journal*, 25 abr. 2019.

CAPÍTULO 16: O PREÇO DO FARISAÍSMO

1. POWELL, J. "The Honorable Jerome H. Powell", entrevista a David M. Rubenstein. Economic Club of Washington, 7 fev. 2023; veja também IMPELLI, M. "Jerome Powell Salary Admission Sparks Debate", *Newsweek*, 7 fev. 2023.
2. LONG, H. "Who Is Jerome Powell, Trump's Pick for the Nation's Most Powerful Economic Position?", *The Washington Post*, 2 nov. 2017.
3. KRCMARIC, D.; NELSON, S. C.; ROBERTS, A. "Billionaire Politicians: A Global Perspective", *Perspectives on Politics*, 25 out. 2023; veja também HALL, A. B. *Who Wants to Run? How the Devaluing of Political Office Drives Polarization*. Chicago: University of Chicago Press, 2019, p. 70 (ao observar que "um resultado provável da redução do salário dos legisladores é que, na grande maioria, apenas os ricos se candidatarão").
4. BRUDNICK, I. A. "Congressional Salaries and Allowances: In Brief", *Congressional Research Service*, 27 jun. 2024, p. 1.
5. YGLESIAS, M. "Pay Congress More", *Vox*, 10 maio 2019.
6. MADISON, J. *The Writings of James Madison*. v. 3. HUNT, G. (Org.). Nova York: G. P. Putnam's Sons, 1902, p. 253.
7. MYDANS, S. "Singapore Announces 60 Percent Pay Raise for Ministers", *The New York Times*, 9 abr. 2007.
8. LEE, Kuan Yew. "In His Own Words: Higher Pay Will Attract Most Talented Team, So Country Can Prosper", *The Straits Times*, 1 nov. 1994.
9. KINTNER, E. E. "Admiral Rickover's Gamble", *The Atlantic*, jan. 1959.
10. KINTNER, E. E. "Admiral Rickover's Gamble", *The Atlantic*, jan. 1959.
11. HEWLETT, R. G.; DUNCAN, F. *Nuclear Navy, 1946-1962*. Chicago: University of Chicago Press, 1974, p. 222.
12. HEWLETT, R. G.; DUNCAN, F. *Nuclear Navy, 1946-1962*. Chicago: University of Chicago Press, 1974, p. 222.

13. WORTMAN, M. *Admiral Hyman Rickover: Engineer of Power*. New Haven: Yale University Press, 2022, p. 4.
14. ALLEN, T. B.; POLMAR, N. *Rickover: Father of the Nuclear Navy*. Washington, D.C.: Potomac Books, 2007.
15. KINTNER, E. E. "Admiral Rickover's Gamble", *The Atlantic*, jan. 1959.
16. POLMAR, N.; ALLEN, T. B. *Rickover: Controversy and Genius: A Biography*. Nova York: Simon & Schuster, 1982, p. 272 (ao observar que histórias assim, "geralmente anônimas", eram difíceis de verificar de forma minuciosa).
17. RICKOVER, H. G. Entrevista a Diane Sawyer. *60 Minutes*, CBS, 1984.
18. FINNEY, J. W. "Rickover, Father of Nuclear Navy, Dies at 86", *The New York Times*, 9 jul. 1986, p. A1.
19. BIDDLE, W. "Navy Lists General Dynamics' Gifts to Rickover", *The New York Times*, 5 jun. 1985, p. D7.
20. BIDDLE, W. "Rickover Tells Lehman He Gave Away Gifts", *The New York Times*, 11 jun. 1985, p. D1.
21. BIDDLE, W. "Rickover Tells Lehman He Gave Away Gifts", *The New York Times*, 11 jun. 1985, p. D23.
22. BIDDLE, W. "General Dynamics Draws Penalties on Navy Dealings", *The New York Times*, 22 maio 1985, p. A1.
23. BIDDLE, W. "General Dynamics Draws Penalties on Navy Dealings", *The New York Times*, 22 maio 1985, p. A1.
24. "Admiral Rickover and the Trinkets", *The New York Times*, 24 maio 1985, p. A24.
25. "Admiral Rickover and the Trinkets", *The New York Times*, 24 maio 1985, p. A24.
26. DUFFY, M. "Hyman George Rickover, 1900-1986: They Broke the Mold", *Time*, 21 jul. 1986.
27. PLATÃO. *The Republic*. Tradução de LEE, D. Nova York: Penguin Books, 2007 [Ed. bras.: *República*. Adaptação de PERINE, M. São Paulo: Scipione, 2002].
28. BURKE, K. *Permanence and Change*. University of California Press, 1935, p. 16.
29. GREGÓRIO I. *The Life of Our Most Holy Father S. Benedict*. Roma: 1895, p. 37.
30. GREGÓRIO I. *The Life of Our Most Holy Father S. Benedict*. Roma: 1895, p. 37.

CAPÍTULO 17: OS PRÓXIMOS MIL ANOS

1. DUNBAR, R. "Co-evolution of Neocortex Size, Group Size, and Language in Humans", *Behavioral and Brain Sciences*, v. 16, n. 4, 1993; veja também HARARI, Y. N. *Sapiens: A Brief History of Humankind*. Nova York: HarperCollins, 2015 [Ed. bras.: *Sapiens: Uma breve história da humanidade*. Porto Alegre: L&PM, 2015].
2. U.S. Department of the Interior. Lista do Registro Nacional de Sítios Históricos. *Historic Hutterite Colonies Thematic Resources*. 1979; DUNBAR,

R. "Co-evolution of Neocortex Size, Group Size, and Language in Humans", *Behavioral and Brain Sciences*, v. 16, n. 4, 1993 (ao citar HARDIN, G. "Common Failing", *New Scientist*, v. 102, 1988, p. 76).
3. BRYANT, F. C. *We're All Kin: A Cultural Study of a Mountain Neighborhood*. Knoxville: University of Tennessee Press, 1981, pp. 3-4 (citada por Dunbar).
4. DUNBAR, R. "Co-evolution of Neocortex Size, Group Size, and Language in Humans", *Behavioral and Brain Sciences*, v. 16, n. 4, 1993, p. 688.
5. DUNBAR, R. "Co-evolution of Neocortex Size, Group Size, and Language in Humans", *Behavioral and Brain Sciences*, v. 16, n. 4, 1993, p. 682.
6. Veja ANDERSON, B. *Imagined Communities: Reflections on the Origin and Spread of Nationalism*. Ed. rev. Londres: Verso, 2016 [Ed. bras.: *Comunidades imaginadas: Reflexões sobre a origem e a difusão do nacionalismo*. São Paulo: Companhia das Letras, 2008].
7. ANDERSON, B. *Imagined Communities: Reflections on the Origin and Spread of Nationalism*. Ed. rev. Londres: Verso, 2016, p. 33 [Ed. bras.: *Comunidades imaginadas: Reflexões sobre a origem e a difusão do nacionalismo*. São Paulo: Companhia das Letras, 2008].
8. BASTIÉ, E. "Emmanuel Macron, de la négation de la culture française à l'exaltation de la France éternelle", *Le Figaro*, 5 jun. 2023.
9. JÉGO, Y. "Emmanuel Macron et le reniement de la culture française", *Le Figaro*, 6 fev. 2017.
10. "Le Pen scores own goal with team slur", *The Irish Times*, 25 jun. 1996.
11. BREIDLID, A.; BRØGGER, F. C.; GULLIKSEN, O. T.; SIREVAG, T. (Orgs.). *American Culture: An Anthology*. 2ª ed. Nova York: Routledge, 2008, p. 3.
12. LEE, K. Y. Discurso no 28° aniversário da associação dos varejistas de bebidas. 3 out. 1965, Câmara de Comércio Chinesa, Singapura, Singapore National Archives.
13. LEE, K. Y.. Discurso no comício da data nacional. 17 ago. 1986, Kallang Theatre, Singapura, Singapore National Archives.
14. NG, P. C. L. "A Study of Attitudes Towards the Speak Mandarin Campaign in Singapore", *Intercultural Communication Studies*, v. 23, n. 3, 2014, p. 54.
15. NEWMAN, J. "Singapore's 'Speak Mandarin Campaign': The Educational Argument", *Southeast Asian Journal of Social Science*, v. 14, n. 2, 1986, p. 53.
16. GOH, K. S. *Report on the Ministry of Education, Singapore*. 10 fev. 1979, pp. 1-10.
17. GOH, K. S. *Report on the Ministry of Education, Singapore*. 10 fev. 1979, pp. 1-10.
18. JOHNSON, I. "In Singapore, Chinese Dialects Revive After Decades of Restrictions", *The New York Times*, 26 ago. 2017.
19. LEE, K. Y. Discurso na abertura da campanha "Fale Mandarim", 21 set. 1984, Singapore Conference Hall, Singapore National Archives.

20. GOPINATHAN, S. "Singapore's Language Policies: Strategies for a Plural Society", *Southeast Asian Affairs*, 1979, p. 291.
21. LEE, K. Y. Discurso no comício da data nacional. 17 ago. 1986, Kallang Theatre, Singapura, Singapore National Archives.22. Grupo do Banco Mundial. GDP Per Capita, Singapore, 2023.
22. KISSINGER, H. Prefácio. Em: LEE, K. Y. *From Third World to First: The Singapore Story: 1965-2000*. Nova York: HarperCollins, 2000, p. x. 2000 [Ed. bras.: *Do terceiro ao primeiro mundo: a história de Cingapura entre 1965 e 2000. Memórias de Lee Kuan Yew*. São Paulo: Editora Globo, 2008].
23. CARLYLE, T. *On Heroes: Hero-Worship, and the Heroic in History*. Londres: James Fraser, 1841, p. 12.
24. BLACK, C. B. *Paris and Excursions from Paris*. Londres: Sampson Low, Marston, Low & Searle, 1873, p. 45.
25. Veja ANDERSON, B. *Imagined Communities: Reflections on the Origin and Spread of Nationalism*. Ed. rev. Londres: Verso, 2016 [Ed. bras.: *Comunidades imaginadas: Reflexões sobre a origem e a difusão do nacionalismo*. São Paulo: Companhia das Letras, 2008].
26. SENNETT, R. "The Identity Myth", *The New York Times*, 30 jan. 1994, p. E17 (citado por KIMBALL, R. "Institutionalizing Our Demise: America vs. Multiculturalism", *New Criterion*, jun. 2004).
27. NUSSBAUM, M. "Patriotism and Cosmopolitanism", *Boston Review*, 1 out. 1994 (citado por KIMBALL, R. "Institutionalizing Our Demise: America vs. Multiculturalism", *New Criterion*, jun. 2004).
28. "Reminiscences of Ernest Renan", *The Atlantic*, ago. 1883 (ao observar que Renan descreveu seus ancestrais na Bretanha como "simples lavradores da terra e pescadores do mar").
29. RENAN, E. *What Is a Nation? And Other Political Writings*. Trad. e organização.: GIGLIOLO, M. F. N. Nova York: Columbia University Press, 2018, pp. 247, 261.
30. BUTLER, J. "Does the Left Really Want to Argue That Enjoying *Lord of the Rings* Is 'Far-Right'?", *National Review*, 19 jul. 2024.
31. SMITH, J. K. A. "Reconsidering 'Civil Religion'", *Comment*, 11 maio 2017.
32. BELLAH, Robert. "Civil Religion in America". *Daedalus*, v. 96, n. 1, inverno 1967, p. 1-18.
33. MACINTYRE, A. *After Virtue: A Study in Moral Theory*. 3ª ed. Notre Dame: University of Notre Dame Press, 2007, p. 226 [Ed. bras.: *Depois da virtude*. São Paulo: EDUSC, 2001].
34. MACINTYRE, A. *After Virtue: A Study in Moral Theory*. 3ª ed. Notre Dame: University of Notre Dame Press, 2007, p. 263 [Ed. bras.: *Depois da virtude*. São Paulo: EDUSC, 2001].
35. KIMBALL, R. "Institutionalizing Our Demise: America vs. Multiculturalism", *New Criterion*, jun. 2004.

36. KOVACH, T.; WALSER, M. *The Burden of the Past: Martin Walser on Modern German Identity: Texts, Contexts, Commentary*. Rochester: Camden House, 2008, p. 2.
37. ILLMER, A. "German Writer Martin Walser Dies Aged 96", *Deutsche Welle*, 28 jul. 2023.
38. "Dieter Hildebrandt soll in NSDAP gewesen sein", *Die Welt*, 30 jun. 2007.
39. "Dieter Hildebrandt soll in NSDAP gewesen sein", *Die Welt*, 30 jun. 2007 (ao observar também que Hans-Dieter Kreikamp, dirigente dos arquivos alemães, contestou a versão de Walser de que teria sido involuntariamente inscrito no Partido Nazista, comentando que uma assinatura de próprio punho teria sido exigida na época para filiação).
40. KOVACH, T.; WALSER, M. *The Burden of the Past: Martin Walser on Modern German Identity: Texts, Contexts, Commentary*. Rochester: Camden House, 2008, p. 89.
41. KOVACH, T.; WALSER, M. *The Burden of the Past: Martin Walser on Modern German Identity: Texts, Contexts, Commentary*. Rochester: Camden House, 2008, p. 90-91.
42. SCHÖDEL, K. "Normalising Cultural Memory? The 'Walser-Bubis Debate' and Martin Walser's Novel *Ein springender Brunnen*". Em: TABERNER, S.; FINLAY, F. (Orgs.). *Recasting German Identity: Culture, Politics, and Literature in the Berlin Republic*. Rochester: Camden House, 2002, p. 67.
43. ESHEL, A. *Jewish Memories, German Futures: Recent Debates in Germany About the Past*. Bloomington: Indiana University, 2001, p. 9.
44. KAMENETZKY, D. A. "The Debate on National Identity and the Martin Walser Speech: How Does Germany Reckon with Its Past?", *SAIS Review*, v. 19, n. 2, verão-outono 1999, p. 258.
45. "Martin Walser bereut Verhalten gegenüber Ignatz Bubis", *Der Spiegel*, 16 mar. 2007; veja também "Geistige Brandstiftung: Bubis wendet sich gegen Walser", *Frankfurter Allgemeine Zeitung*, 13 out. 1998.

CAPÍTULO 18: UM PONTO DE VISTA ESTÉTICO

1. HARRIS, G. "Mary Beard BBC Segment on Kenneth Clark's Civilisation Renews Debate About Its Eurocentricity", *The Art Newspaper*, 29 abr. 2024.
2. OLUSOGA, D. "Civilisation Revisited", *The Guardian*, 3 fev. 2018.
3. CLARK, K. *Civilisation*. Nova York: Harper & Row, 1969, p. 174 [Ed. bras.: *Civilização: Uma visão pessoal*. São Paulo: Martins Fontes, 2019]; veja também ROSEN, C. Resenha de *Civilisation*, por Kenneth Clark. *The New York Review of Books*, 7 maio 1970 (ao citar Clark).
4. CLARK, K. *Civilisation*. Nova York: Harper & Row, 1969, p. 2 [Ed. bras.: *Civilização: Uma visão pessoal*. São Paulo: Martins Fontes, 2019].

5. CLARK, K. *Civilisation*. Nova York: Harper & Row, 1969, p. xvii [Ed. bras.: *Civilização: Uma visão pessoal*. São Paulo: Martins Fontes, 2019].
6. BEARD, M. "Kenneth Clark by James Stourton Review—Mary Beard on Civilisation Without Women", *The Guardian*, 1 out. 2016.
7. NOONAN, P. "The Uglyfication of Everything", *The Wall Street Journal*, 2 maio 2024.
8. DENBY, D. "In Darwin's Wake", *The New Yorker*, 21 jul. 1997, p. 59 (citado em BERMAN, M. *The Twilight of American Culture*. Nova York: W. W. Norton, 2006, p. 57).
9. VEBLEN, T. *The Theory of the Leisure Class*. BANTA, Martha (Org.). Oxford, 2009, p. 64 [Ed. bras.: *A teoria da classe ociosa*. São Paulo: Nova Cultural, 1988].
10. SAX, B. *Imaginary Animals: The Monstrous, the Wondrous and the Human*. Londres: Reaktion Books, 2013, p. 94.
11. HOMERO. *The Odyssey of Homer*. Trad. PALMER, G. H. Cambridge: Houghton Mifflin, 1949, p. 185 [Ed. bras.: *Odisseia*. Trad. LACERDA, R. São Paulo: Scipione, 1998].
12. Veja, por exemplo, FAHLENBRACH, R. "Founder-CEOs, Investment Decisions, and Stock Market Performance", *Journal of Financial and Quantitative Analysis*, v. 44, n. 2, abr. 2009.
13. FAHLENBRACH, R. "Founder-CEOs, Investment Decisions, and Stock Market Performance", *Journal of Financial and Quantitative Analysis*, v. 44, n. 2, abr. 2009, p. 440.
14. FAHLENBRACH, R. "Founder-CEOs, Investment Decisions, and Stock Market Performance", *Journal of Financial and Quantitative Analysis*, v. 44, n. 2, abr. 2009, p. 463.
15. LEE, J. M.; KIM, J.; BAE, J. "Founder CEOs and Innovation: Evidence from S&P 500 Firms", SSRN, 17 fev. 2016, p. 4.
16. SWENSEN, D. "A Conversation with David Swensen", Entrevista a Robert E. Rubin. Council on Foreign Relations, 14 nov. 2017.
17. AMAR, A. R. *America's Constitution: A Biography*. Nova York: Random House, 2005, p. 275.
18. BENEDICT, R. *Patterns of Culture*. Boston: Houghton Mifflin, 1934, p. 201 [Ed. bras.: *Padrões de cultura*. Petrópolis, Rio de Janeiro: Vozes, 2013].
19. KING, C. *Gods of the Upper Air: How a Circle of Renegade Anthropologists Reinvented Race, Sex, and Gender in the Twentieth Century*. Nova York: Anchor Books, 2020, pp. 212-213.
20. KING, C. *Gods of the Upper Air: How a Circle of Renegade Anthropologists Reinvented Race, Sex, and Gender in the Twentieth Century*. Nova York: Anchor Books, 2020, pp. 212-213.
21. Veja SINGER, P. *Animal Liberation: A New Ethics for Our Treatment of Animals*. Nova York: New York Review Books, 1975 [Ed. bras.: *Libertação animal: O*

clássico definitivo sobre o movimento pelos direitos dos animais. São Paulo: WMF Martins Fontes, 2010].
22. SCRUTON, R. "Animal Rights". *City Journal*, verão 2000.
23. STRAUSS, L. *What Is Political Philosophy?* Chicago: University of Chicago Press, 1959, p. 18 [Ed. bras.: *O que é Filosofia Política?* São Paulo: É Realizações, 2020].
24. STRAUSS, L. *What Is Political Philosophy?* Chicago: University of Chicago Press, 1959, p. 21 [Ed. bras.: *O que é Filosofia Política?* São Paulo: É Realizações, 2020].
25. STRAUSS, L. *What Is Political Philosophy?* Chicago: University of Chicago Press, 1959, pp. 18-19 [Ed. bras.: *O que é Filosofia Política?* São Paulo: É Realizações, 2020].
26. AMES, R. T.; ROSEMONT JR., H. *The Analects of Confucius: A Philosophical Translation*. Nova York: Ballantine Books, 1998, p. 60.
27. LEE, K. Y. *Lee Kuan Yew: The Grand Master's Insights on China, the United States, and the World*. ALLISON, G.; BLACKWILL, R. D. (Orgs.). Cambridge: MIT Press, 2020, p. 131.
28. SALÚSTIO. *The War with Catiline*. Trad.: ROLFE, J. C., rev.: RAMSEY, J. T. Loeb Classical Library. Cambridge: Harvard University Press, 2013, p. 39 [Ed. bras.: *Guerra Catilinária: Guerra Jugurtina*. São Paulo: Ediouro, 1993].
29. KRISTOL, I. "Countercultures". *Commentary*, dez. 1994 (citado por KIMBALL, R. "Institutionalizing Our Demise: America vs. Multiculturalism", *New Criterion*, jun. 2004).
30. RAWLS, J. *Political Liberalism*. Nova York: Columbia University Press, 2005, p. 194 [Ed. bras.: *O liberalismo político*. São Paulo: WMF Martins Fontes, 2011].
31. Veja também HIRSCH JR., E. D. *Cultural Literacy: What Every American Needs to Know*. Nova York: Vintage, 1988.

Referências bibliográficas

ABC News. "Absence of America's Upper Classes from the Military". 3 ago. 2006.
ACKERMAN, Kenneth D. "Five Myths About J. Edgar Hoover". *The Washington Post*, 9 nov. 2011.
ADAMS, Henry. *Tom and Jack: The Intertwined Lives of Thomas Hart Benton and Jackson Pollock*. Nova York: Bloomsbury Press, 2009.
ADEKOYA, Remi. "The Oppressed vs. Oppressor Mistake". Institute of Art and Ideas, 17 out. 2023.
ALEXANDER, Leigh. "Why It's Time to Retire 'Disruption,' Silicon Valley's Emptiest Buzzword". *The Guardian*, 11 jan. 2016.
ALLARDYCE, Gilbert. "The Rise and Fall of the Western Civilization Course". *American Historical Review*, v. 87, n. 3, jun. 1982, p. 695-725.
ALLEN, Thomas B.; POLMAR, Norman. *Rickover: Father of the Nuclear Navy*. Washington, D.C.: Potomac Books, 2007.
ALLYN, Bobby. "IBM Abandons Facial Recognition Products, Condemns Racially Biased Surveillance". National Public Radio, 9 jun. 2020.
AMAR, Akhil Reed. *America's Constitution: A Biography*. Nova York: Random House, 2005.
American Experience: The Presidents. "Nixon, Part One: The Quest". PBS, 15 out. 1990.
American Experience: Silicon Valley. "Silicon Valley: Chapter 1". Direção: Randall MacLowry. PBS, 5 fev. 2013.
AMES, Roger T.; ROSEMONT, Henry, Jr. *The Analects of Confucius: A Philosophical Translation*. Nova York: Ballantine Books, 1998.
ANDERS, George; GRIMES, Ann. "eToys' Shares Nearly Quadruple, Outstripping Rival Toys 'R' Us". *The Wall Street Journal*, 21 maio 1999.
ANDERSEN, Ross. "The Panopticon Is Already Here". *The Atlantic*, set. 2020.
ANDERSON, Benedict. *Imagined Communities: Reflections on the Origin and Spread of Nationalism*. Ed. rev. Londres: Verso, 2016 [Ed. bras.: *Comunidades imaginadas: Reflexões sobre a origem e a difusão do nacionalismo*. São Paulo: Companhia das Letras, 2008].
APPIAH, Kwame Anthony. "There Is No Such Thing as Western Civilisation". *The Guardian*, 9 nov. 2016.
APPLEBAUM, Anne. "There Is No Liberal World Order". *The Atlantic*, 31 mar. 2022.

ARENDT, Hannah. *Eichmann in Jerusalem: A Report on the Banality of Evil*. Nova York: Viking Press, 1963 [Ed. bras.: *Eichmann em Jerusalém: um relato sobre a banalidade do mal*. São Paulo: Companhia das Letras, 2016].

ARMITAGE, David *et al*. *The Teaching of the Arts and Humanities at Harvard College: Mapping the Future*. Cambridge: Harvard University, 2013.

Army Technology. "Oshkosh MRAP All Terrain Vehicle". 14 set. 2009.

ASCH, Solomon E. "Effects of Group Pressure upon the Modification and Distortion of Judgments". In: GUETZKO, Harold (Org.). *Groups, Leadership, and Men: Research in Human Relations*. Pittsburgh: Carnegie Press, 1951.

ASCH, Solomon E. "Opinions and Social Pressure". *Scientific American*, v. 193, n. 5, nov. 1955, p. 3, 31-35.

Atlantic, The. "The Reminiscences of Ernest Renan". Ago. 1883.

AUPING, Michael. "Lucian Freud: The Last Interview". *The Times*, Londres, 28 jan. 2012.

The Babylonian Talmud. Tradução de Michael L. Rodkinson. Boston: Talmud Society, 1918 [Ed. bras.: *Talmud da Babilônia: Tratado de Sucá*. São Paulo: Sêfer, 2011].

BAI, Matt. *All the Truth Is Out: The Week Politics Went Tabloid*. Nova York: Vintage, 2014.

BALDWIN, John *et al*. "Memoirs of Fellows and Corresponding Fellows of the Medieval Academy of America". *Speculum*, v. 91, n. 3, jul. 2016, p. 889-907.

BALTZELL, E. Digby. *The Protestant Establishment: Aristocracy and Caste in America*. New Haven: Yale University Press, 1987.

BARNETT, Lincoln. "J. Robert Oppenheimer". *Life*, 10 out. 1949.

BARR, Alistair. "Google's 'Don't Be Evil' Becomes Alphabet's 'Do the Right Thing'". *The Wall Street Journal*, 2 out. 2015.

BARR, Stephen. "Clinton Proposes Procurement Changes". *The Washington Post*, 27 out. 1993.

BARTON, Aden. "How Harvard Careerism Killed the Classroom". *The Harvard Crimson*, 21 abr. 2023.

BASS, Paul; RAE, Douglas W. *Murder in the Model City: The Black Panthers, Yale, and the Redemption of a Killer*. Nova York: Basic Books, 2006.

BASTIÉ, Eugénie. "Emmanuel Macron, de la négation de la culture française à l'exaltation de la France éternelle". *Le Figaro*, 5 jun. 2023.

BEARD, Mary. "Kenneth Clark by James Stourton Review—Mary Beard on Civilisation Without Women". *The Guardian*, 1 out. 2016.

BEARDEN, Milton. "Afghanistan, Graveyard of Empires". *Foreign Affairs*, 1 nov. 2001.

BELLAH, Robert. "Civil Religion in America". *Daedalus*, v. 96, n. 1, inverno 1967.

BENDER, Emily M. *et al*. "On the Dangers of Stochastic Parrots: Can Language Models Be Too Big?". *Proceedings of the 2021 ACM Conference on Fairness, Accountability, and Transparency*, 2021, p. 610-623.

BENEDICT, Ruth. *Patterns of Culture*. Boston: Houghton Mifflin, 1934 [Ed. bras.: *Padrões de cultura*. Petrópolis, RJ: Vozes, 2013].

BENTON, Thomas Hart. *An Artist in America*. Columbia: University of Missouri Press, 1968.

BERGMAN, Ronen. *Rise and Kill First: The Secret History of Israel's Targeted Assassinations*. Nova York: Random House, 2018.

BERLIN, Isaiah. *The Hedgehog and the Fox*. Londres: Weidenfeld & Nicolson, 1954 [Ed. bras.: *O O porco-espinho e a raposa: Um ensaio sobre a visão da história em Tolstói*. São Paulo: Companhia das Letras, 2005].

BERMAN, Morris. *The Twilight of American Culture*. Nova York: W. W. Norton, 2006.

BERNSTEIN, Jeremy. "Oppenheimer's Beginnings". *New England Review*, v. 25, n. 1/2, inverno/primavera 2004, p. 38-51.

BIDDLE, Wayne. "General Dynamics Draws Penalties on Navy Dealings". *The New York Times*, 22 maio 1985.

BIDDLE, Wayne. "House Approves Stiff Rules to Control Cost of Military Spare Parts". *The New York Times*, 31 maio 1984.

BIDDLE, Wayne. "Navy Lists General Dynamics' Gifts to Rickover". *The New York Times*, 5 jun. 1985.

BIDDLE, Wayne. "Rickover Tells Lehman He Gave Away Gifts". *The New York Times*, 11 jun. 1985.

BILGER, Burkhard. "Piecing Together the Secrets of the Stasi". *The New Yorker*, 27 maio 2024.

BIRD, Kai; SHERWIN, Martin J. *American Prometheus: The Triumph and Tragedy of J. Robert Oppenheimer*. Nova York: Alfred A. Knopf, 2005 [Ed. bras.: *Oppenheimer: O triunfo e a tragédia do Prometeu americano*. Rio de Janeiro: Intrínseca, 2023].

BLACK, C. B. *Paris and Excursions from Paris*. Londres: Sampson Low, Marston, Low & Searle, 1873.

BLACKSTONE, William. *Commentaries on the Laws of England in Four Books*. v. 2. Filadélfia: J. B. Lippincott, 1893.

BLASS, Thomas. *The Man Who Shocked the World: The Life and Legacy of Stanley Milgram*. Nova York: Basic Books, 2009.

BLIUM, Arlen Viktorovich; FARINA, Donna M. "Forbidden Topics: Early Soviet Censorship Directives". *Book History*, v. 1, 1998, p. 268-282.

BLOOM, Allan. *The Closing of the American Mind*. Nova York: Simon & Schuster, 1987 [Ed. bras.: *O declínio da cultura ocidental*. São Paulo: BestSeller, 1989].

BLOOM, Allan. "Responses to Fukuyama". *National Interest*, n. 16, verão 1989, p. 19-35.

BRAND, Stewart. "We Owe It All to the Hippies". *Time*, 1 mar. 1995.

BREIDLID, Anders; BRØGGER, Fredrik C.; GULLIKSEN, Oyvind T.; SIREVAG, Torbjorn. *American Culture: An Anthology*. 2ª ed. Nova York: Routledge, 2008.

BREMMER, Ian; SULEYMAN, Mustafa. "The AI Power Paradox: Can States Learn to Govern Artificial Intelligence—Before It's Too Late?". *Foreign Affairs*, 16 ago. 2023.

BRENNAN, Timothy. *Places of Mind: A Life of Edward Said*. Nova York: Farrar, Straus and Giroux, 2021.

BRILL, Steven. *The Death of Truth: How Social Media and the Internet Gave Snake Oil Salesmen and Demagogues the Weapons They Needed to Destroy Trust and Polarize the World—and What We Can Do*. Nova York: Knopf, 2024.

BRILL, Steven. "Trump, Palantir, and the Battle to Clean Up a Huge Army Procurement Swamp". *Fortune*, 27 mar. 2017.

BROCK, Claire. "The Public Worth of Mary Somerville". *British Journal for the History of Science*, v. 39, n. 2, jun. 2006, p. 255-272.

BRODIE, Janet Farrell. *The First Atomic Bomb: The Trinity Site in New Mexico*. Lincoln: University of Nebraska Press, 2023.

BROOKS, David. "The Sins of the Educated Class". *The New York Times*, 6 jun. 2024.

BROWN, Susan. "Soldier's Dad: 'He'll Always Be My Hero'". *Times of Northwest Indiana*, 2 out. 2011.

BRUCKNER, Pascal. *The Tears of the White Man: Compassion as Contempt*. Tradução de William R. Beer. Nova York: Free Press, 1986.

BRUDNICK, Ida A. "Congressional Salaries and Allowances: In Brief". Congressional Research Service, 27 jun. 2024.

BRUSTEIN, Joshua. "Microsoft Wins $480 Million Army Battlefield Contract". *Bloomberg*, 28 nov. 2018.

BRYANT, F. Carlene. *We're All Kin: A Cultural Study of a Mountain Neighborhood*. Knoxville: University of Tennessee Press, 1981.

BUBECK, Sébastien *et al*. "Sparks of Artificial General Intelligence: Early Experiments with GPT-4". ArXiv, 22 mar. 2023.

BUCKLEY, Chris; TATLOW, Didi Kirsten. "Cultural Revolution Shaped Xi Jinping, from Schoolboy to Survivor". *The New York Times*, 24 set. 2015.

BURKE, Kenneth. *Permanence and Change*. Berkeley: University of California Press, 1935.

BURNHAM, David. "The Computer, the Consumer, and Privacy". *The New York Times*, 4 mar. 1984.

BURNS, Ken; NOVICK, Lynn; BOTSTEIN, Sarah. *The U.S. and the Holocaust*. PBS, 18 set. 2022.

BUSH, Vannevar. "As We May Think". *The Atlantic Monthly*, jul. 1945.

BUSH, Vannevar. *Modern Arms and Free Men*. Nova York: Simon & Schuster, 1949.

BUSH, Vannevar. *Science: The Endless Frontier—A Report to the President*. Washington, D.C.: United States Government Printing Office, 1945.

BUTLER, Jack. "Does the Left Really Want to Argue That Enjoying *Lord of the Rings* Is 'Far-Right'?". *National Review*, 19 jul. 2024.

BYRNE, John. "Northwest Indiana Medic Killed in Afghanistan". *Chicago Tribune*, 1 out. 2011.

CADDELL, Patrick. Entrevista em *American Experience: The Presidents*. PBS, 11 nov. 2002.

CARLYLE, Thomas. *On Heroes: Hero-Worship, and the Heroic in History*. Londres: James Fraser, 1841.

CARROLL, Eugene J., Jr. "NATO Enlargement: To What End?". In: CARPENTER, Ted Galen; CONRY, Barbara (Orgs.). *NATO Enlargement: Illusions and Reality*. Washington, D.C.: Cato Institute, 1998.

CARTER, Stephen L. *The Culture of Disbelief*. Nova York: Basic Books, 1993.

CASSY, John. "eToys Files for Bankruptcy". *The Guardian*, 28 fev. 2001.

CERASO, John; ROCK, Irvin; GRUBER, Howard. "On Solomon Asch". In: *The Legacy of Solomon Asch*. Hillsdale: Lawrence Erlbaum Associates, 1990.

CHANNICK, Robert. "Groupon Issues 'Going Concern' Warning as Chicago-Based Online Marketplace Terminates River North HQ Lease". *Chicago Tribune*, 12 maio 2023.

CHAPMAN, Lizette. "Inside Palantir's War with the U.S. Army". *Bloomberg*, 28 out. 2016.

CHAUNCEY, Sam, Jr. Carta ao editor. *Yale Daily News*, 29 nov. 2017.

CHEYETTE, Fredric L. "Beyond Western Civilization: Rebuilding the Survey". *History Teacher*, v. 10, n. 4, ago. 1977, p. 535-538.

CHEYETTE, Fredric L. *Ermengard of Narbonne and the World of the Troubadours*. Ithaca: Cornell University Press, 2004.

Chicago Tribune. "Bermingham, Once Chicago Banker, Dies". 14 jul. 1958.

CHILD, Ben. "Mark Zuckerberg Rejects His Portrayal in The Social Network". *The Guardian*, 20 out. 2010.

China Daily. "President Xi's Speech on China-US Ties". 24 set. 2015.

CHOMSKY, Noam; ROBERTS, Ian; WATUMULL, Jeffrey. "The False Promise of ChatGPT". *The New York Times*, 8 mar. 2023.

CHRISTIAN, Brian. "How a Google Employee Fell for the Eliza Effect". *The Atlantic*, 21 jun. 2022.

CLARK, Kenneth. *Civilisation*. Nova York: Harper & Row, 1969 [Ed. bras.: *Civilização: Uma visão pessoal*. São Paulo: Martins Fontes, 2019].

CLINTON, William J. "Remarks Announcing Federal Procurement Reforms and Spending Cut Proposals". Washington, D.C., 26 out. 1993.

CLINTON, William J. Declarações anunciando o relatório da Revisão Nacional de Performance e conversa com repórteres. Washington, D.C., 7 set. 1993.

CLINTON, William J. Declarações na assinatura da Lei de Enxugamento de Aquisições de 1994. Washington, D.C., 13 out. 1994.

CLINTON, William J. Discurso do Estado da União. Washington, D.C., 23 jan. 1996.

COFFEY, John W. "State of Higher Education: Chaos". *Stanford Daily*, 29 nov. 1971.

Commentary. "The Study of Man: On Talcott Parsons". 1962.

CONDLIFFE, Jamie. "Amazon Is Latest Tech Giant to Face Staff Backlash over Government Work". *The New York Times*, 22 jun. 2018.

CONGER, Kate. "Google Plans Not to Renew Its Contract for Project Maven, a Controversial Pentagon Drone AI Imaging Program". *Gizmodo*, 1 jun. 2018.

CORCORAN, Elizabeth. "Squaring Off in a Game of Checkers". *The Washington Post*, 14 ago. 1994.

CRISTANCHO, Sayra; THOMPSON, Graham. "Building Resilient Healthcare Teams: Insights from Analogy to the Social Biology of Ants, Honey Bees, and Other Social Insects". *Perspectives on Medical Education*, v. 12, n. 1, 2023.

CURIE, Eve. *Madame Curie*. Tradução de Vincent Sheean. Garden City: Doubleday, Doran, 1937 [Ed. bras.: *Madame Curie*. São Paulo: Companhia Editora Nacional,. s.d.].

DAUB, Adrian. "The Disruption Con: Why Big Tech's Favourite Buzzword Is Nonsense". *The Guardian*, 24 set. 2020.

DEMICK, Barbara; PIERSON, David. "China Political Star Xi Jinping a Study in Contrasts". *Los Angeles Times*, 11 fev. 2012.

DEWEY, John. "Pragmatic America". In: WEBER, Eric Thomas (Org.). *America's Public Philosopher: Essays on Social Justice, Economics, Education, and the Future of Democracy*. Nova York: Columbia University Press, 2021.

Die Welt. "Dieter Hildebrandt soll in NSDAP gewesen sein". 30 jun. 2007.

DOSS, Erika. *Benton, Pollock, and the Politics of Modernism*. Chicago: University of Chicago Press, 1995.

DOWARD, Jamie. "A Gift-Horse in the Mouse". *The Guardian*, 23 out. 1999.

DOWD, Maureen. "The Ivy League Flunks Out". *The New York Times*, 9 dez. 2023.

DRAPER, Robert. "Boondoggle Goes Boom". *The New Republic*, 19 jun. 2013.

DRUCKER, Peter F. "The Coming of the New Organization". *Harvard Business Review*, jan. 1988.

DUDECK, Theresa Robbins. *Keith Johnstone: A Critical Biography*. Londres: Bloomsbury, 2013.

DUFFY, Michael. "Hyman George Rickover, 1900-1986: They Broke the Mold". *Time*, 21 jul. 1986.

DUGATKIN, Lee Alan. "Buffon, Jefferson, and the Theory of New World Degeneracy". *Evolution: Education and Outreach*, v. 12, 2019.

DUNBAR, Robin. "Co-evolution of Neocortex Size, Group Size, and Language in Humans". *Behavioral and Brain Sciences*, v. 16, n. 4, 1993.

Eagleton Institute of Politics. *Scientists in State Politics*. New Brunswick: Rutgers University, 2023.

Economist, The. "Europe Faces a Painful Adjustment to Higher Defence Spending". 22 fev. 2024.

EINSTEIN, Albert. Carta para Franklin D. Roosevelt. Peconic, N.Y., 2 ago. 1939. Biblioteca Presidencial Franklin D. Roosevelt, Hyde Park, N.Y.

EISENHOWER, Dwight D. Carta para Edward J. Bermingham, 28 fev. 1951. Biblioteca Presidencial Dwight D. Eisenhower, Abilene, Kans.

EMERSON, Ralph Waldo. "Self-Reliance". In: ZIFF, Larzer (Org.). *Nature and Selected Essays*. Penguin Books, 2003.

ESCHNER, Kat. "Computers Are Great at Chess, But That Doesn't Mean the Game Is 'Solved'". *Smithsonian Magazine*, 10 fev. 2017.

ESHEL, Amir. *Jewish Memories, German Futures: Recent Debates in Germany About the Past*. Robert A. and Sandra Borns Jewish Studies Program, Indiana University, Bloomington, Ind., 2001.

FAHLENBRACH, Rüdiger. "Founder-CEOs, Investment Decisions, and Stock Market Performance". *Journal of Financial and Quantitative Analysis*, v. 44, n. 2, abr. 2009, p. 439-466.

FAIRHALL, James. "The Case for the $435 Hammer". *Washington Monthly*, 1 jan. 1987.

FANDOS, Nicholas. "In an Online World, a New Generation of Protesters Chooses Anonymity". *The New York Times*, 2 maio 2024.

FANO, Robert M. "Joseph Carl Robnett Licklider". In: *Biographical Memoirs*, v. 3. Washington, D.C.: National Academies Press, 1998.

FAROOQ, Umar. "Pakistani Fertilizer Grows Both Taliban Bombs and Afghan Crops". *The Christian Science Monitor*, 9 maio 2013.

FERGUSON, Niall. *Civilization: The West and the Rest*. Nova York: Penguin Books, 2011 [Ed. bras.: *Civilização: Ocidente X Oriente*. São Paulo: Planeta, 2012].

FILIPOVIC, Jill. "I Was Wrong About Trigger Warnings". *The Atlantic*, 9 ago. 2023.

FINNEY, John W. "Rickover, Father of Nuclear Navy, Dies at 86". *The New York Times*, 9 jul. 1986.

FRANK, Richard B. *Tower of Skulls: A History of the Asia-Pacific War: July 1937-May 1942*. Nova York: W. W. Norton, 2020.

FRANKE-RUTA, Garance. "Paul Harvey's 1978 'So God Made a Farmer' Speech". *The Atlantic*, 3 fev. 2013.

Frankfurter Allgemeine Zeitung. "Geistige Brandstiftung. Bubis wendet sich gegen Walser". 13 out. 1998.

FREEDMAN, Danny. "They're Getting Rid of 'Red Tape' in Washington. Literally". *The Washington Post*, 16 jan. 2023.

FREIRE, Paulo. *Pedagogy of the Oppressed*. Tradução de Myra Bergman Ramos. Londres: Penguin Books, 2017 [Ed. bras.: *Pedagogia do oprimido*. Rio de Janeiro: Paz e Terra, 2020].

FREUD, Sigmund. "Obsessive Actions and Religious Practices". In: GRIMES, Ronald L. (Org.). *Readings in Ritual Studies*. Upper Saddle River: Prentice Hall, 1996 [Ed. bras.: *Atos obsessivos e práticas religiosas*. Rio de Janeiro: Imago, 1976].

FRISCH, Karl von. *The Dance Language and Orientation of Bees*. Tradução de Leigh E. Chadwick. Cambridge: Belknap Press of Harvard University Press, 1967.

FRY, Jason. "eToys Story". *The Wall Street Journal*, 12 jul. 1999.

FRYE, Northrop. "The Decline of the West by Oswald Spengler". *Daedalus*, v. 103, n. 1, inverno 1974, p. 1-13.

FUKUYAMA, Francis. "The End of History?". *National Interest*, n. 16, verão 1989.

FUKUYAMA, Francis. "Waltzing with (Leo) Strauss". *American Interest*, v. 10, n. 4, fev. 2015.

Future of Life Institute. "Pause Giant AI Experiments: An Open Letter". 22 mar. 2023.

GADDIS, John Lewis. *The Long Peace: Inquiries into the History of the Cold War*. Nova York: Oxford University Press, 1987.

GADDIS, John Lewis. *On Grand Strategy*. Penguin Books, 2019.

Gallup. "Confidence in Institutions". Disponível em: <news.gallup.com/poll/1597/confidence-institutions.aspx>.

GALTON, Francis. "Vox Populi". *Nature*, v. 75, n. 1949, mar. 1907, p. 450-451.

GAYFORD, Martin. *Man with a Blue Scarf: On Sitting for a Portrait by Lucian Freud*. Londres: Thames & Hudson, 2019.

GIRARD, René. "Generative Scapegoating". In: HAMMERTON-KELLY, Robert G. (Org.). *Violent Origins: Walter Burket, René Girard, and Jonathan Z. Smith on Ritual Killing and Cultural Formation*. Stanford: Stanford University Press, 1987.

GLADWELL, Malcolm. "The Tweaker". *The New Yorker*, 6 nov. 2011.

GOETHE, Johann Wolfgang von. *Faust*. 1808. Tradução de Abraham Hayward e A. Bucheim. Londres: George Bell and Sons, 1892 [Ed. bras.: *Fausto*. Tradução de João Barrento. Belo Horizonte: Autêntica, 2023].

GOFFMAN, Erving. *Asylums: Essays on the Social Situation of Mental Patients and Other Inmates*. Londres: Taylor & Francis, 2017 [Ed. bras.: *Manicômios, prisões e conventos*. São Paulo: Perspectiva, 1974].

GOH, Keng Swee. *Report on the Ministry of Education, Singapore*. 10 fev. 1979.

GOLDBERG, Jeffrey. "The Obama Doctrine". *The Atlantic*, abr. 2016.

GOLDFARB, Brent; KIRSCH, David A. *Bubbles and Crashes: The Boom and Bust of Technological Innovation*. Stanford: Stanford University Press, 2019.

GOLDSTEIN, Tom. "Neier Is Quitting Post at A.C.L.U.; He Denies Link to Defense of Nazis". *The New York Times*, 18 abr. 1978.

GOOD, Irving John. "Speculations Concerning the First Ultraintelligent Machine". In: ALT, Franz L.; RUBINOFF, Morris (Orgs.). *Advances in Computers*, v. 6. Nova York: Academic Press, 1965.

GOPINATHAN, Saravanan. "Singapore's Language Policies: Strategies for a Plural Society". *Southeast Asian Affairs*, 1979, p. 280-295.
GORDON, Robert J. "The End of Economic Growth". *Prospect*, 21 jan. 2016.
GORE, Al. *Common Sense Government: Works Better and Costs Less*. National Performance Review, 1998.
GORE, Al. Declarações na entrevista coletiva da revisão nacional de performance. Washington, D.C., 26 out. 1993, C-SPAN.
GRADY, Christine. "Institutional Review Boards: Purpose and Challenges". *CHEST*, v. 148, n. 5, nov. 2015, p. 1148-1155.
GRAEBER, David. "The New Anarchists". *New Left Review*, n. 13, jan./fev. 2002.
GRAEBER, David. "Of Flying Cars and the Declining Rate of Profit". *Baffler*, n. 9, mar. 2012.
GRAY, Peter. "The Decline of Play and the Rise of Psychopathology in Children and Adolescents". *American Journal of Play*, v. 3, n. 4, 2011.
GREEN, Heather. "The Great Yuletide Shakeout". *Businessweek*, 1 nov. 1999.
GREENE, Jay. "Amazon Bans Police Use of Its Facial-Recognition Technology for a Year". *The Washington Post*, 10 jun. 2020.
GREENSPAN, Alan. "Remarks by Chairman Alan Greenspan: At the Annual Dinner and Francis Boyer Lecture of the American Enterprise Institute for Public Policy Research". Washington, D.C., 5 dez. 1996.
GREGÓRIO I. *The Life of Our Most Holy Father S. Benedict*. Roma: 1895.
GUERRIERI, Matthew. *The First Four Notes: Beethoven's Fifth and the Human Imagination*. Nova York: Vintage Books, 2014.
GUTMANN, Amy. "Democratic Citizenship". *Boston Review*, 1 out. 1994.
HABERMAS, Jürgen. *Legitimation Crisis*. Tradução de Thomas McCarthy. Cambridge: Polity Press, 1976 [Ed. bras.: *A crise de legitimação no capitalismo tardio*. Rio de Janeiro: Tempo Brasileiro, 2002].
HALL, Andrew B. *Who Wants to Run? How the Devaluing of Political Office Drives Polarization*. Chicago: University of Chicago Press, 2019.
HANDLER, Edward. "'Nature Itself Is All Arcanum': The Scientific Outlook of John Adams". *Proceedings of the American Philosophical Society*, v. 120, n. 3, jun. 1976, p. 216-228.
HANNA, Graeme. "'Stop Working with Pentagon'—OpenAI Staff Face Protests". *ReadWrite*, 13 fev. 2024.
HARRIS, Gareth. "Mary Beard BBC Segment on Kenneth Clark's Civilisation Renews Debate About Its Eurocentricity". *The Art Newspaper*, 29 abr. 2024.
HARRIS, Robin. *Not for Turning: The Life of Margaret Thatcher*. Nova York: Thomas Dunne Books, 2013.
HARRIS, Shane. "Palantir Wins Competition to Build Army Intelligence System". *The Washington Post*, 26 mar. 2019.

HARTOCOLLIS, Anemona; SAUL, Stephanie; PATEL, Vimal. "At Harvard, a Battle Over What Should Be Said About the Hamas Attacks". *The New York Times*, 10 out. 2023.

HARWELL, Drew. "Amazon Extends Ban on Police Use of Its Facial Recognition Technology Indefinitely". *The Washington Post*, 18 maio 2021.

HAY, Denys. *Europe: The Emergence of an Idea*. 2ª ed. Edimburgo: Edinburgh University Press, 1968.

HEINRICH, Thomas. "Cold War Armory: Military Contracting in Silicon Valley". *Enterprise and Society*, v. 3, n. 2, jun. 2002, p. 247-284.

HELLER, Ágnes. *Beyond Justice*. Oxford: Blackwell, 1987 [Ed. bras.: *Além da Justiça*. Rio de Janeiro: Civilização Brasileira, 1998].

HELMAN, Christopher; TUCKER, Hank. "The War in Afghanistan Cost America $300 Million per Day for 20 Years, with Big Bills Yet to Come". *Forbes*, 16 ago. 2021.

HENDERSON, Rob. "'Luxury Beliefs' Are the Latest Status Symbol for Rich Americans". *The New York Post*, 17 ago. 2019.

HENDERSON, Rob. *Troubled: A Memoir of Foster Care, Family, and Social Class*. Nova York: Gallery Books, 2024.

HENSHALL, Will. "The U.S. Military's Investments into Artificial Intelligence Are Skyrocketing". *Time*, 29 mar. 2024.

HERMAN, Arthur. *Freedom's Forge: How American Business Produced Victory in World War II*. Nova York: Random House, 2013.

HERMAN, Arthur. "What if Apple Designed an iFighter?". *The Wall Street Journal*, 23 jul. 2012.

HERSEY, John. *Hiroshima*. Nova York: Vintage Books, 1946 [Ed. bras.: *Hiroshima*. São Paulo: Companhia das Letras, 2014].

HEWLETT, Richard G.; DUNCAN, Francis. *Nuclear Navy, 1946-1962*. Chicago: University of Chicago Press, 1974.

HIRSCH, E. D, Jr. *Cultural Literacy: What Every American Needs to Know*. Nova York: Vintage, 1988.

HIRSCH, Lauren. "One Law Firm Prepared Both Penn and Harvard for Hearing on Antisemitism". *The New York Times*, 8 dez. 2023.

HOFFHEIMER, Michael H. *Justice Holmes and The Natural Law*. Nova York: Routledge, 2013.

HOFSTADTER, Douglas. "Gödel, Escher, Bach, and AI". *The Atlantic*, 8 jul. 2023.

HOLUSHA, John. "Taiichi Ohno, Whose Car System Aided Toyota's Climb, Dies at 78". *The New York Times*, 31 maio 1990.

HOMERO. *The Odyssey of Homer*. Tradução de George Herbert Palmer. Cambridge: Houghton Mifflin, 1949 [Ed. bras.: *Odisseia*. Tradução de Roberto Lacerda. São Paulo: Scipione, 1998].

HOOVER, Herbert. *The Memoirs of Herbert Hoover: Years of Adventure, 1874-1920*. Nova York: Macmillan, 1953.

HUET, Ellen. "Protesters Gather Outside OpenAI Headquarters". *Bloomberg*, 13 fev. 2024.
HUNTINGTON, Samuel P. "The Clash of Civilizations?". *Foreign Affairs*, v. 72, n. 3, 1993, p. 22-49.
HUNTINGTON, Samuel P. "Dead Souls: The Denationalization of the American Elite". *National Interest*, primavera 2004.
ILLMER, Andreas. "German Writer Martin Walser Dies Aged 96". *Deutsche Welle*, 28 jul. 2023.
IMPELLI, Matthew. "Jerome Powell Salary Admission Sparks Debate". *Newsweek*, 7 fev. 2023.
Irish Times. "Le Pen Scores Own Goal with Team Slur". 25 jun. 1996.
ISAAC, Mike; GRIFFITH, Erin. "Open AI Is Growing Fast and Burning Through Piles of Money". *The New York Times*, 27 set. 2024.
ISAACSON, Walter. *Benjamin Franklin: An American Life*. Nova York: Simon & Schuster, 2003 [Ed. bras.: *Benjamin Franklin: uma vida americana*. São Paulo: Companhia das Letras, 2015].
ISAACSON, Walter. *The Innovators: How a Group of Hackers, Geniuses, and Geeks Created the Digital Revolution*. Nova York: Simon & Schuster, 2015 [Ed. bras.: *Os Inovadores: Como um grupo de hackers, gênios e geeks criou a Revolução Digital*. Rio de Janeiro: Intrínseca, 2021].
ISAACSON, Walter. *Steve Jobs*. Nova York: Simon & Schuster, 2013 [Ed. bras.: *Steve Jobs*. Rio de Janeiro: Intrínseca, 2022].
ISMAY, John. "'We Hated What We Were Doing': Veterans Recall Firebombing Japan". *The New York Times*, 9 mar. 2020.
ISSA, Darrel; CHAFFETZ, Jason. Carta de Darrel Issa e Jason Chaffetz para Leon E. Panetta, 1 ago. 2012.
JACOBSEN, Annie. *Operation Paperclip: The Secret Intelligence Program That Brought Nazi Scientists to America*. Nova York: Little, Brown, 2014.
JEFFERSON, Thomas. Carta para Harry Innes, Filadélfia, 7 mar. 1791. In: *The Papers of Thomas Jefferson*, v. 19. Princeton: Princeton University Press, 1974.
JÉGO, Yves. "Emmanuel Macron et le reniement de la culture française". *Le Figaro*, 6 fev. 2017.
JENSEN, Jeff. "Toby Lenk". *Advertising Age*, 1 jun. 1998.
JOHNSON, Ian. "In Singapore, Chinese Dialects Revive After Decades of Restrictions". *The New York Times*, 26 ago. 2017.
JOHNSTONE, Keith. *Impro: Improvisation and the Theatre*. Nova York: Routledge, 1981.
JUNGE, Traudl. *Until the Final Hour: Hitler's Last Secretary*. MÜLLER, Melissa (Org.). Tradução de Anthea Bell. Nova York: Arcade, 2004.
KABASERVICE, Geoffrey. *The Guardians: Kingman Brewster, His Circle, and the Rise of the Liberal Establishment*. Nova York: Henry Holt, 2004.

KAMENETZKY, David A. "The Debate on National Identity and the Martin Walser Speech: How Does Germany Reckon with Its Past?". *SAIS Review*, v. 19, n. 2, verão-outono 1999, p. 257-266.

KARMEL, Pepe (Org.). *Jackson Pollock: Interviews, Articles, and Reviews*. Nova York: Museum of Modern Art, 1999.

KARP, Alexander C. "Our Oppenheimer Moment: The Creation of A.I. Weapons". *The New York Times*, 25 jul. 2023.

KARP, Alexander C.; ZAMISKA, Nicholas W. "New Weapons Will Eclipse Atomic Bombs. Their Builders Should Ask Themselves This Question". *The Washington Post*, 25 jun. 2024.

KARP, Alexander C.; ZAMISKA, Nicholas W. "Silicon Valley Has a Harvard Problem". *Time*, 12 fev. 2024.

KASPAROV, Garry. *Deep Thinking: Where Machine Intelligence Ends and Human Creativity Begins*. Nova York: PublicAffairs, 2017.

KEELEY, Lawrence H. *War Before Civilization: The Myth of the Peaceful Savage*. Nova York: Oxford University Press, 1996 [Ed. bras.: *A guerra antes da civilização: O mito do bom selvagem*. São Paulo: É Realizações, 2011].

KELLEHER, Thomas J., Jr. *et al. Smith, Currie, and Hancock's Federal Government Construction Contracts*. Hoboken: Wiley, 2010.

KENNEDY, Paul. *The Rise and Fall of the Great Powers: Economic Change and Military Conflict from 1500 to 2000*. Nova York: Random House, 1989 [Ed. bras.: *Ascensão e queda das grandes potências*. São Paulo: Campus, 1989].

KEROUAC, Jack. *On the Road*. Nova York: Penguin Books, 1976 Ed. bras.: *On the Road: Pé na estrada*. Tradução de BUENO, E. Porto Alegre: L&PM, 2015

KIMBALL, Roger. "Institutionalizing Our Demise: America vs. Multiculturalism". *New Criterion*, jun. 2004.

KIMBALL, Roger. "The Perils of Designer Tribalism". *New Criterion*, abr. 2001.

KING, Charles. *Gods of the Upper Air: How a Circle of Renegade Anthropologists Reinvented Race, Sex, and Gender in the Twentieth Century*. Nova York: Anchor Books, 2020.

KINTNER, E. E. "Admiral Rickover's Gamble". *The Atlantic*, jan. 1959.

KISSINGER, Henry. "Prefácio". In: LEE, Kuan Yew. *From Third World to First: The Singapore Story: 1965-2000*. Nova York: HarperCollins, 2000 [Ed. bras.: *Do terceiro ao primeiro mundo: a história de Cingapura entre 1965 e 2000. Memórias de Lee Kuan Yew*. São Paulo: Editora Globo, 2008].

KITCHEN, Lynn W.; VAUGHN, David W.; SKILLMAN, Donald R. "Role of U.S. Military Research Programs in the Development of U.S. Food and Drug Administration-Approved Antimalarial Drugs". *Clinical Infectious Diseases*, v. 43, n. 1, 2006, p. 67-71.

KLEBNIKOV, Sergei. "U.S. Tech Stocks Are Now Worth More Than $9 Trillion, Eclipsing the Entire European Stock Market". *Forbes*, 15 dez. 2020.

KOVACH, Thomas; WALSER, Martin. *The Burden of the Past: Martin Walser on Modern German Identity: Texts, Contexts, Commentary*. Rochester: Camden House, 2008.

KRCMARIC, Daniel; NELSON, Stephen C.; ROBERTS, Andrew. "Billionaire Politicians: A Global Perspective". *Perspectives on Politics*, 25 out. 2023.

KRIS, Ernst. *Psychoanalytic Explorations in Art*. Nova York: International Universities Press, 1952.

KRISTOL, Irving. "Countercultures". *Commentary*, dez. 1994.

LAFRANCE, Adrienne. "The Rise of Techno-Authoritarianism". *The Atlantic*, 30 jan. 2024.

LASSITER, Matthew D. "Who Speaks for the Silent Majority?". *The New York Times*, 2 nov. 2011.

LEE, Joon Mahn; KIM, Jongsoo; BAE, Joonhyung. "Founder CEOs and Innovation: Evidence from S&P 500 Firms". SSRN, 17 fev. 2016.

LEE, Kuan Yew. "In His Own Words: Higher Pay Will Attract Most Talented Team, So Country Can Prosper". *The Straits Times*, 1 nov. 1994.

LEE, Kuan Yew. *Lee Kuan Yew: The Grand Master's Insights on China, the United States, and the World*. Organização de Graham Allison e Robert D. Blackwill. Cambridge: MIT Press, 2020.

LEE, Kuan Yew. Discurso no comício da data nacional. 17 ago. 1986, Kallang Theatre, Singapura, Singapore National Archives.

LEE, Kuan Yew. Discurso na abertura da campanha "Fale Mandarim". 21 set. 1984, Singapore Conference Hall, Singapore National Archives.

LEE, Kuan Yew. Discurso no 28º aniversário da associação dos varejistas de bebidas. 3 out. 1965, Câmara de Comércio Chinesa, Singapura, Singapore National Archives.

LEITH, Suzette. "Civ: Enlightenment... or the Black Death?". *Stanford Daily*, 17 maio 1966.

LEMOINE, Blake. "Explaining Google". Medium, 30 maio 2019.

LEPORE, Jill. "The X-Man". *The New Yorker*, 11 set. 2023.

LESLIE, Stuart W. "The Biggest 'Angel' of Them All: The Military and the Making of Silicon Valley". In: KENNEY, Martin (Org.). *Understanding Silicon Valley: The Anatomy of an Entrepreneurial Region*. Stanford: Stanford University Press, 2000.

LEVINSON, Robert. "The F-35's Global Supply Chain". *Businessweek*, 1 set. 2011.

LÉVI-STRAUSS, Claude. *Tristes Tropiques*. Tradução de John Weightman e Doreen Weightman. Nova York: Penguin Books, 2012 [Ed. bras.: *Tristes trópicos*. São Paulo: Companhia das Letras, 2016].

LEVY, Steven. *Hackers: Heroes of the Computer Revolution*. Sebastopol: O'Reilly, 2010 [Ed. bras.: *Os heróis da revolução: Como Steve Jobs, Steven Wozniak, Bill Gates, Mark Zuckerberg e outros mudaram para sempre as nossas vidas*. São Paulo: Évora, 2012].

LICKLIDER, J. C. R. "Man-Computer Symbiosis". *IRE Transactions on Human Factors in Electronics*, n. 1, mar. 1960, p. 4-11.

LINDAUER, Martin. "House-Hunting by Honey Bee Swarms". Tradução de P. Kirk Visscher, Karin Behrens e Susanne Kuehnholz. *Journal of Comparative Physiology*, v. 37, 1955.

LINK, Perry. "China: The Anaconda in the Chandelier". *The New York Review of Books*, 11 abr. 2002.

LINKLATER, Richard (Org.). *Before Sunset*. Burbank: Warner Independent Pictures, 2004.

LONG, Heather. "Who Is Jerome Powell, Trump's Pick for the Nation's Most Powerful Economic Position?". *The Washington Post*, 2 nov. 2017.

LORENZ, Konrad Z. *King Solomon's Ring*. Nova York: Thomas Y. Crowell, 2020.

LUDENDORFF, Erich. *The "Total" War*. Tradução de Herbert Lawrence. Londres: Friends of Europe, 1936.

LUNDBERG, Ferdinand. *America's 60 Families*. Nova York: Vanguard Press, 1937.

MACINTYRE, Alasdair. *After Virtue: A Study in Moral Theory*. 3ª ed. South Bend: University of Notre Dame Press, 2007 [Ed. bras.: *Depois da virtude*. São Paulo: EdUSC, 2001].

MADISON, James. Carta para Thomas Jefferson, 19 jun. 1786. In: HUNT, Gaillard (Org.). *The Writings of James Madison*, v. 2. Nova York: G. P. Putnam's Sons, 1901.

MADISON, James. *The Writings of James Madison*, v. 3. HUNT, Gaillard (Org.). Nova York: G. P. Putnam's Sons, 1902.

MALLAPATY, Smriti; TOLLEFSON, Jeff; WONG, Carissa. "Do Scientists Make Good Presidents?". *Nature*, 6 jun. 2024.

MARTINEZ, Hannah J. "The Graduating Class of 2023 by the Numbers". *The Harvard Crimson*, 2023.

MARTINSON, Jane; ELLIOTT, Larry. "The Year Dot.com Turned into Dot.bomb". *The Guardian*, 29 dez. 2000.

MAXWELL, William J. (Org.). *James Baldwin: The FBI File*. Nova York: Arcade, 2017.

MAZZUCATO, Mariana. *The Entrepreneurial State: Debunking Public vs. Private Sector Myths*. Londres: Anthem Press, 2013 [Ed. bras.: *O Estado empreendedor: Desmascarando o mito do setor público vs. setor privado*. São Paulo: Portfolio-Penguin, 2014].

McCARTHY, J. *et al.* "A Proposal for the Dartmouth Summer Research Project on Artificial Intelligence". 31 ago. 1955. Reproduzido em *AI Magazine*, v. 27, n. 4, inverno 2006, p. 12-14.

McCULLOUGH, Brian. *How the Internet Happened: From Netscape to the iPhone*. Nova York: Liveright, 2018.

McLAUGHLIN, Andrew C. *et al. The Study of History in Schools: Report to the American Historical Association*. Nova York: Macmillan, 1899.

McNEILL, William H. "Western Civ in World Politics: What We Mean by the West". *Orbis*, v. 41, n. 4, outono 1997, p. 513-524.

MEACHAM, Jon. *Thomas Jefferson: The Art of Power*. Nova York: Random House, 2013.

MENCKEN, H. L. "Ludendorff". *The Atlantic*, jun. 1917.

Metropolitan Museum of Art. *Monet's Years at Giverny: Beyond Impressionism*. Nova York: Harry N. Abrams Publishers, 1978.

MEYER, Edith Patterson. *Dynamite and Peace: The Story of Alfred Nobel*. Boston: Little, Brown, 1958.

MILGRAM, Stanley. *Obedience to Authority: An Experimental View*. Nova York: Harper Perennial, 2009 [Ed. bras.: *Obediência à autoridade*. Rio de Janeiro: Francisco Alves, 1983].

MILLS, D. Quinn. "Who's to Blame for the Bubble?". *Harvard Business Review*, maio 2001.

MIROWSKI, Piotr *et al*. "A Robot Walks into a Bar: Can Language Models Serve as Creativity Support Tools for Comedy? An Evaluation of LLMs' Humour Alignment with Comedians". ArXiv, 3 jun. 2024.

MISHRA, Pankaj. "Reorientations of Edward Said". *The New Yorker*, 19 abr. 2021.

MOTHERSHED, Airon A. "The $435 Hammer and $600 Toilet Seat Scandals: Does Media Coverage of Procurement Scandals Lead to Procurement Reform?". *Public Contract Law*, v. 41, n. 4, verão 2012, p. 855-870.

MOUAT, Jeremy; PHIMISTER, Ian. "The Engineering of Herbert Hoover". *Pacific Historical Review*, v. 77, n. 4, nov. 2008, p. 553-584.

MOZUR, Paul. "Inside China's Dystopian Dreams: A.I., Shame, and Lots of Cameras". *The New York Times*, 8 jul. 2018.

MOZUR, Paul; SATARIANO, Adam. "A.I. Begins Ushering in an Age of Killer Robots". *The New York Times*, 2 jul. 2024.

MUEHLHAUSER, Luke. "What Should We Learn from Past AI Forecasts?". Open Philanthropy, maio 2016.

MURRAY, Pauli. *Song in a Weary Throat: Memoir of an American Pilgrimage*. Nova York: Harper & Row, 2018.

MYDANS, Seth. "Singapore Announces 60 Percent Pay Raise for Ministers". *The New York Times*, 9 abr. 2007.

NAKASHIMA, Ellen; ALBERGOTTI, Reed. "The FBI Wanted to Unlock the San Bernardino Shooter's iPhone. It Turned to a Little-Known Australian Firm". *The Washington Post*, 14 abr. 2021.

National Defense Industrial Association (NDIA). "Army 'Rapid Equipping Force' Taking Root, Chief Says". *National Defense*, 1 out. 2006.

National Physical Laboratory. "Tracking People by Their 'Gait Signature'". 20 set. 2012.

National Student Clearinghouse. "Computer Science Has Highest Increase in Bachelor's Earned". National Student Clearinghouse, 27 maio 2024.

NEGROPONTE, Nicholas. "Big Idea Famine". *Journal of Design and Science*, n. 3, fev. 2018.

NEIER, Aryeh. *Defending My Enemy: American Nazis, the Skokie Case, and the Risks of Freedom*. Nova York: E. P. Dutton, 1979.

NEVERS, Kevin. "'He Didn't Hesitate': Airborne Medic Jim Butz Dies a Hero in Afghanistan". *Chesterton Tribune*, 3 out. 2011.

NEWMAN, John. "Singapore's 'Speak Mandarin Campaign': The Educational Argument". *Southeast Asian Journal of Social Science*, v. 14, n. 2, 1986, p. 52-67.

New York Times, The. "Admiral Rickover and the Trinkets". 24 maio 1985.

New York Times, The. "The Dot-Com Bubble Bursts". 24 dez. 2000.

New York Times, The. "Lehman: Rickover Had a 'Fall from Grace'". 22 maio 1985.

New York Times, The. "Rickover Tells Lehman He Gave Away Gifts". 11 jun. 1985.

NG, Patrick Chin Leong. "A Study of Attitudes Towards the Speak Mandarin Campaign in Singapore". *Intercultural Communication Studies*, v. 23, n. 3, 2014, p. 53-65.

NIXON, Richard. "Address to the Nation on the War in Vietnam". Washington, D.C., 3 nov. 1969.

NOONAN, Peggy. "How Trump Lost Half of Washington". *The Wall Street Journal*, 25 abr. 2019.

NOONAN, Peggy. "A Six-Month AI Pause? No, Longer Is Needed". *The Wall Street Journal*, 30 mar. 2023.

NOONAN, Peggy. "The Uglyfication of Everything". *The Wall Street Journal*, 2 maio 2024.

NUSSBAUM, Martha. "Patriotism and Cosmopolitanism". *Boston Review*, 1 out. 1994.

NYE, Joseph S., Jr. *Soft Power: The Means to Success in World Politics*. Nova York: PublicAffairs, 2004.

Office of the Under Secretary of Defense. *U.S. Department of Defense Fiscal Year 2024 Budget Request*. mar. 2023.

OHNO, Taiichi. *Toyota Production System: Beyond Large-Scale Production*. Portland: Productivity Press, 1988.

OLUSOGA, David. "Civilisation Revisited". *The Guardian*, 3 fev. 2018.

OPPENHEIMER, J. Robert. "Physics in the Contemporary World". *Bulletin of the Atomic Scientists*, v. 4, n. 3, 1948, p. 65-86.

ORTON, Brad. "National Performance Review". Old Executive Office Building, Washington, D.C., 26 out. 1993, C-SPAN.

ORWELL, George. *1984*. Nova York: Penguin, 2023 [Ed. bras.: *1984*. São Paulo: Companhia das Letras, 2020].

OSNOS, Evan. "What Did China's First Daughter Find in America?". *The New Yorker*, 6 abr. 2015.

OSNOS, Evan. "Xi Jinping's Historic Bid at the Communist Party Congress". *The New Yorker*, 23 out. 2022.

PACKER, George. "No Death, No Taxes". *The New Yorker*, 20 nov. 2011.
PACKER, Herbert L., et al. *The Study of Education at Stanford: Report to the University*. Stanford: Stanford University, nov. 1968.
PAGÉ, Suzanne; MATHIEU, Marianne; SCHERF, Angeline. *Monet-Mitchell*. New Haven: Yale University Press, 2022.
PARISI, Giorgio. *In a Flight of Starlings: The Wonder of Complex Systems*. Tradução de Simon Carnell. Nova York: Penguin Books, 2023 [Ed. bras.: *A maravilha dos sistemas complexos*. Rio de Janeiro: Objetiva, 2022].
PARSONS, Talcott. "Certain Primary Sources and Patterns of Aggression in the Social Structure of the Western World". In: *Essays in Sociological Theory*. Ed. rev. Glencoe: Free Press, 1954.
PERLOW, Leslie A.; HADLEY, Constance Noonan; EUN, Eunice. "Stop the Meeting Madness". *Harvard Business Review*, jul./ago. 2017.
PERLROTH, Nicole. "The Groupon IPO: By the Numbers". *Forbes*, 2 jun. 2011.
PERLSTEIN, Rick. *Nixonland: The Rise of a President and the Fracturing of America*. Nova York: Scribner, 2008.
PERRY, Robert. *A History of Satellite Reconnaissance*. U.S. National Reconnaissance Office, out. 1973.
PETERS, Jay. "IBM Will No Longer Offer, Develop, or Research Facial Recognition Technology". *The Verge*, 8 jun. 2020.
PFEIFFER, John. *The Thinking Machine*. Filadélfia: J. B. Lippincott, 1962.
PINKER, Steven. *The Better Angels of Our Nature: Why Violence Has Declined*. Nova York: Penguin Books, 2011 [Ed. bras.: *Os anjos bons da nossa natureza: Por que a violência diminuiu*. São Paulo: Companhia das Letras, 2013].
PINKER, Steven. *Enlightenment Now*. Nova York: Penguin Books, 2018 [Ed. bras.: *O novo Iluminismo: Em defesa da razão, da ciência e do humanismo*. São Paulo: Companhia das Letras, 2018].
PLANT, Raymond. "Jürgen Habermas and the Idea of Legitimation Crisis". *European Journal of Political Research*, v. 10, 1982, p. 341-352.
PLATÃO. *The Republic*. Tradução de Desmond Lee. Nova York: Penguin Books, 2007 [Ed. bras.: *República*. Adaptação de Marcelo Perine. São Paulo: Scipione, 2002].
POLENBERG, Richard (Org.). *In the Matter of J. Robert Oppenheimer: The Security Clearance Hearing*. Ithaca: Cornell University Press, 2002.
POLMAR, Norman; ALLEN, Thomas B. *Rickover: Controversy and Genius: A Biography*. Nova York: Simon & Schuster, 1982.
PORTER, Catherine. "Cheers, Fears, and 'Le Wokisme': How the World Sees U.S. Campus Protests". *The New York Times*, 3 maio 2024.
POWELL, Jerome. "The Honorable Jerome H. Powell". Entrevista a David M. Rubenstein. Economic Club of Washington D.C., 7 fev. 2023.
PRATT, Mary Louise. "Humanities for the Future: The Western Culture Debate at Stanford". In: KIMBALL, Bruce (Org.). *The Liberal Arts Tradition*. Lanham: University Press of America, 2010.

QUINN, Roswell. "Rethinking Antibiotic Research and Development: World War II and the Penicillin Collaborative". *American Journal of Public Health*, v. 103, n. 3, 2013, p. 426-434.

RAFFOUL, Amanda *et al.* "Social Media Platforms Generate Billions of Dollars in Revenue from U.S. Youth: Findings from a Simulated Model". *PLoS ONE*, 27 dez. 2023.

RAINEY, Clint. "P(doom) Is AI's Latest Apocalypse Metric. Here's How to Calculate Your Score". *Fast Company*, 7 dez. 2023.

RAJAN, Raghuram; WULF, Julie. "The Flattening Firm: Evidence from Panel Data on the Changing Nature of Corporate Hierarchies". Working Paper No. 9633. National Bureau of Economic Research, abr. 2003.

RAMZY, Austin. "Xi Jinping on 'House of Cards' and Hemingway". *The New York Times*, 23 set. 2015.

RAWLS, John. *Political Liberalism*. Nova York: Columbia University Press, 2005 [Ed. bras.: *O liberalismo político*. São Paulo: WMF Martins Fontes, 2011].

RAWLS, John. "The Priority of Right and Ideas of the Good". *Philosophy and Public Affairs*, v. 17, n. 4, outono 1988, p. 253-276.

REMNICK, David. "The Scholar of Comedy". *The New Yorker*, 28 abr. 2024.

RENAN, Ernest. *What Is a Nation? And Other Political Writings*. Tradução e organização de M. F. N. Giglioli. Nova York: Columbia University Press, 2018.

REYNOLDS, Winston A. "The Burning Ships of Hernán Cortés". *Hispania*, v. 42, n. 3, set. 1959, p. 317-324.

RICKOVER, Hyman G. Entrevista a Diane Sawyer. *60 Minutes*, CBS, 1984.

RIGDEN, John S. *Rabi: Scientist and Citizen*. Nova York: Basic Books, 1987.

RIGOLOT, François. "Curiosity, Contingency, and Cultural Diversity: Montaigne's Readings at the Vatican Library". *Renaissance Quarterly*, v. 64, n. 3, outono 2011, p. 847-874.

ROGERS, Alex. "The MRAP: Brilliant Buy, or Billions Wasted?". *Time*, 2 out. 2012.

ROHLFS, Chris; SULLIVAN, Ryan. "Why the $600,000 Vehicles Aren't Worth the Money". *Foreign Affairs*, 26 jul. 2012.

ROOSE, Kevin. "Bing's A.I. Chat: 'I Want to Be Alive'". *The New York Times*, 16 fev. 2023.

ROSENBAUM, David E. "Remaking Government: Few Disagree with Clinton's Overall Goal, but History Shows the Obstacles Ahead". *The New York Times*, 8 set. 1993.

RUSLI, Evelyn M. "Zynga's Value, at $7 Billion, Is Milestone for Social Gaming". *The New York Times*, 15 dez. 2011.

SABATO, Larry J. *Feeding Frenzy: How Attack Journalism Has Transformed American Politics*. Nova York: Free Press, 1993.

SAID, Edward. *Orientalism*. Nova York: Vintage Books, 1979 [Ed. bras.: *Orientalismo: O Oriente como invenção do Ocidente*. São Paulo: Companhia de Bolso, 2016].

SALÚSTIO. *The War with Catiline*. Tradução de J. C. Rolfe e revisão de John T. Ramsey. Loeb Classical Library. Cambridge: Harvard University Press, 2013 [Ed. bras.: *Guerra Catilinária: Guerra Jugurtina*. São Paulo: Ediouro, 1993].
SALOVEY, Peter. "Free Speech, Personified". *The New York Times*, 26 nov. 2017.
SANDBERG-DIMENT, Erik. "Hardware Review: Apple Weighs in with Its Macintosh". *The New York Times*, 24 jan. 1984.
SANDEL, Michael J. *Liberalism and the Limits of Justice*. 2ª ed. Cambridge: Cambridge University Press, 1998.
SANDEL, Michael J. *What Money Can't Buy: The Moral Limits of Markets*. Nova York: Farrar, Straus and Giroux, 2012 [Ed. bras.: *O que o dinheiro não compra: Os limites morais do mercado*. Rio de Janeiro: Civilização Brasileira, 2018].
SAPOLSKY, Harvey M.; SCHRAGE, Michael. "More Than Technology Needed To Defeat Roadside Bombs". *National Defense*, abr. 2012.
SAVITZ, Eric J. "Groupon Stock Craters. The Turnaround Is Taking Longer Than Hoped". *Barron's*, 10 nov. 2023.
SAX, Boria. *Imaginary Animals: The Monstrous, the Wondrous and the Human*. Londres: Reaktion Books, 2013.
SCARBOROUGH, Rowan. "Soldier Battling Bombs Irked by Software Switch". *The Washington Times*, 22 jul. 2012.
SCHELLING, Thomas. *Arms and Influence*. New Haven: Yale University Press, 1966.
SCHLOSSER, Eric. *Command and Control: Nuclear Weapons, the Damascus Accident, and the Illusion of Safety*. Nova York: Penguin Press, 2013.
SCHÖDEL, Kathrin. "Normalising Cultural Memory? The 'Walser-Bubis Debate' and Martin Walser's Novel *Ein springender Brunnen*". In: TABERNER, Stuart; FINLAY, Frank (Orgs.). *Recasting German Identity: Culture, Politics, and Literature in the Berlin Republic*. Rochester: Camden House, 2002.
SCHULZ, Kathryn. "The Many Lives of Pauli Murray". *The New Yorker*, 10 abr. 2017.
SCRUTON, Roger. "Animal Rights". *City Journal*, verão 2000.
SEELEY, Thomas D. *Honeybee Democracy*. Princeton: Princeton University Press, 2010.
SEELEY, Thomas D. "Martin Lindauer (1918-2008)". *Nature*, 11 dez. 2008.
SEELEY, T.D.; KUNHOLZ, S.; SEELEY, R.H. "An Early Chapter in Behavioral Physiology and Sociobiology: The Science of Martin Lindauer". *Journal of Comparative Physiology*, v. 188, jul. 2002.
SENNETT, Richard. "The Identity Myth". *The New York Times*, 30 jan. 1994.
SHABAN, Hamza. "Google Parent Alphabet Reports Soaring Ad Revenue, Despite YouTube Backlash". *The Washington Post*, 1 fev. 2018.
SHANE, Leo, III. "Why One Lawmaker Keeps Pushing for a New Military Draft". *Military Times*, 30 mar. 2015.

SHANE, Scott; WAKABAYASHI, Daisuke. "'The Business of War': Google Employees Protest Work for the Pentagon". *The New York Times*, 4 abr. 2018.
SHATZ, Adam. "'Orientalism,' Then and Now". *The New York Review of Books*, 20 maio 2019.
SHELL, Jason. "How the IED Won: Dispelling the Myth of Tactical Success and Innovation". *War on the Rocks*, 1 maio 2017.
SHERWOOD, Harriet. "Hamas Says 250 People Held Hostage in Gaza". *The Guardian*, 16 out. 2023.
SHILLER, Robert J. *Irrational Exuberance*. Nova York: Crown, 2006 [Ed. bras.: *Exuberância irracional*. São Paulo: Makron Books, 2006].
SIGEL, Efrem. "Harvard, Yale Students to Issue New Invitations to Gov. Wallace". *The Harvard Crimson*, 25 set. 1963.
SIGEL, Efrem. "New Wallace Invitation Expected at Yale Today". *The Harvard Crimson*, 24 set. 1963.
SILVER, Nate. *On the Edge: The Art of Risking Everything*. Nova York: Penguin Press, 2024 [Ed. bras.: *No limite: a arte de arriscar tudo*. Rio de Janeiro: Intrínseca, 2025].
SIMON, Herbert A. *The New Science of Management Decision*. Nova York: Harper & Brothers, 1960.
SIMON, Herbert A.; NEWELL, Allen. "Heuristic Problem Solving: The Next Advance in Operations Research". *Operations Research*, v. 6, n. 1, jan./fev. 1958, p. 1-10.
SIMONITE, Tom. "Behind the Rise of China's Facial-Recognition Giants". *Wired*, 3 set. 2019.
SIMS, David. "No, Really, I'm Awful". *The Atlantic*, 26 abr. 2023.
SINGER, Peter. *Animal Liberation: A New Ethics for Our Treatment of Animals*. Nova York: New York Review Books, 1975 [Ed. bras.: *Libertação animal: O clássico definitivo sobre o movimento pelos direitos dos animais*. São Paulo: WMF Martins Fontes, 2010].
SLEDGE, Matt; VARGAS, Ramon Antonio. "Palantir's Crime-Fighting Software Causes Stir in New Orleans; NOPD Rebuts Civil Liberties Concerns". *Times-Picayune*, 1 mar. 2018.
SLOMOVIC, Anna. *Anteing Up: The Government's Role in the Microelectronics Industry*. Santa Monica: RAND Corporation, 16 dez. 1988.
SMITH, Emily Esfahani. "The Friendship That Changed Art". *Artists Magazine*, v. 35, n. 6, jul./ago. 2018.
SMITH, James K. A. "Reconsidering 'Civil Religion'". *Comment*, 11 maio 2017.
SMITH, Jean Edward. *FDR*. Nova York: Random House, 2008.
SNEED, Annie. "Computer Beats Go Champion for First Time". *Scientific American*, 27 jan. 2016.
SOAPES, Thomas. Entrevista a Hans A. Bethe. Biblioteca Presidencial Dwight D. Eisenhower, Abilene, Kansas, 3 nov. 1977.

SOKOLOVE, Michael. "How to Lose $850 Million—and Not Really Care". *The New York Times Magazine*, 9 jun. 2002.
SOLOMON, Charles. "Two States—One Nation?". *Los Angeles Times*, 17 nov. 1991.
SOMERS, James. "The Man Who Would Teach Machines to Think". *The Atlantic*, 15 nov. 2013.
SOMERVILLE, Mary. *On the Connexion of the Physical Sciences*. Londres: John Murray, 1834.
SPENGLER, Oswald. *The Decline of the West*. Nova York: Oxford University Press, 1991 [Ed. bras.: *A decadência do Ocidente*. Rio de Janeiro: Zahar, 1982].
Spiegel, Der. "Martin Walser Bereut Verhalten Gegenüber Ignatz Bubis". 16 mar. 2007.
SPITZ, Lewis W. "Beyond Western Civilization: Rebuilding the Survey". *History Teacher*, v. 10, n. 4, ago. 1977, p. 515-524.
STANLEY, Jay. "New Orleans Program Offers Lessons in Pitfalls of Predictive Policing". American Civil Liberties Union, 15 mar. 2018.
STARKIE, Thomas. *A Practical Treatise on the Law of Evidence, and Digest of Proofs, in Civil and Criminal Proceedings*, v. 1. Boston: Wells & Lilly, 1826.
STEWART, Emilie B. "Survey of PRC Drone Swarm Inventions". China Aerospace Studies Institute, U.S. Air Force, out. 2023.
STOUT, David. "Solomon Asch Is Dead at 88; A Leading Social Psychologist". *The New York Times*, 29 fev. 1996.
STRAUSS, Leo. *What Is Political Philosophy?*. Chicago: University of Chicago Press, 1959.
SULEYMAN, Mustafa. *The Coming Wave: Technology, Power, and the Twenty-First Century's Greatest Dilemma*. Com Michael Bhaskar. Nova York: Crown, 2023.
SULLIVAN, Walter. "65% in Test Blindly Obey Order to Inflict Pain". *The New York Times*, 26 out. 1963.
SUMMERS, Larry. Entrevista a David Remnick. *New Yorker Radio Hour*. National Public Radio, 3 maio 2024.
SUROWIECKI, James. *The Wisdom of Crowds*. Nova York: Anchor Books, 2005 [Ed. bras.: *A sabedoria das multidões: Por que muitos são mais inteligentes que alguns e como a inteligência coletiva pode transformar os negócios, a economia, a sociedade e as nações*. Rio de Janeiro: Record, 2006].
SUTTER, Daniel. "Media Scrutiny and the Quality of Public Officials". *Public Choice*, v. 129, 2006, p. 25-40.
SWENSEN, David. "A Conversation with David Swensen". Entrevista a Robert E. Rubin. Council on Foreign Relations, 14 nov. 2017.
TARNOFF, Ben. "Tech Workers Versus the Pentagon". *Jacobin*, 6 jun. 2018.
TAYLOR, Paul. "How to Spend Europe's Defense Bonanza Intelligently". *Politico*, 2 set. 2022.
TETLOCK, Philip E. *Expert Political Judgment: How Good Is It? How Can We Know?*. Princeton: Princeton University Press, 2005.

THOMAS, Dylan. *The Collected Poems of Dylan Thomas: Original Edition*. Nova York: New Directions, 2010.
THOMAS, Sean. "Are We Ready for P(doom)?". *The Spectator*, 4 mar. 2024.
TIKU, Nitasha. "The Google Engineer Who Thinks the Company's AI Has Come to Life". *The Washington Post*, 11 jun. 2022.
TIKU, Nitasha. "Google Fired Engineer Who Said Its AI Was Sentient". *The Washington Post*, 22 jul. 2022.
Time. "Cosmoclast Einstein". 1 jul. 1946.
Time. "Man and Woman of the Year: The Middle Americans". 5 jan. 1970.
Time. "Patterns in Chaos". Resenha de *The Decline of the West: Perspectives of World History*, de Oswald Spengler. 10 dez. 1928.
Time. "The Press: In a Corner, on the 13th Floor". 22 jul. 1946.
Time. "Public Figures and Their Private Lives". 22 ago. 1969.
TREASTER, Joseph B. "Brewster Doubts Fair Black Trials". *The New York Times*, 25 abr. 1970.
TURCHIN, Peter. *End Times: Elites, Counter-elites, and the Path of Political Disintegration*. Nova York: Penguin Press, 2023.
TUSSMAN, Joseph. "The Collegiate Rite of Passage". In: *Experiment and Innovation: New Directions in Education at the University of California*, jul. 1968.
U.S. Department of Defense. *Military Specification Cookie Mix Dry*, MIL-C-43205G.
U.S. Department of Energy. *The Manhattan Project: Making the Atomic Bomb*. jan. 1999.
U.S. Department of the Interior. Lista do Registro Nacional de Sítios Históricos. *Historic Hutterite Colonies Thematic Resources*. 1979.
U.S. Department of the Treasury. "Treasury Identifies Eight Chinese Tech Firms as Part of the Chinese Military-Industrial Complex". 16 dez. 2021.
U.S. National Institute of Standards and Technology. "Technology Evaluation".
VANCE, Ashlee. *Elon Musk: Tesla, SpaceX, and the Quest for a Fantastic Future*. Nova York: HarperCollins, 2015 [Ed. bras.: *Elon Musk: Como o CEO bilionário da SpaceX e da Tesla está moldando nosso futuro*. Rio de Janeiro: Intrínseca, 2015].
VEBLEN, Thorstein. *The Theory of the Leisure Class*. Organização de Martha Banta. Oxford: Oxford University Press, 2009 [Ed. bras.: *A teoria da classe ociosa: Um estudo econômico das instituições*. São Paulo: Nova Cultural, 1988].
VINOGRAD, Cassandra; KERSHNER, Isabel. "Israel's Attackers Took About 240 Hostages". *The New York Times*, 20 nov. 2023.
VOLTAIRE. *Zadig; or, The Book of Fate, an Oriental History*. Londres, 1749.
WAKEFIELD, Dan. "William F. Buckley Jr.: Portrait of a Complainer". *Esquire*, 1 jan. 1961.
WALLACE, George C. Discurso de Posse. Departamento de Arquivos e História do Alabama. Montgomery, Alabama, 14 jan. 1963.
WALLACE, Robin. "Why Beethoven's Loss of Hearing Added Dimensions to His Music". *Zócalo Public Square*, 28 jul. 2019.

WATLINGTON, Emily. "'Monet/Mitchell' Shows How the Impressionist's Blindness Charted a Path for Abstraction". *Art in America*, 12 maio 2023.

WEISGERBER, Marcus. "F-35 Production Set to Quadruple as Massive Factory Retools". *Defense One*, 6 maio 2016.

WENDLING, Mike. "Xi Jinping: Chinese Leader's Surprising Ties to Rural Iowa". BBC, 15 nov. 2023.

WHANG, Oliver. "How to Tell if Your A.I. Is Conscious". *The New York Times*, 18 set. 2023.

WHITE, Debbie. "Drones Branch Out To Swarming Through Forests". *The Times*, Londres, 5 maio 2022.

WHITE, Richard D., Jr. "Executive Reorganization, Theodore Roosevelt, and the Keep Commission". *Administrative Theory and Praxis*, v. 24, n. 3, 2002, p. 507-518.

WHYTE, Kenneth. *Hoover: An Extraordinary Life in Extraordinary Times*. Nova York: Alfred A. Knopf, 2017.

WIGNER, Eugene. "The Unreasonable Effectiveness of Mathematics in the Natural Sciences". *Communications in Pure and Applied Mathematics*, v. 13, n. 1, fev. 1960, p. 1-14.

WINSTON, Ali. "Palantir Has Secretly Been Using New Orleans to Test Its Predictive Policing Technology". *The Verge*, 27 fev. 2018.

WONG, Julia Carrie. "'We Won't Be War Profiteers': Microsoft Workers Protest $48M Army Contract". *The Guardian*, 22 fev. 2019.

WORTMAN, Marc. *Admiral Hyman Rickover: Engineer of Power*. New Haven: Yale University Press, 2022.

YGLESIAS, Matthew. "Pay Congress More". *Vox*, 10 maio 2019.

YUDKOWSKY, Eliezer. "Pausing AI Development Isn't Enough. We Need to Shut It All Down". *Time*, 29 mar. 2023.

ZACHARY, G. Pascal. *Endless Frontier: Vannevar Bush, Engineer of the American Century*. Nova York: Free Press, 1997.

ZELINSKY, Nathaniel. "Challenging the Unchallengeable (Sort Of)." *Yale Alumni Magazine*, jan./fev. 2015.

ZHANG, Taisu; WEBSTER, Graham; SCHELL, Orville. "What Xi Jinping's Seattle Speech Might Mean for the U.S." *Foreign Policy*, 23 set. 2015.

ZHOU, Xin, *et al.* "Swarm of Micro Flying Robots in the Wild." *Science Robotics*, v. 7, n. 66, 2022.

Crédito das ilustrações

Todas as imagens foram ou reproduzidas ou recriadas
com base em dados das seguintes fontes:

Figura 1: BUBECK, Sébastien *et al.* "Sparks of Artificial General Intelligence: Early Experiments with GPT-4". ArXiv, 22 mar. 2023, p. 7.

Figura 2: PINKER, Steven. *Enlightenment Now: The Case for Reason, Science, Humanism, and Progress*. Nova York: Penguin Books, 2018, p. 159.

Figura 3: WORLD BANK GROUP. "Military Expenditures (% of GDP): United States, European Union, 1960-2022".

Figura 4: GORDON, Robert J. *The Rise and Fall of American Growth*. Princeton: Princeton University Press, 2016, p. 547.

Figura 5: BARTON, Aden. "How Harvard Careerism Killed the Classroom". *The Harvard Crimson*, 21 abr. 2023 (ao citar GOLDIN, Claudia *et al.* "Harvard and Beyond Project". Harvard University, 2023).

Figura 6: MADDISON, Angus. *Contours of the World Economy, 1-2030 AD: Essays in Macro-Economic History*. Oxford: Oxford University Press, 2007, p. 70.

Figura 7: HUNTINGTON, Samuel P. "The Clash of Civilizations?". *Foreign Affairs*, v. 72, n. 3, verão 1993, p. 30 (ao citar WALLACE, William. *The Transformation of Western Europe*. Londres: Pinter, 1990).

Figura 8: FERGUSON, Niall. *Civilization: The West and the Rest*. Nova York: Penguin Books, 2011, p. 6.

Figura 9: LINDAUER, Martin. "House-Hunting by Honey Bee Swarms". Tradução de P. Kirk Visscher, Karin Behrens e Susanne Kuehnholz. *Journal of Comparative Physiology*, v. 37, 1955, p. 274.

CRÉDITO DAS ILUSTRAÇÕES

Figura 10: ASCH, Solomon E. "Opinions and Social Pressure". *Scientific American*, v. 193, n. 5, nov. 1955, p. 32. Reproduzido com permissão. Copyright © 1955 Scientific American, Inc. Todos os direitos reservados.

Figura 11: DESILVER, Drew. "New Congress Will Have A Few More Veterans, But Their Share of Lawmakers Is Still Near A Record Low". *Pew Research Center*, 7 dez. 2022.

Figura 12: TETLOCK, Philip E. *Expert Political Judgment: How Good Is It? How Can We Know?* Princeton: Princeton University Press, 2005, p. 77.

Figura 13: GIRATIKANON, Tom *et al.* "Up Close on Baseball's Borders". *The New York Times*, 24 abr. 2014. © 2014 The New York Times Company. Todos os direitos reservados. Usado sob licença.

Figura 14: DRAPER, Herbert James. *Ulysses and the Sirens*, 1909, óleo sobre tela, 177 × 213,5 cm, Ferens Art Gallery, Kingston Upon Hull, Inglaterra.

Figura 15: ZOOK, Chris. "Founder-Led Companies Outperform the Rest—Here's Why". *Harvard Business Review*, 24 mar. 2016.

Índice remissivo

Os números em itálico correspondem a figuras.

1984 (Orwell), 97
"1984", campanha publicitária, 118
abelhas, estudo de enxames, 131-135
Acomodação, 173-173
Adams, John, 22
Adekoya, Remi, 69
aeronaves militares, 60-61, 95-96, 157-158
Afeganistão, guerra, 155-162, 169-171
Agência Central de Inteligência (CIA), 20
Agência de Projetos de Pesquisa Avançada de Defesa dos EUA, 23
Agência de Projetos de Pesquisa Avançada de Defesa, 23, 93
Agnew, Spiro, 84
alemã, reunificação, 59
Alexandre, o Grande, 155
alistamento militar, 161
Alphabet, 95
Altman, Sam, 63
altruísta, movimento, 229
Amar, Akhil Reed, 228
Amazon, 26, 95, 128, 191
"América Pragmática" (Dewey), 177
American Civil Liberties Union (ACLU), 75, 191
American Culture, 210
americanos médios, como pessoa do ano, 114
Amoralidade, 33
Anderson, Benedict, 207
Anonimato, 85

Antes do pôr do sol (filme), 122
Appiah, Kwame Anthony, 102, 106
Apple, 95, 117-118
Applebaum, Anne, 68
aprendizado de máquina, sistemas, 48
aquisições governamentais, processo, 162-169
Aristocracias, 97
armas atômicas/nucleares, 32-33, 51-52, 53, 55
Arouet, François-Marie (Voltaire), 190
arquétipos bíblicos, 217
Arquíloco, 176
Asch, Solomon E., 30, 146-148, 152-154
Associação Americana de História, 105
Associação de Editores e Livreiros da Alemanha, 217-218
"Atos obsessivos e práticas religiosas" (Freud), 90
"Autossuficiência" (Emerson), 175

BAE Systems, 189
Baldwin, James, 189
Baltzell, E. Digby, 96-97
Basquiat, Jean-Michel, 123-124
Beard, Mary, 222
Beethoven, Ludwig van, 153-154
Beisebol, *209*
Bellah, Robert N., 216-217
Benedict, Ruth, 228

ÍNDICE REMISSIVO

Bento, São, 204
Benton, Thomas Hart, 172
Berlin, Isaiah, 175-176, 180
Berman, Morris, 99
Bermingham, Edward J., 59
Bethe, Hans, 23
Binet, Alfred, 132
Bing, 39
Blackstone, William, 190
Bloom, Allan, 47 84
bode expiatório, mecanismo, 204
bolha pontocom, 125-126
Booker, Cory, 192
Borrell, Josep, 58
Brand, Stewart, 115
Brennan, Timothy, 108
Brewster, Kingman, Jr., 76-77, 83-84
Bridgman, Percy Williams, 33
Brill, Steven, 168
Brooks, David, 193
Bruckner, Pascal, 82
Bubeck, Sébastien, 35
Bubis, Ignatz, 219
Buckley, William F., Jr., 50
Burke, Kenneth, 204
Bush, Vannevar, 20-21, 53, 112, 116
Butz, James, 155

Caddell, Patrick, 161
Cameron, David, 58
candidatos políticos, 79, 80
cargo eletivo, como supermoralizado, 79-80
Carlyle Group, 195
Carlyle, Thomas, 213
carreiras, mudanças na trajetória, 93-94, 93
Carter, Jimmy, 161, 200
Carter, Stephen L., 90
castas, estruturas, 97
Catilina, 231
ChatGPT, 39, 63, 64
Checkers, Discurso (Nixon), 80
Cheyette, Fredric L., 100, 102, 103-104
China, censura, 85
Chomsky, Noam, 40

"Choque de Civilizações" (Huntington), 102
Churchill, Winston, 106
ciência, fé, 49
Cinco Porquês, 180
Civilisation,, 221-222
civilização ocidental, cursos, 100-102, 104-105, 110
Clark, Kenneth, 221-222
Clinton, Bill, 164, 166-168
CloudWalk, tecnologia, 46
Clube do Computador Caseiro, 115
Collin, Frank, 75
Coming of Age in Samoa (Mead), 229n
Comissão de Energia Atômica dos EUA, 199-201
complexo industrial-militar, 89
Computadores pessoais, 20, 115-116, 118-119
Conformidade, 146-148, *147*, 154, 174-175
Congresso, 160-161, *161*, 196-198, 201-202
consciência, estudo, 39-40
contracultura, movimento, 115, 117
coragem intelectual, 77
corrupção, 201-204
Cortés, Hernán, 88n
"crença de luxo", 193
criar por criar, 89
criatividade, 35-36, 174
crime, 189
crítica de arte, 222-223
cultura corporativa, 140-142, 143-144
cultura de engenharia, 176, 182
cultura do consumidor, impacto, 63
culturas/identidades nacionais, 207-209, 220, 232-234
Curie, Marie, 24

Deep Blue, 36-37
DeepMind, 37
defesa, gastos, 57-59, *58*
deficiência, adaptação, 153-154
Denby, David, 222

Departamento de Defesa dos EUA, 28, 49, 61
Descartes, René, 40
"descasamento", 112
desertos de inovação, 30
desobediência construtiva, 152
Dewey, John, 177
Dinamite, 53-54, 76
direitos civis, movimento, 115
dispositivos explosivos improvisados, 155
disrupção, 123
dissuasão, doutrina, 57
Dowd, Maureen, 78
Draper, Herbert James, *224*
drones, enxames, 46
Drucker, Peter F., 143
Dunbar, número, 206-207
Dunbar, Robin, 206-207

"E Deus criou o agricultor" (Harvey), 81n
Eck, enxame, 131-136, *134*
Economic Club of Washington, 195
Einstein, Albert, 24, 51-52
Eisenhower, Dwight D., 23, 59, 80
Emerson, Ralph Waldo, 84, 175
End Times (Turchin), 124
Escala, 89
espacial, programa, 23
Esportes, 208, 209, *209*
Estados Unidos
    cultura nacional e, 208-210, 232
    PIB gasto em defesa, 57-59, *58*
Estética, 220-224, 225
estilo de vida, tecnologia, 124
estimativas, grupos, 187
Estorninhos, 30, 136-137
eToys, 120-123, 125-126
Europa, PIB gasto em defesa, 57-59, *58*
experimento de obediência, 148
Expert Political Judgment (Tetlock), 178
"exuberância irracional", 127-128

Facebook, 89, 128
facial, reconhecimento, 45-46, 192
Fahlenbrach, Rüdiger, 225-226

Fairchild Camera and Instrument Corporation, 20
Fan Hui, 37
FarmVille, 170
Fausto (Goethe), 82
Federal Bureau of Investigation (FBI), 118, 189
Federal Reserve, 195-196
Federal Trade Commission, 39
Felsenstein, Lee, 115, 117
Ferguson, Niall, 111
Florêncio, 204
"Fome de Grandes Ideias" (Negroponte), 64
Força Aérea dos EUA, 162-163
Força de Equipamento Rápido, 158
Ford Aerospace, 20
Franklin, Benjamin, 20
Freire, Paulo, 70
Frente Nacional (partido), 209
Freud, Lucian, 90, 182-183
Freud, Sigmund, 90, 183
Friedan, Betty, 76-77
Friedman, Richard Alan, 173
Frisch, Karl von, 133
Fukuyama, Francis, 47, 91
fundadores, empresas lideradas por, 225-227, *226*

Gaddis, John Lewis, 56
Galton, Francis, 187
gatilho, alertas, 173
Gay, Claudine, 82
Gayford, Martin, 183
Gaza, 78, 85
gêmeos, estudos, 45-46
General Dynamics Corporation, 201
Girard, René, 174
Glenn, John, 167
Go, 37
Goethe, 82
Goffman, Erving, 83
Goh Keng Swee, 212
Goh, Relatório, 212
Goldberg, Jeffrey, 58
Good, Irving John, 42

Google, 38, 50, 82, 92, 128
Gopinathan, Saravanan, 212
Gordon, Robert J., 64-65
Gore, Al, 164, 166
Gotham, 191
governo dos EUA, ascensão do Vale do Silício, 19-20
GPT-4, 35, 41
Graeber, David, 63, 127
Gralhas, 140
Grande Homem, teoria, 213
Grass, Günter, 59
Greene, Diane, 49
Greenspan, Alan, 127
Gregório, papa, 204-205
Groupon, 171, 187
Gruber, Howard, 153
Grumman Corporation, 158
Guerra do Golfo, 167
guerra total, 55
Gutmann, Amy, 87

Habermas, Jürgen, 24
Harris, Kamala, 192
Harvard, Universidade, 93-94, *93*
Harvey, Paul, 81n
Hay, Denys, 108
Heller, Ágnes, 98
Hemingway, Ernest, 69
Henderson, Rob, 193
Herman, Arthur L., 158
Heróis da Revolução, Os (Levy), 116
Herschbach, Dudley, 21
Hersey, John, 54
Herzog, Roman, 219
Hindenburg, Paul von, 55
Hitler, Adolf, 55, 131
Hofstadter, Douglas, 40
Homero, 224n
Hoover, Herbert, 176
Hoover, J. Edgar, 189
Horn, Marian Blank, 169
Huntington, Samuel, 102-103
Huntington-Wallace, Linha, 102, *103*
Huteritas, 206

IBM, 37, 116, 118, 143, 191
identidade coletiva, 29
Igreja Batista da rua 16, atentado, 76
igualitarismo, busca, 231
Iluminismo, 230
Imitação, 174
Impro (Johnstone), 139
inclusividade, 208
indígenas, povos, 70
Instagram, 67
"instituições totais", 83
Instituto Nacional de Padrões e Tecnologia, 45
Instituto Zoológico da Universidade de Munique, 132-133
inteligência artificial
    aplicações militares, 47-48, 61-64
    capacidades, 35-37
    Departamento de Defesa dos EUA, 28
    dissuasão, 44
    dúvidas, 40
    ética, 34
    grandes modelos de linguagem, 27, 34-35, 38-39
    lei e ordem, 189, 191
    previsões, 41-42
    reação contra, 40-41
    sistemas de armas, 42
iPhone, 66, 118
Isaacson, Walter, 117
Israel, 78, 85

Japão, pacifismo, 60
Jefferson, Thomas, 21
Jégo, Yves, 208
Jobs, Steve, 117-118
Johnstone, Keith, 138-141
julgamento, suspensão, 183

Kasparov, Garry, 37
Keeley, Lawrence H., 70
Kennedy, Robert F., 104
Kerouac, Jack, 173
Khan, Lina, 41
Kimball, Roger, 217
King Solomon's Ring (Lorenz), 140

King, Charles, 229n
King, Martin Luther, Jr., 104
Kintner, Edwin E., 199
Kissinger, Henry, 68, 94, 213
Kris, Ernst, 174n
Kristol, Irving, 231
Ku Klux Klan, 76

Laboratório Nacional de Física, 189
LaMDA, 38
Le Pen, Jean-Marie, 209
Leclerc, Georges-Louis, 21
Lee Kuan Yew, 198, 210-213, 231
Lee, Richard C., 76
Lehman, John, 202
Lei de Enxugamento de Aquisições Federais (1994), 167, 168-169
lei, aplicação, 189-193
Lemoine, Blake, 38
Lenk, Toby, 120-123, 126
Lévi-Strauss, Claude, 106n
Levy, Steven, 116
liberalismo clássico, 85
Liberalismo e os limites da justiça (Sandel), 86
liberdade de expressão, proteção, 75-78
Licklider, Joseph, 23
Liga dos Estudantes de Nova York, 172
Lindauer, Martin, 131-136
"linguagem da dança", 113
Linguagem, 207, 211-213
linguagem, grandes modelos, 27-28, 34-36, 37-41, 42
Link, Perry, 85
Linklater, Richard, 122
Lockheed Martin, 60, 95, 157-158
Lockheed Missile & Space, 20
"longa paz", 56-57, 56
Lorenz, Konrad, 140
Ludendorff, Erich, 55
Lundberg, Ferdinand, 96n

macacos, conflitos, 173-174
Macintosh, computadores, 118-119
MacIntyre, Alasdair, 217
Macron, Emmanuel, 207-208

Madison, James, 21, 197
Magill, Elizabeth, 78, 82
Manuel Castells, 88
Manicômios, prisões e conventos (Goffman), 83
Marinha dos EUA, 199-201
matadores de búfalos, 157
Mattis, James, 159
Mazzucato, Mariana, 93
McCain, John, 170
McCarthy, Joseph R., 99
McNeill, William, 101, 109
Mead, Margaret, 229n
Mencken, H. L., 55
mercado consumidor, 25-26, 29, 112-113, 120-123, 127, 188-189
Merkel, Angela, 22n
Meta, 89, 95
Meyer, Edith Patterson, 54
Microsoft, 39, 49, 95
Milgram, Stanley, 30, 148-152
militares, aplicações, 47-48, 49-50, 80
Milley, Mark, 61
Mills, D. Quinn, 126
Mishra, Pankaj, 107, 109
Mitchell, Joan, 153
Mölling, Christian, 59
Monet, Claude, 153
moral, dualismo, 69
moral, lealdade, 87-88
moral, obtusidade, 230
Morin, Chloé, 69
mortes em campo de batalha, 56
Motorola, 162, 163, 167
Mulaney, John, 172
multidões, sabedoria, 187-188
Murray, Pauli, 76-77
Murray, Thomas E., 199
Murrow, Edward R., 99
Musk, Elon, 65

Nadella, Satya, 49
NASA, 23
Nautilus (embarcação americana), 199
Nazista, Partido, 75, 148, 151, 218
Negroponte, Nicholas, 64

Neier, Aryeh, 75, 77
Nixon, Richard, 80
Nobel, Alfred, 53
Noonan, Peggy, 193
Northrop Grumman, 158
Nova Orleans, Departamento de Polícia de, 190
nucleares/atômicas, armas, 32-33, 51-52, 53, 55
Nussbaum, Martha, 214
Nvidia, 95
Nye, Joseph S., Jr., 48n

O Crepúsculo da Cultura Americana (Berman), 99
O Declínio da Cultura Ocidental (Bloom), 84
O Estado Empreendedor (Mazzucato), 93
O fim da história e o último homem (Fukuyama), 47
O Ouriço e a Raposa (Berlin), 175-176
O que é uma nação? (Renan), 215
O Senhor dos Anéis (Tolkien), 215
O Velho e o Mar (Hemingway), 69
Obama, Barack, 58
observação, 182-83
Ocidente
 conceito, 106-107
 desafios, 112-113, 115
Odisseia (Homero), 224n
Ohno, Taiichi, 180
opcionalidade, busca, 87-88
OpenAI, 39, 63
Oppenheimer, J. Robert, 23, 32-33, 53, 56, 116
Organização do Tratado do Atlântico Norte (Otan), 59
Organização Nacional pelas Mulheres, 76-77
Orientalismo (Said), 106-108
Orton, Brad, 163
Orwell, George, 97
Os anjos bons de nossa natureza, Os (Pinker), 57
Osnos, Evan, 67

pacifismo, 59, 69, 70
Padrões de cultura (Benedict), 228
Palantir, 14, 29, 30, 42, 81, 138, 141, 153, 159, 169, 170, 171, 181, 190, 215, 236
Panteras Negras, 83
Panthéon, 213
Parisi, Giorgio, 136-137
Parsons, Talcott, 124-125, 125n
Paul, Weiss, Rifkind, Wharton & Garrison, 76
Pé na Estrada (Kerouac), 173
Pedagogia do Oprimido (Freire), 70
Permanence and Change (Burke), 204
Philco, 141
PIB, *110*, 213
Pichai, Sundar, 49
Pinchot, Gifford, 165
Pinker, Steven, 57
pioneiros, cultura, 194
Places of Mind (Brennan), 108
Planck, Max, 90
Platão, 101, 104, 105, 203n
Pollock, Jackson, 172
pós-coloniais, estudos, 108
pós-modernismo, 91, 98-99
Powell, Jerome, 195-196
Pratt & Whitney, 95
presente etnográfico, 229n
previsões, estudo, 178-180, *179*
Priceline, 126
Primeira Emenda (Constituição dos EUA), 75
produção econômica global, 109-110, *110*
Produtividade, 65-66
Produtização, 90
Projeto Manhattan, 24, 32, 62
Projeto Maven, 49
Projeto Y, 32
Protestant Establishment, The (Baltzell), 96-97
Proxmire, William, 202
Putin, Vladimir, 59-60

radiocomunicadores, Guerra do Golfo, 162-164, 167
Ram (empresa de caminhões), 81
Rangel, Charles, 160
"raposidade", 179-180
Rawls, John, 232n
Raytheon, 170
Rede Social, A, 89
redes sociais, crescimento, 66
regimes autoritários, 67
reitores universitários, Congresso, 78, 82-83
relações sociais, tamanho do grupo, 217-218
Religião, 90-91, 175, 216
Renan, Ernest, 214
República (Platão), 203n
responsabilidade compartilhada, modelos, 227-228
responsabilidade, cultura/sociedades, 194, 227
Ressentimento, 124-125
reuniões, onipresença, 142
revolução científica, 230
Revolução Cultural, 67
Rickover, Hyman G., 200-202
Roosevelt, Franklin, 20-21, 51-52
Roosevelt, Theodore, 66n, 165
Rosenbaum, David E., 166
Roth, William, 164
Rubenstein, David, 195

Sabato, Larry, 79
Said, Edward, 106-110
Salgueiro Chorão (Monet), 153
Salústio, 231
Sandel, Michael, 86, 188
Sawyer, Diane, 200
Schelling, Thomas, 48
Scott, Ridley, 118
Scruton, Roger, 229
Sculley, John, 117
Seeley, Thomas D., 131
Segunda Guerra Mundial, 20, 23, 26, 45, 56, 57, 59, 75, 104, 141, 151, 158, 168, 177, 218

Seinfeld, Jerry, 138
Sennett, Richard, 214
setor público, remuneração, 195-198
Shatz, Adam, 106
Sherick, Joseph, 165
Silver, Nate, 111
"Simbiose Homem-Computador" (Licklider), 23
Simon, Herbert A., 42
Singapura, 198-201
Singer, Peter, 229
sistemas de reconhecimento de caminhada, 189
Smith, Brad, 49
Smith, James K. A., 216
software, setor, 19-20, 25-26, 27, 48-50, 176, 189-192
Somerville, Mary, 22
SpaceX, 65
Sputnik, 23
Starkie, Thomas, 190
Startups, 136, 138-145, 151
Stasi, 97
Status, 139-142
Strauss, Leo, 230-231
submarinos nucleares, 199-200
Summers, Lawrence, 83
surdez social, 153
Swensen, David, 227
Szilard, Leo, 51

Talmude, 45
Tan Dan Feng, 212
Tesla, 65, 95
Tet, Ofensiva, 104-105
Tetlock, Philip E., 178-180, *179*
Thatcher, Margaret, 22n
The Culture of Disbelief (Carter), 90
Thiel, Peter, 66
Thoreau, Henry David, 69
Time (revista), 41, 80, 114, 202
Tolkien, J. R. R., 215
tomada de decisão coletiva, 131-137
Toyota Motor Corporation, 180
Transparência, 79

transparência, candidatos políticos, 80-81
Travis, Randy, 216
"Três Cruzes de Madeira", 216
"triunfalismo do mercado", 188
Turchin, Peter, 124
Tussman, Joseph, 105
Twain, Mark, 69

Ucrânia, invasão russa, 59
Ulysses and the Sirens (Draper), *224*
União Soviética, proibições, 85-86
United Technologies, 20
universalismo ético, 229

Vaticano, biblioteca, 22
Vale do Silício
    altruísmo, movimento , 229
    ascensão, 19-20
    como base do setor tecnológico, 24
    conformidade, 154
    cultura nacional, 232-234
    cultura, 144-145, 152
    estética, 223-224
    idealismo, 229-230
    individualismo e, 116
    mercado consumidor, 188
    militares, aplicações, 62-64, 92-93
    moderna, encarnação, 24
    responsabilidade, cultura, 227-228
    salários, 203
Veblen, Thorstein, 222-223
"veto do provocador", 77
Vietnã, Guerra, 104, 115, 160
virtudes, concepções, 231
Voltaire, 190

Wallace, George, 76-77
Wallace, William, 102
Walser, Martin, 217-220
Walt Disney Company, 120
War Before Civilization (Keeley), 70
Westinghouse, 20
Whitman, Walt, 69
Whole Earth Catalog, 115
Wigner, Eugene, 178

WilmerHale, 82

Xi Jinping, 67, 68
Xi Mingze, 68

Yale, centro acadêmico, 48, 56, 63, 76-77, 83-84, 90, 148, 178, 227
Yglesias, Matthew, 197
YouTube, 67
Yudkowsky, Eliezer, 41

Zuckerberg, Mark, 89, 116
Zynga, 170-171, 187

1ª edição	MAIO DE 2025
impressão	BARTIRA
papel de miolo	LUX CREAM 60 G/M²
papel de capa	CARTÃO SUPREMO ALTA ALVURA 250 G/M²
tipografia	ADOBE CASLON PRO